LA RÉGRESSION PLS

THÉORIE ET PRATIQUE

GRAPHIQUE DE COUVERTURE

Données de spectroscopie du cas
UOP Guided Wave Inc. (Kim Esbensen *et al.*,
Multivariate Analysis in Practice, Camo, Norvège).

Réalisé à l'aide du logiciel The Unscrambler (*Camo AS*).

Michel TENENHAUS
Professeur au groupe HEC

LA RÉGRESSION PLS

THÉORIE ET PRATIQUE

1998
ÉDITIONS TECHNIP 27 RUE GINOUX 75737 PARIS CEDEX 15

CHEZ LE MÊME ÉDITEUR

- Les techniques de sondage
  P. ARDILLY
- Introduction aux tests statistiques.
  Enseignement assisté par ordinateur. Formation et autoformation
  T. FOUCART
- L'analyse des données évolutives. Méthodes et applications
  GROUPE D'ÉTUDE ET DE RÉFLEXION INTERRÉGIONAL
- Théorie et pratique du calcul matriciel
  F. ROTELLA, P. BORNE
- Probabilités, analyse des données et statistique
  G. SAPORTA
- Théorie des probabilités en vue des applications statistiques
  P. TASSI, S. LEGAIT
- Plans d'expérience. Applications à l'entreprise
  Sous la direction de J.-J. DROESBEKE, J. FINE, G. SAPORTA

ISBN 2-7108-0735-1

Remerciements

Ce livre est l'aboutissement d'un projet de recherche financé par la Fondation HEC. Je remercie vivement le Comité Recherche de la Fondation HEC d'avoir accepté de soutenir un projet plutôt théorique et apparemment éloigné des préoccupations quotidiennes des entreprises. Mais cet exposé des bases mathématiques et informatiques de la régression PLS était nécessaire, avant de passer aux applications en gestion qui devraient être tout aussi fructueuses que celles déja réalisées dans les industries chimiques et pétrolières.

Je tiens à remercier tout particulièrement Svante et Nouna Wold pour les très nombreux conseils, les informations et la bibliographie qu'ils m'ont fournis sur la régression PLS et sur le logiciel SIMCA-P. Ils ont eu la gentillesse de m'inviter à Winchester aux États-Unis, puis à Gullsjö en Suède, de répondre patiemment à toutes mes interrogations et de me proposer de nouvelles pistes. Ce travail n'aurait pu être réalisé sans leur aide précieuse. Qu'ils trouvent ici l'expression de toute ma gratitude.

Cette recherche doit aussi beaucoup à Jean-Pierre Gauchi, responsable du Groupe de Réflexion en Analyse des Données de Rhône-Poulenc. En 1992, il me demandait de préparer une note sur la régression PLS pour ce groupe de travail. Je compris alors que la régression PLS était une méthode d'analyse des données tout-à-fait incontournable dans l'industrie. De cette note sont nés un article écrit en commun avec Jean-Pierre Gauchi et Christine Ménardo, puis ce livre. Je voudrais lui témoigner ici toute ma reconnaissance pour son soutien constant tout au long de la reconstruction de ce puzzle complexe.

Je souhaite également exprimer ma profonde reconnaissance à Pierre Cazes et à Gilbert Saporta qui ont eu la patience de relire tout le manuscrit. En détectant des erreurs, des imprécisions et en suggérant de multiples modifications du texte d'origine, ils m'ont permis d'améliorer ce livre d'une manière très significative.

J'adresse aussi tous mes remerciements à Daniel Chessel, François Conesa, Antoine de Falguerolles, Sijmen de Jong, Bernard Fichet, Christiane Guinot, Dominique Guyot et Ludovic Lebart qui m'ont aidé à éclaircir et à enrichir divers points de ce livre.

Enfin je suis heureux d'exprimer ici ma reconnaissance à Sylvie Haxaire, PDG des Éditions TECHNIP, pour l'accueil réservé à cet ouvrage.

Remerciements

Table des matières

Chapitre 1

Introduction

De nombreux problèmes industriels ou de management peuvent être décrits sous la forme d'un système à entrées-sorties : on peut plus ou moins agir sur les variables d'entrée X d'un système et on observe les variables de sortie Y. On souhaite comprendre et décrire les relations souvent très complexes entre Y et X, en l'absence d'un modèle théorique. De plus le nombre de variables d'entrée X est souvent très important (quelques centaines, voire plusieurs milliers) par rapport au nombre d'observations (quelques dizaines).

La régression PLS (*Partial Least Squares regression*) est une méthode d'analyse des données spécifiquement construite pour l'étude de ce type de problème. Elle a été proposée par Wold, Albano, Dunn III, Esbensen, Hellberg, Johansson & Sjöström (1983). Cette méthode connait un très grand succès dans le domaine de la chimie, particulièrement dans les applications concernant des données de chromatographie ou de spectrographie. Elle s'est principalement développée autour de Svante Wold, Professeur au *Department of Organic Chemistry, Research Group for Chemometrics, University of Umeå, Umeå, Sweden.* On peut citer quelques-unes des nombreuses thèses dirigées par Svante Wold et parues dans ce département : Hellberg (1986), Lundstedt (1986), Öhman (1988), Skagerberg (1989), Eriksson (1991), Jonsson (1992), Lindgren (1994), Bjørsvik (1995), Lindgren (1995), Rännar (1996). Elles montrent l'ampleur de l'effort de recherche accompli sur une dizaine d'années au niveau des applications en chimie. De plus Svante Wold, Nouna Kettaneh-Wold et leurs collaborateurs ont développé le logiciel d'analyse des données *SIMCA-P for Windows* centré sur la régression PLS. Signalons également l'avantage de la régression PLS par rapport à d'autres méthodes de régression dans l'analyse des plans d'expériences non orthogonaux (Gauchi, 1995).

La régression PLS devrait pouvoir s'appliquer à de nombreux domaines avec le même succès qu'en chimie. C'est ce que nous voulons démontrer dans ce livre dont l'objet est de faire le point aux niveaux théorique et pratique sur cette nouvelle méthode.

Au niveau théorique, il est apparu que l'algorithme de régression PLS est relativement simple à décrire, mais possède de très nombreuses propriétés mathématiques qui montrent, éclairent et justifient son intérêt et son succès croissant. Nous avons également voulu situer la régression PLS dans son contexte historique.

Au niveau pratique, la régression PLS existe dans la Proc PLS de SAS, version 6.11 (1996), dans les logiciels SIMCA-P for Windows (Umetri AB, 1996) et The Unscrambler (Camo AS, 1996). Le logiciel SIMCA-P ayant été développé par le fondateur de la méthode, il représente pour nous la "doctrine officielle" de la régression PLS. Par conséquent nous avons tenu à ajuster notre présentation de la régression PLS aux sorties du logiciel SIMCA-P. Par ailleurs nous avons essayé de décrire avec un maximum de détails les sorties de ce logiciel à partir d'exemples. Précisons cependant qu'une certaine standardisation existe : les sorties du logiciel The Unscrambler et de la Proc PLS de SAS sont très voisines de celles de SIMCA-P. Ainsi, un utilisateur de la régression PLS devrait trouver dans ce livre toute l'aide nécessaire, tant au niveau théorique que pratique, pour une exploitation optimale des résultats. C'est en tout cas avec cet objectif que nous l'avons rédigé.

Historiquement la régression PLS est née de l'algorithme NIPALS développé par H. Wold (1966) pour l'analyse en composantes principales et de l'approche PLS proposée par H. Wold (1975) pour l'estimation des modèles d'équations structurelles sur variables latentes. Il en est résulté une présentation "classique" de la régression PLS sous la forme d'un algorithme. Il est essentiel de conserver l'algorithme dans sa forme d'origine et de ne pas chercher à le modifier ou le simplifier, car chaque étape a sa raison d'être. Cette présentation a un intérêt tout à fait essentiel : elle permet d'intégrer la possibilité de données manquantes. Lorsqu'on renonce à cette possibilité de données manquantes, alors la régression PLS peut être située parmi l'ensemble des méthodes d'analyse de données formées de deux groupes de variables X et Y observées sur les mêmes individus. Précisons les méthodes disponibles. Les deux ensembles X et Y peuvent jouer un rôle symétrique ou non. Dans le premier cas, on est dans le cadre des méthodes descriptives et on cherche à détecter et visualiser des associations pouvant exister entre les deux domaines de mesures. L'analyse canonique, l'analyse factorielle inter-batteries, l'algorithme SIMPLS-CA et l'analyse canonique PLS sont des méthodes d'analyse des données bien adaptées à cette situation. Dans le second cas les X représentent les variables indépendantes (prédicteurs) et les Y les variables dépendantes (réponses). On est dans le cadre des méthodes explicatives. On cherche à prévoir l'ensemble des Y à l'aide de l'ensemble des X. L'analyse des redondances, l'algorithme SIMPLS et la régression PLS sont des méthodes d'analyse des données prenant en compte les rôles respectifs des deux groupes de variables.

Précisons le contenu général et le plan de ce livre. Nous l'avons construit autour de la régression PLS avec quatre objectifs :

1) situer la régression PLS parmi les principales méthodes d'analyse des données permettant de relier deux tableaux de données X et Y et plus généralement par rapport à l'approche PLS de H. Wold;

2) décrire l'algorithme de la régression PLS dans sa version d'origine et présenter ses nombreuses propriétés mathématiques découvertes ultérieurement;

3) illustrer l'apport de la régression PLS en l'utilisant sur de nombreux exemples tirés de la littérature et en la comparant à d'autres méthodes statistiques;

4) commenter en détail les sorties de la procédure de régression PLS du logiciel SIMCA-P.

La première partie est consacrée aux méthodes d'association et de prédiction en analyse des données, hors la régression PLS :
- l'analyse canonique (Hotelling, 1935, 1936a) dans le chapitre 2;
- l'analyse factorielle inter-batteries (Tucker, 1958) dans le chapitre 3;
- l'analyse des redondances (Van den Wollenberg, 1977) dans le chapitre 4;
- l'algorithme SIMPLS (de Jong, 1993) et sa variante symétrique SIMPLS-CA dans le chapitre 5.

Nous concluons cette partie à l'aide de la synthèse de Burnham, Viveros et MacGregor (1996). Ils ont montré que ces méthodes pouvaient se mettre sous la forme d'un problème d'optimisation sous contraintes. Le critère à optimiser est commun aux différentes méthodes et les contraintes varient d'une méthode à l'autre.

Dans la deuxième partie nous présentons la régression PLS aux niveaux théorique et pratique. Nous commençons par exposer dans le chapitre 6 l'algorithme NIPALS que nous illustrons par un exemple d'analyse en composantes principales avec données manquantes. Cet algorithme est essentiel à la compréhension de la régression PLS car il permet de comprendre la logique de l'écriture de l'algorithme de régression PLS. On distingue habituellement en régression PLS le cas où il y a une seule variable Y de celui où il y en a plusieurs. La régression PLS1 correspond à la première situation et la régression PLS2 à la seconde. Après avoir exposé et illustré sur un exemple la régression PLS1 dans le chapitre 7, nous étudions ses nombreuses propriétés mathématiques dans le chapitre 8. La régression PLS2 est décrite, justifiée et illustrée dans le chapitre 9. Nous consacrons ensuite le chapitre 10 à des applications pratiques de la régression PLS. D'une part nous reprenons des exemples déja traités dans la littérature par d'autres méthodes et montrons l'apport de la régression PLS par rapport aux anciennes méthodes. D'autre part nous présentons deux applications tirées de deux domaines où la régression PLS est reconnue comme incontournable. Une des applications concerne l'utilisation de données de chromatographie en médecine. Elle nous a été communiquée par Svante Wold et illustre bien la spécificité de la régression PLS : la possibilité de construire des modèles de régression fiables bien que le nombre de variables soit très supérieur au nombre d'individus. Dans un autre exemple dû à Esbensen, Schönkopf & Midtgaard (1994), nous décrivons l'utilisation de la régression PLS en étalonnage multidimensionnel (*multivariate calibration*) sur des données de spectrographie. Une présentation unifiée de l'analyse canonique, de l'analyse des redondances, de la régression PLS et de l'analyse canonique PLS a été proposée par Lohmöller (1989) en utilisant l'approche PLS de Wold. Nous présentons l'analyse canonique PLS et cette synthèse dans le chapitre 11.

Nous explorons dans une troisième partie (chapitre 12) l'application des méthodes présentées dans ce livre lorsque les variables du problème sont qualitatives. On remplace simplement les variables qualitatives par les variables indicatrices des modalités et on utilise ces méthodes sans aucun changement par rapport à leur utilisation habituelle sur variables quantitatives. La particularité des données conduit à des propriétés supplémentaires de ces méthodes et des règles d'interprétation spécifiques. Les exemples présentés illustrent le potentiel de ces méthodes dans le traitement des variables qualitatives.

Enfin nous présentons dans la dernière partie (chapitre 13) l'approche PLS proposée par Herman Wold (1982) pour étudier J blocs de variables observées sur les mêmes individus. Wold s'est placé dans le cadre de la modélisation de relations structurelles sur variables latentes (*path models with latent variables*). Une présentation géométrique des conditions de stationnarité permet un exposé très simple de l'algorithme PLS. Dans le cas particulier de deux blocs on retrouve les principales méthodes présentées dans ce livre. Un exemple entièrement traité complète l'exposé.

Chapitre 2

L'analyse canonique

Deux références relativement récentes sont entièrement consacrées à l'analyse canonique . Le livre de Gittins (1980) représente une somme incontournable sur le sujet, faisant le point au niveau théorique et présentant de nombreux cas pratiques. Thompson (1984) approfondit les règles d'interprétation des résultats de l'analyse canonique. Nous rappelons dans ce chapitre les principaux résultats de l'analyse canonique, discutons les règles d'interprétation et présentons un exemple.

2.1 Théorie

Il y a p variables x_j et q variables y_k observées sur les mêmes n individus. Notons X et Y les tableaux de données associés respectivement aux variables x_j et y_k. Nous supposons que le rang de X est égal à p et celui de Y à q. Toutes les variables sont également supposées centrées-réduites. Ces hypothèses d'indépendance et de normalisation peuvent facilement être levées et n'enlèvent pas vraiment de généralité à la méthode. Mais nous préférons les conserver car elles rendent plus claire et plus simple la présentation de la méthode.

Notons $R_{11} = \frac{1}{n}X'X$ et $R_{22} = \frac{1}{n}Y'Y$ les matrices des corrélations intra-groupes, $R_{12} = \frac{1}{n}X'Y$ la matrice des corrélations inter-groupes, et R_{21} la matrice transposée de R_{12}.

De même que l'analyse en composantes principales de X permet de décrire la matrice des corrélations R_{11}, l'analyse canonique va nous permettre de décrire la matrice des corrélations inter-groupes R_{12}.

En analyse canonique on recherche successivement des composantes canoniques orthogonales $t_h = Xa_h$ et $u_h = Yb_h$ de corrélation maximale. Les propriétés de la régression multiple montrent que :

1) la composante Xa_h est colinéaire à la projection de Yb_h sur l'espace engendré par les colonnes de X;

2) le coefficient de détermination $R^2(Yb_h; X)$ entre Yb_h et les variables x_j est égal à $cor^2(Yb_h, Xa_h)$;

3) la composante Yb_h est colinéaire à la projection de Xa_h sur l'espace engendré par les colonnes de Y;

4) $R^2(Xa_h;Y) = cor^2(Xa_h, Yb_h)$.

L'écriture matricielle des propriétés de ces composantes permet de les obtenir.

Les propriétés 1) et 3) s'écrivent :

$$X(X'X)^{-1}X'Yb_h = \alpha_h Xa_h \tag{1}$$
$$Y(Y'Y)^{-1}Y'Xa_h = \beta_h Yb_h \tag{2}$$

pour des scalaires α_h et β_h.

On peut déduire des propriétés 2) et 4) que les coefficients de proportionnalité α_h et β_h vérifient :

$$\alpha_h = r_h \|Yb_h\| / \|Xa_h\| \tag{3}$$
$$\beta_h = r_h \|Xa_h\| / \|Yb_h\| \tag{4}$$

avec $r_h = cor(Xa_h, Yb_h)$.

On obtient ensuite les équations de stationnarité :

$$X(X'X)^{-1}X'Y(Y'Y)^{-1}Y'Xa_h = r_h^2 Xa_h \tag{5}$$
$$Y(Y'Y)^{-1}Y'X(X'X)^{-1}X'Yb_h = r_h^2 Yb_h \tag{6}$$

soit aussi

$$R_{11}^{-1}R_{12}R_{22}^{-1}R_{21}a_h = r_h^2 a_h \tag{7}$$
$$R_{22}^{-1}R_{21}R_{11}^{-1}R_{12}b_h = r_h^2 b_h \tag{8}$$

Nous en déduisons que :

a_h est le vecteur propre de la matrice $R_{11}^{-1}R_{12}R_{22}^{-1}R_{21}$ associé à la h-ième plus grande valeur propre r_h^2,

b_h est le vecteur propre de la matrice $R_{22}^{-1}R_{21}R_{11}^{-1}R_{12}$ associé à la h-ième plus grande valeur propre r_h^2.

La racine carrée r_h de la valeur propre r_h^2 s'appelle la corrélation canonique. Le rang des matrices à diagonaliser est celui de R_{12}. Nous notons s son rang. Il y a donc s corrélations canoniques r_h strictement positives. Nous ne considérons dans la suite que les s paires de composantes (t_h, u_h) ayant une corrélation canonique r_h strictement positive.

Le choix des normes des vecteurs a_h et b_h est arbitraire. En analyse canonique, il est habituel de choisir les normes des vecteurs a_h et b_h conduisant à des composantes canoniques $t_h = Xa_h$ et $u_h = Yb_h$ réduites ($t_h' t_h = u_h' u_h = n$). Il est intéressant de réaliser qu'on pourrait aussi bien imposer aux vecteurs a_h et b_h d'être unitaires. Ceci éclaire une des difficultés pratiques de l'analyse canonique. Lorsqu'on recherche des vecteurs unitaires a_h et b_h maximisant $cor(Xa_h, Yb_h) = cov(Xa_h, Yb_h)/(\sqrt{var(Xa_h)}\sqrt{var(Yb_h)})$ on recherche en fait simultanément à maximiser $cov(Xa_h, Yb_h)$ et à minimiser les variances $var(Xa_h)$

et $var(Yb_h)$. Il n'est donc pas surprenant d'obtenir souvent des composantes canoniques bien corrélées entre elles, mais peu explicatives de leur groupe respectif.

Revenons maintenant à la norme usuelle des vecteurs a_h et b_h qui conduit à des composantes canoniques $t_h = Xa_h$ et $u_h = Yb_h$ réduites. Des équations (3) et (4) on déduit $\alpha_h = \beta_h = r_h$, et les équations (1) et (2) conduisent maintenant aux relations :

$$\frac{1}{n}X'u_h = r_h\frac{1}{n}X't_h \tag{9}$$

$$\frac{1}{n}Y't_h = r_h\frac{1}{n}Y'u_h \tag{10}$$

Autrement dit :

$$cor(x_j, u_h) = r_h cor(x_j, t_h), \text{ pour } j = 1 \ldots, p \tag{9'}$$

et

$$cor(y_k, t_h) = r_h cor(y_k, u_h), \text{ pour } k = 1, \ldots, q \tag{10'}$$

Ainsi le vecteur des corrélations entre les variables x_j et la composante canonique $u_h = Yb_h$ est colinéaire au vecteur des corrélations entre les variables x_j et la composante canonique $t_h = Xa_h$, et le coefficient de proportionnalité est la corrélation canonique r_h. On obtient bien sûr un résultat analogue pour les variables y_k.

Vérifions maintenant l'orthogonalité des composantes canoniques d'ordre différent. Pour cela il faut utiliser le fait que les vecteurs propres d'une matrice symétrique sont orthogonaux. Montrons l'orthogonalité des composantes t_h. En multipliant les deux termes de l'équation (7) par $R_{11}^{1/2}$ on obtient :

$$R_{11}^{-1/2}R_{12}R_{22}^{-1}R_{21}R_{11}^{-1/2}R_{11}^{1/2}a_h = r_h^2 R_{11}^{1/2}a_h \tag{11}$$

Les vecteurs $R_{11}^{1/2}a_h$ sont orthogonaux comme vecteurs propres de la matrice symétrique $R_{11}^{-1/2}R_{12}R_{22}^{-1}R_{21}R_{11}^{-1/2}$ associés aux valeurs propres non nulles r_h^2. D'où

$$\frac{1}{n}t_h't_l = \frac{1}{n}a_h'X'Xa_l = a_h'R_{11}a_l = 0, \text{ pour } h \neq l$$

On montrerait de même l'orthogonalité des u_h. Montrons enfin l'orthogonalité entre les t_h et les u_l d'un ordre différent. En utilisant (9) on obtient :

$$t_h'u_l = a_h'X'u_l = a_h'(r_lX't_l) = r_lt_h't_l = 0, \text{ pour } h \neq l$$

D'où le résultat, puisque les corrélations canoniques considérées sont toutes strictement positives.

Les vecteurs propres $R_{11}^{1/2}a_h$ de la matrice $R_{11}^{-1/2}R_{12}R_{22}^{-1}R_{21}R_{11}^{-1/2}$ et $R_{22}^{1/2}b_h$ de la matrice $R_{22}^{-1/2}R_{21}R_{11}^{-1}R_{12}R_{22}^{-1/2}$ associés aux mêmes valeurs propres non nulles r_h^2 permettent de construire la décomposition en valeurs singulières de la matrice $R_{11}^{-1/2}R_{12}R_{22}^{-1/2}$. On obtient :

$$R_{11}^{-1/2}R_{12}R_{22}^{-1/2} = \sum_{h=1}^{s} r_h R_{11}^{1/2}a_h b_h' R_{22}^{1/2} \tag{12}$$

D'où la décomposition de la matrice des corrélations inter-groupes :

$$R_{12} = \sum_{h=1}^{s} r_h R_{11}a_h b_h' R_{22} \tag{13}$$

Remarquant que

$$R_{11}a_h = \frac{1}{n}X'Xa_h = \frac{1}{n}X't_h = \frac{1}{nr_h}X'u_h$$

et

$$R_{22}b_h = \frac{1}{n}Y'Yb_h = \frac{1}{n}Y'u_h = \frac{1}{nr_h}Y't_h$$

on en déduit des décompositions possibles de $cor(x_j, y_k)$:

$$cor(x_j, y_k) = \sum_{h=1}^{s} r_h cor(x_j, t_h) cor(y_k, u_h) \tag{14.1}$$

$$= \sum_{h=1}^{s} cor(x_j, u_h) cor(y_k, u_h) \tag{14.2}$$

$$= \sum_{h=1}^{s} cor(x_j, t_h) cor(y_k, t_h) \tag{14.3}$$

$$= \sum_{h=1}^{s} \frac{1}{r_h} cor(x_j, u_h) cor(y_k, t_h) \tag{14.4}$$

2.2 Interprétation des résultats

Les résultats d'une analyse canonique peuvent être étudiés à trois niveaux :

1) Force de la liaison entre les deux ensembles de variables.

2) Structure de la matrice des corrélations inter-groupes.

3) Interprétation des composantes canoniques au niveau des variables constitutives et des individus.

2.2.1 Force de la liaison entre les deux ensembles de variables

Les corrélations canoniques r_h indiquent le nombre de composantes à retenir, l'ordre de la liaison. Lorsque les données peuvent être considérées comme provenant d'une population multinormale, on peut tester la nullité des dernières corrélations canoniques ρ_h définies au niveau de la population.

L'hypothèse

$$H_0\colon \rho_1 \neq 0, \rho_2 \neq 0, \ldots, \rho_j \neq 0, \rho_{j+1} = 0, \ldots, \rho_s = 0$$

peut être testée en utilisant le test du rapport des vraisemblances. On est conduit (cf. par exemple Gittins, 1980) à la statistique de Wilks

$$\Lambda_j = \prod_{h=j+1}^{s} (1 - r_h^2)$$

Son niveau de signification peut se calculer à l'aide des approximations usuelles de Bartlett ou Rao. Elles sont décrites dans Rencher (1995, p.403).

La statistique de Bartlett

$$\chi^2 = -\{n - \frac{1}{2}(p + q + 3)\}Ln(\Lambda_j)$$

suit approximativement une loi du khi-deux à $(p - j)(q - j)$ degrés de liberté sous l'hypothèse H_0.

La statistique de Rao s'écrit

$$F = \frac{1 - \Lambda_j^{1/t}}{\Lambda_j^{1/t}} \frac{dl_2}{dl_1}$$

où

$$dl_1 = (p - j)(q - j)$$

$$dl_2 = wt - \frac{1}{2}\{(p - j)(q - j)\} + 1$$

$$w = n - \frac{1}{2}(p + q + 3)$$

$$t = \sqrt{\frac{(p - j)^2(q - j)^2 - 4}{(p - j)^2 + (q - j)^2 - 5}}$$

Sous H_0 , la statistique F suit approximativement une loi de Fisher-Snedecor à dl_1 et dl_2 degrés de liberté.

Cependant ces composantes canoniques "significatives" peuvent n'expliquer qu'une faible partie de la variance de leur groupe ou de l'autre groupe. On mesure donc les parts de variance d'un groupe expliquées par ses propres composantes canoniques ou celles de l'autre groupe. Précisons la construction de ces indices. La proximité entre un groupe de variables X et une variable v est mesurée en analyse en composantes principales par le critère

$$p(X,v) = \frac{1}{p}\sum_{j=1}^{p} cor^2(x_j, v)$$

Ce critère représente la part de variance de X expliquée par la variable v. On peut étendre cette définition à un groupe de variables $V = \{v_1, \ldots, v_s\}$. La proximité entre X et V est alors définie par

$$p(X,V) = \frac{1}{p}\sum_{j=1}^{p} R^2(x_j; v_1, \ldots, v_s)$$

La maximisation de ce critère par rapport à des variables $v_1, \ldots, v_s$ centrées-réduites et orthogonales conduit aux composantes principales réduites de X. Mais ce critère n'est pas symétrique ($p(X,V) \neq p(V,X)$) et le terme de proximité convient donc mal. On appelle plutôt *Redondance de X par rapport à V* la proximité $p(X,V)$, et elle est notée $Rd(X,V)$.

D'où les indices suivants :

Part de variance expliquée ou redondance

- Part de variance de X expliquée par sa composante t_h (ou redondance de X par rapport à t_h) :

$$Rd(X,t_h) = \frac{1}{p}\sum_{j=1}^{p} cor^2(x_j, t_h)$$

- Part de variance de Y expliquée par sa composante u_h (ou redondance de Y par rapport à u_h) :

$$Rd(Y,u_h) = \frac{1}{q}\sum_{k=1}^{q} cor^2(y_k, u_h)$$

- Part de variance de X expliquée par la composante u_h de l'autre groupe (ou redondance de X par rapport à u_h) :

$$\begin{aligned} Rd(X,u_h) &= \frac{1}{p}\sum_{j=1}^{p} cor^2(x_j, u_h) \\ &= r_h^2 Rd(X,t_h) \end{aligned}$$

- Part de variance de Y expliquée par la composante t_h de l'autre groupe (ou redondance de Y par rapport à t_h) :

$$\begin{aligned} Rd(Y,t_h) &= \frac{1}{q}\sum_{k=1}^{q} cor^2(y_k, t_h) \\ &= r_h^2 Rd(Y,u_h) \end{aligned}$$

- *Part de variance de X expliquée par les composantes $u_1, \ldots, u_m$ de l'autre groupe (ou redondance de X par rapport aux composantes $u_1, \ldots, u_m$) :*

$$
\begin{aligned}
Rd(X; u_1, \ldots, u_m) &= \frac{1}{p} \sum_{j=1}^{p} R^2(x_j; u_1, \ldots, u_m) \\
&= \frac{1}{p} \sum_{h=1}^{m} \sum_{j=1}^{p} cor^2(x_j, u_h) \\
&= \sum_{h=1}^{m} Rd(X, u_h)
\end{aligned}
$$

On peut considérer que c'est la part de variance de X expliquée par $u_1, \ldots, u_m$.

- *Part de variance de Y expliquée par les composantes $t_1, \ldots, t_m$ de l'autre groupe (ou redondance de Y par rapport aux composantes $t_1, \ldots, t_m$) :*

$$
\begin{aligned}
Rd(Y; t_1, \ldots, t_m) &= \frac{1}{q} \sum_{k=1}^{q} R^2(y_k; t_1, \ldots, t_m) \\
&= \frac{1}{q} \sum_{h=1}^{m} \sum_{k=1}^{q} cor^2(y_k, t_h) \\
&= \sum_{h=1}^{m} Rd(Y, t_h)
\end{aligned}
$$

C'est la part de variance de Y expliquée par $t_1, \ldots, t_m$.

Si l'on retient m composantes canoniques, on peut mesurer la part de variance de chaque variable expliquée par ces m composantes canoniques. Ces indices sont appelés "communautés" par analogie avec les communautés de l'analyse factorielle.

Communauté intra-groupe

$$
R^2(x_j; t_1, \ldots, t_m) = \sum_{h=1}^{m} \frac{1}{r_h^2} cor^2(x_j, u_h)
$$

$$
R^2(y_k; u_1, \ldots, u_m) = \sum_{h=1}^{m} \frac{1}{r_h^2} cor^2(y_k, t_h)
$$

Les variables à faible communauté intra-groupe participent peu à l'étude puisqu'elles sont peu liées aux variables "actives" du problème, c'est-à-dire liées à des variables de l'autre groupe.

Communauté inter-groupes

$$R^2(x_j; u_1, \dots, u_m) = \sum_{h=1}^{m} cor^2(x_j, u_h)$$

$$R^2(y_k; t_1, \dots, t_m) = \sum_{h=1}^{m} cor^2(y_k, t_h)$$

Les variables à faible communauté inter-groupes sont spécifiques de leur propre groupe. Elles sont peu corrélées aux variables de l'autre groupe. Dans l'étude de la liaison entre les deux domaines de mesures, on peut supprimer les variables à faible communauté inter-groupes sans perturber l'analyse.

Lorsque la matrice R_{12} est de rang plein ($s = \min(p, q)$) et qu'on choisit $m = s$, alors la communauté inter-groupes entre une variable d'un groupe et l'ensemble des s composantes de l'autre groupe est égale au coefficient de détermination entre la variable et l'ensemble des variables de l'autre groupe. Montrons ce résultat. Supposons que $s = \min(p, q) = q$. Alors les composantes $u_1, \dots, u_s$ engendrent le même espace que Y et, par conséquent :

$$R^2(x_j; u_1, \dots, u_s) = R^2(x_j; y_1, \dots, y_q)$$

Montrons maintenant que

$$R^2(y_k; t_1, \dots, t_s) = R^2(y_k; x_1, \dots, x_p)$$

Si $s = p$, la démarche est identique à ce qui précède, mais, lorsque s est strictement inférieur à p, la démonstration est différente. On a tout d'abord :

$$R^2(y_k; x_1, \dots, x_p) = \frac{1}{n} y_k' X(X'X)^{-1} X' y_k$$

On peut exprimer chaque variable y_k en fonction de la matrice U formée des colonnes $u_1, \dots, u_s$. Il existe un vecteur d_k de $\mathbb{R}^s$ tel que :

$$y_k = U d_k$$

On a donc

$$y_k' X(X'X)^{-1} X' y_k = d_k' U' X(X'X)^{-1} X' U d_k$$

Par ailleurs (formule (1))

$$X(X'X)^{-1} X' U = TR$$

où R est la matrice diagonale des corrélations canoniques r_h et T la matrice des colonne $t_1, \dots, t_s$. D'où:

$$\begin{aligned} y_k' X(X'X)^{-1} X' y_k &= d_k' R T' T R d_k \\ &= n d_k' R^2 d_k \end{aligned}$$

Et finalement

$$R^2(y_k; x_1, \ldots, x_p) = d'_k R^2 d_k$$

Calculons maintenant $R^2(y_k; t_1, \ldots, t_s)$:

$$\begin{aligned} R^2(y_k; t_1, \ldots, t_s) &= \sum_{h=1}^{s} cor^2(y_k; t_h) \\ &= \frac{1}{n^2} \sum_{h=1}^{s} (y'_k t_h)^2 \\ &= \frac{1}{n^2} \sum_{h=1}^{s} r_h^2 (y'_k u_h)^2, \text{ d'après la formule (10)} \\ &= \frac{1}{n^2} \sum_{h=1}^{s} r_h^2 (d'_k U' u_h)^2 \end{aligned}$$

Comme $U'u_h$ est un vecteur à s coordonnées nulles, sauf la h-ième qui vaut n, $d'_k U' u_h / n$ représente la h-ième coordonnée d_{kh} de d_k. On obtient donc :

$$\begin{aligned} R^2(y_k; t_1, \ldots, t_s) &= \sum_{h=1}^{s} r_h^2 d_{kh}^2 \\ &= d'_k R^2 d_k \end{aligned}$$

D'où le résultat.

Ainsi, lorsque la matrice R_{12} est de rang plein, on obtient plus globalement :

$$Rd(X, Y) = Rd(X; u_1, \ldots, u_s)$$

et

$$Rd(Y, X) = Rd(Y; t_1, \ldots, t_s)$$

2.2.2 Structure de la matrice des corrélations inter-groupes

Les formules de décomposition données dans (14) montrent que les corrélations entre les variables et les composantes canoniques permettent de reconstituer la matrice des corrélations inter-groupes. On peut construire un cercle des corrélations des variables x_j et y_k avec (u_1, u_2) ou bien (t_1, t_2), et visualiser ainsi la nature des liaisons entre les x_j et y_k. Si deux dimensions suffisent, ce cercle des corrélations donne une image fidèle de la matrice des corrélations inter-groupes R_{12}. Les corrélations entre les variables x_j et y_k sont positives, nulles ou négatives selon que les vecteurs-variables x_j et y_k forment un angle aigu, droit ou obtus.

Ainsi, de même que l'analyse en composantes principales de X ou Y permet de décrire la matrice R_{11} ou R_{22}, l'analyse canonique de X et Y permet de décrire la matrice R_{12}. Il faut cependant ajouter que l'analyse factorielle inter-batteries présentée dans le chapitre 3 permet d'obtenir une meilleure description de la matrice des corrélations inter-groupes R_{12}.

2.2.3 Interprétation des composantes canoniques

Les composantes canoniques s'interprètent aux niveaux des variables et des individus.

Au niveau des variables

Les vecteurs canoniques a_h et b_h permettant de construire les composantes canoniques $t_h = Xa_h$ et $u_h = Yb_h$ résultent des régressions multiples de u_h sur X et de t_h sur Y. Ils mesurent donc des apports marginaux de chaque variable par rapport aux autres dans la construction des composantes canoniques. Ils sont très sensibles à la multicolinéarité intra-groupe. Si les variables d'un groupe sont très corrélées entre elles, le vecteur canonique de ce groupe sera très difficile à interpréter.

L'analyse canonique de X et Y est équivalente à l'analyse canonique des composantes principales de X et de celles de Y : elles conduisent toutes les deux aux mêmes composantes canoniques. Mais l'orthogonalité des composantes principales permet de relier directement les coefficients de régression définissant les composantes canoniques aux corrélations entre les composantes principales et les composantes canoniques. Il est donc très instructif d'interpréter les composantes canoniques en les projetant sur les cercles des corrélations issus des analyses en composantes principales de X et de Y.

Au niveau des individus

Les cartes (t_h, u_h) permettent de visualiser la liaison entre les composantes canoniques et de situer les individus dans la relation. L'analyse peut être nettement enrichie si les individus sont identifiables.

2.3 Étude d'un exemple

Nous allons illustrer l'analyse canonique en reprenant les données de Linnerud (tableau 1) illustrant la procédure d'analyse canonique (Proc CANCORR) du logiciel SAS. Il s'agit de relier des variables d'exercice (Tractions à la barre fixe, Flexions, Sauts) à des variables de mesures physiques (Poids, Tour de taille, Pouls). Les corrélations entre les variables sont données dans le tableau 2. On trouve ensuite les résultats de l'analyse canonique des deux groupes de variables.

2.3.1 Données et résultats

Les données

Tableau 1 : Les données de Linnerud

N°	X_1 Poids	X_2 Tour de taille	X_3 Pouls	Y_1 Tractions	Y_2 Flexions	Y_3 Sauts
1	191	36	50	5	162	60
2	189	37	52	2	110	60
3	193	38	58	12	101	101
4	162	35	62	12	105	37
5	189	35	46	13	155	58
6	182	36	56	4	101	42
7	211	38	56	8	101	38
8	167	34	60	6	125	40
9	176	31	74	15	200	40
10	154	33	56	17	251	250
11	169	34	50	17	120	38
12	166	33	52	13	210	115
13	154	34	64	14	215	105
14	247	46	50	1	50	50
15	193	36	46	6	70	31
16	202	37	62	12	210	120
17	176	37	54	4	60	25
18	157	32	52	11	230	80
19	156	33	54	15	225	73
20	138	33	68	2	110	43
Moyenne	178.60	35.40	56.10	9.45	145.55	70.30
Écart-type	24.69	3.20	7.21	5.29	62.57	51.28

Tableau 2 : Corrélations entre les variables

	Poids	Tour de taille	Pouls	Tractions	Flexions	Sauts
Poids	1	0.87	-0.37	-0.39	-0.49	-0.23
Tour de taille		1	-0.35	-0.55	-0.65	-0.19
Pouls			1	0.15	0.22	0.03
Tractions				1	0.70	0.50
Flexions					1	0.67
Sauts						1

Les résultats de l'analyse canonique des deux groupes de variables X et Y

Les corrélations canoniques r_h et les niveaux de signification

Corrélation canonique r_h	$\Lambda_j = \prod_{h=j+1}^{s}(1 - r_h^2)$	F	dl_1	dl_2	Niveau de signification
0.7956	$j = 0 : 0.3504$	2.0482	9	34.22	0.0635
0.2006	$j = 1 : 0.9547$	0.1758	4	30	0.9491
0.0726	$j = 2 : 0.9947$	0.0847	1	16	0.7748

Les vecteurs canoniques a_h et b_h associés aux variables X et Y centrées-réduites

	a_1	a_2	a_3
Poids	0.7754	-1.8844	-0.1910
Tour de taille	-1.5793	1.1806	0.5060
Pouls	0.0591	-0.2311	1.0508

	b_1	b_2	b_3
Tractions	0.3495	-0.3755	-1.2966
Flexions	1.0540	0.1235	1.2368
Sauts	-0.7164	1.0622	-0.4188

Les composantes canoniques

N°	t_1	t_2	t_3	u_1	u_2	u_3
1	0.04	-0.53	-0.89	0.13	0.14	1.50
2	-0.50	-0.07	-0.43	-0.95	0.25	1.21
3	-0.81	-0.20	0.58	-1.01	0.37	-1.76
4	-0.28	0.93	0.93	-0.05	-0.95	-1.16
5	0.44	-0.62	-1.62	0.57	-0.49	-0.58
6	-0.19	-0.04	0.05	-0.72	-0.29	0.69
7	-0.27	-1.51	0.15	-0.40	-0.65	-0.26
8	0.36	0.24	0.44	-0.15	-0.42	0.69
9	2.24	-2.00	1.93	1.71	-0.91	-0.04
10	0.41	1.00	-0.20	-0.24	3.39	-1.24
11	0.34	0.41	-1.04	0.52	-1.26	-2.09
12	0.75	0.21	-0.88	0.70	0.80	0.04
13	-0.02	1.11	1.12	0.99	0.53	-0.03
14	-3.13	-1.12	0.26	-1.88	-0.01	0.35
15	0.07	-0.55	-1.49	-0.95	-0.72	-0.33
16	-0.01	-1.39	0.93	0.56	0.98	0.24
17	-0.89	0.86	-0.03	-1.17	-0.72	0.02
18	0.97	0.53	-0.97	1.39	0.26	1.21
19	0.46	0.91	-0.51	1.67	-0.18	0.19
20	0.01	1.83	1.67	-0.71	-0.11	1.35

Structure canonique

Corrélations entre les mesures physiques x_j et leurs composantes canoniques t_h :

	t_1	t_2	t_3
Poids	-0.6206	-0.7724	-0.1350
Tour de taille	-0.9254	-0.3777	-0.0310
Pouls	0.3328	0.0415	0.9421

Corrélations entre les exercices y_k et leurs composantes canoniques u_h :

	u_1	u_2	u_3
Tractions	0.7276	0.2370	-0.6438
Flexions	0.8177	0.5730	0.0544
Sauts	0.1622	0.9586	-0.2339

Corrélations entre les mesures physiques x_j et les composantes canoniques des exercices u_h :

	u_1	u_2	u_3
Poids	-0.4938	-0.1549	-0.0098
Tour de taille	-0.7363	-0.0757	-0.0022
Pouls	0.2648	0.0083	0.0684

Corrélations entre les exercices y_k et les composantes canoniques des mesures physiques t_h :

	t_1	t_2	t_3
Tractions	0.5789	0.0475	-0.0467
Flexions	0.6506	0.1149	0.0040
Sauts	0.1290	0.1923	-0.0170

Parts de variance expliquée

Part de variance des mesures physiques centrées-réduites x_j expliquée par :

h	les t_h	les u_h
1	0.4508	0.2854
2	0.2470	0.0099
3	0.3022	0.0016

Part de variance des variables exercices centrées-réduites y_k expliquée par :

h	les t_h	les u_h
1	0.2584	0.4081
2	0.0175	0.4345
3	0.0008	0.1574

Communautés inter-groupes

R^2 entre les mesures physiques x_j et les m premières composantes canoniques u_h :

m	1	2	3
Poids	0.2438	0.2678	0.2679
Tour de taille	0.5421	0.5478	0.5478
Pouls	0.0701	0.0702	0.0749

R^2 entre les variables exercices y_k et les m premières composantes canoniques t_h :

m	1	2	3
Tractions	0.3351	0.3374	0.3396
Flexions	0.4233	0.4365	0.4365
Sauts	0.0167	0.0536	0.0539

2.3.2 Commentaires

Nombre de composantes canoniques

En utilisant les niveaux de signification de la statistique Λ_j, on est conduit à ne retenir qu'une seule composante : l'hypothèse de nullité des trois corrélations canoniques peut être rejetée (NS = 0.0635), alors qu'elle ne l'est pas pour les deux dernières (NS = 0.9491).

Interprétation des composantes canoniques

Pour interpréter les composantes canoniques on utilise les vecteurs canoniques a_h et b_h, les corrélations entre les composantes canoniques et leurs variables constitutives et des graphiques. En analyse en composantes principales il y a proportionnalité entre le vecteur propre donnant les coefficients des variables dans le calcul d'une composante principale et le vecteur des corrélations entre les variables et cette composante principale. Ce n'est plus le cas en analyse canonique dès qu'il y a multicolinéarité intra-groupe. On retrouve les difficultés d'interprétation de la régression multiple. Les coordonnées des vecteurs canoniques mesurent l'apport marginal de chaque variable à la construction des composantes canoniques de leur groupe. Elles peuvent avoir un signe et un niveau différents de la corrélation entre les variables et leurs composantes canoniques.

Rencher (1992, 1995) est fermement partisan de n'utiliser que les vecteurs canoniques car ils prennent mieux en compte l'aspect multivarié de l'analyse. Cependant, dès qu'il y a multicolinéarité intra-groupe, les vecteurs canoniques deviennent difficiles à interpréter. Meredith (1964) pense même qu'ils sont inexploitables. Meredith (1964), Cooley & Lohnes (1971, p. 33) et Bock (1975,

p. 393) sont plutôt favorables à l'utilisation des corrélations entre les variables et les composantes canoniques. Fornell (1978) défend le point de vue que les règles d'interprétation dépendent des objectifs de l'étude. Gittins (1980, p. 55) ne tranche pas dans ce débat et considère finalement que "*the problem of interpreting canonical variates remains to some extent unresolved*" (!).

Sur l'exemple, les premières variables canoniques s'écrivent

$$t_1 = 0.7754 \text{ Poids}^* - 1.5793 \text{ Tour de taille}^* + 0.0591 \text{ Pouls}^*$$
$$u_1 = 0.3495 \text{ Traction}^* + 1.0540 \text{ Flexions}^* - 0.7164 \text{ Sauts}^*$$

où l'étoile indique que la variable est centrée-réduite. Les vecteurs canoniques a_1 et b_1 sont ici difficiles à interpréter, car opposant des variables positivement corrélées entre elles. L'utilisation des corrélations entre les variables et leur composante canonique conduit à des résultats beaucoup plus clairs. Les corrélations des X_j avec t_1 montrent l'opposition entre {Poids, Tour de taille} et Pouls [cor(Poids, t_1) = -0.62, cor(Tour de taille, t_1) = -0.93, cor(Pouls, t_1) = 0.33]. Les corrélations des Y_k avec u_1 traduisent bien que toutes ces variables d'exercice sont positivement corrélées entre elles [cor(Tractions, u_1) = 0.73, cor(Flexions, u_1) = 0.82, cor(Sauts, u_1) = 0.16]. Bien que ce ne soit pas le but de l'analyse, on résume bien ici les matrices des corrélations intra-groupes. En fait la composante canonique t_1 est corrélée à 0.78 avec la première composante principale de son groupe, et u_1 à 0.67 avec celle de son groupe.

La figure 1 permet de visualiser la liaison entre les composantes canoniques t_1 et u_1.

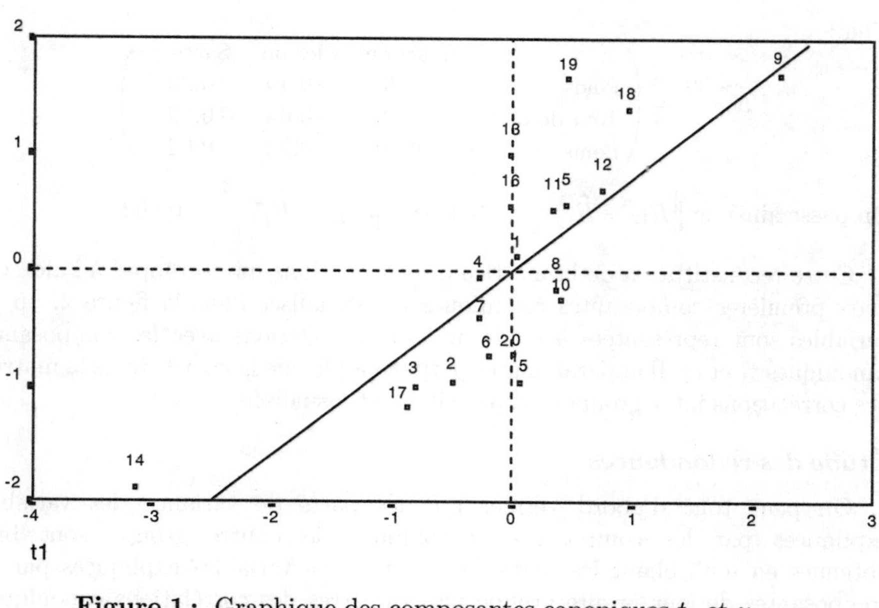

Figure 1 : Graphique des composantes canoniques t_1 et u_1.

Les individus 9 et 14 jouent un rôle particulier. Ils semblent avoir un levier important. La droite des moindres carrés construite sur les données restantes montrerait que l'individu 14 fait mieux que ses caractéristiques physiques ne le laissaient espérer, et l'individu 9 moins bien.

Étude de la matrice des corrélations inter-groupes

La matrice des corrélations inter-groupes peut être reconstituée à l'aide des corrélations des variables X et Y avec, par exemple, les composantes canoniques t_h. Ici la matrice des corrélations inter-groupes s'écrit :

$$R_{12} = \begin{pmatrix} & \text{Traction} & \text{Flexion} & \text{Sauts} \\ \text{Poids} & -0.39 & -0.49 & -0.23 \\ \text{Tour de taille} & -0.55 & -0.65 & -0.19 \\ \text{Pouls} & 0.15 & 0.22 & 0.03 \end{pmatrix}$$

En utilisant la première composante t_1 on obtient l'approximation

$$\widehat{cor(x_j, y_k)}^{(1)} = cor(x_j, t_1) \times cor(y_k, t_1)$$

d'où :

$$\widehat{R_{12}}^{(1)} = \begin{pmatrix} & \text{Traction} & \text{Flexion} & \text{Sauts} \\ \text{Poids} & -0.36 & -0.40 & -0.08 \\ \text{Tour de taille} & -0.54 & -0.60 & -0.19 \\ \text{Pouls} & 0.19 & 0.22 & 0.04 \end{pmatrix}$$

Si l'on utilise les deux premières composantes t_1 et t_2 on obtient une meilleure reconstitution en calculant

$$\widehat{cor(x_j, y_k)}^{(2)} = cor(x_j, t_1) \times cor(y_k, t_1) + cor(x_j, t_2) \times cor(y_k, t_2)$$

d'où :

$$\widehat{R_{12}}^{(2)} = \begin{pmatrix} & \text{Traction} & \text{Flexion} & \text{Sauts} \\ \text{Poids} & -0.40 & -0.49 & -0.23 \\ \text{Tour de taille} & -0.56 & -0.64 & -0.19 \\ \text{Pouls} & 0.19 & 0.22 & 0.04 \end{pmatrix}$$

On passe ainsi de $\left\| R_{12} - \widehat{R}_{12}^{(1)} \right\|^2 = 0.0358$ à $\left\| R_{12} - \widehat{R}_{12}^{(2)} \right\|^2 = 0.002$.

Cette reconstitution de la matrice des corrélations inter-groupes à l'aide des deux premières composantes canoniques est visualisée dans la figure 2, où les variables sont représentées à l'aide de leurs corrélations avec les composantes canoniques t_1 et t_2. Il apparait sur ce petit exemple que la structure de la matrice des corrélations inter-groupes est parfaitement visualisée.

Étude des redondances

On peut tout d'abord vérifier que les parts de variance des variables expliquées par les composantes canoniques de l'autre groupe sont bien obtenues en multipliant les parts de variance des variables expliquées par les composantes de leur propre groupe par les carrés des corrélations canoniques.

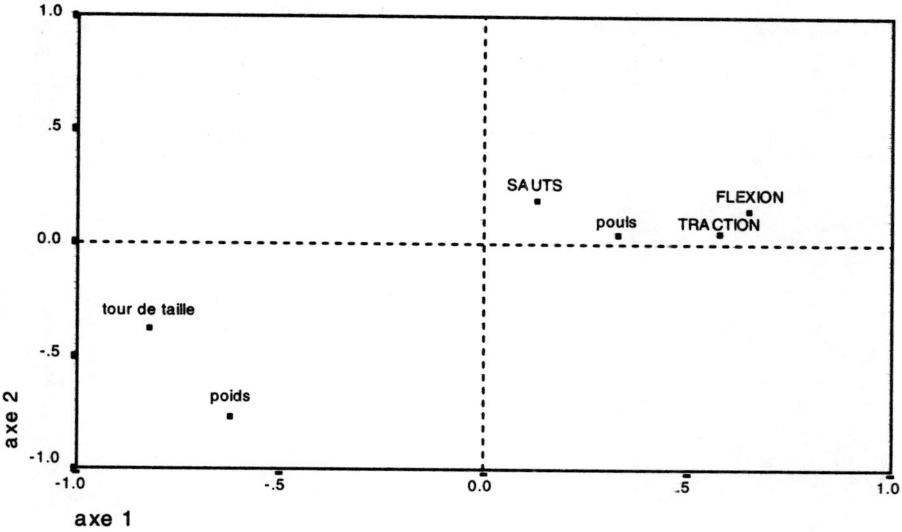

Figure 2 : Carte des corrélations des variables avec t_1 et t_2.

Par exemple on vérifie bien l'égalité $Rd(X, u_1) = r_1^2 \times Rd(X, t_1)$ sur les valeurs $Rd(X, t_1) = 0.4508$, $Rd(X, u_1) = 0.2854$ et $r_1^2 = 0.63298$.

Ceci dit, les résultats sont plutôt décevant : t_1 n'explique que 45% de son propre groupe et 29% de l'autre groupe, u_1 n'explique que 41% de son propre groupe et 26% de l'autre groupe. De plus les coefficients de détermination entre les variables d'un groupe et les trois composantes canoniques de l'autre groupe montrent une liaison modérée pour les variables Poids, Tour de taille, Traction, Flexion [$R^2(\text{Poids}; u_1, u_2, u_3) = 0.2679$, $R^2(\text{Tour de taille}; u_1, u_2, u_3) = 0.5478$, $R^2(\text{Traction}; t_1, t_2, t_3) = 0.3396$, $R^2(\text{Flexion}; t_1, t_2, t_3) = 0.4365$], et faible pour les variables Pouls et Sauts [$R^2(\text{Pouls}; u_1, u_2, u_3) = 0.0749$, $R^2(\text{Sauts}; t_1, t_2, t_3) = 0.0539$].

Pour les membres de ce club de gymnastique ces résultats sont finalement encourageants puisqu'ils signifient que, dans une certaine mesure, tout le monde peut progresser et obtenir de bons résultats quelque soit le physique de base.

Chapitre 3

Analyse factorielle inter-batteries

Nous allons présenter dans cette partie l'analyse factorielle inter-batteries de Tucker (1958). Les propriétés du cas particulier de deux tableaux totalement appariés ont été étudiées de manière approfondie par Lafosse (1986). Pour simplifier l'exposé nous allons conserver les mêmes notations que dans le chapitre sur l'analyse canonique.

3.1 La méthode

On recherche des composantes $t_h = Xa_h$ et $u_h = Yb_h$ expliquant bien leur propre groupe tout en étant aussi corrélées que possible. On impose aux a_h et aux b_h d'être orthonormés. On cherche donc simultanément à maximiser les quantités $var(Xa_h)$, $var(Yb_h)$ et $cor(Xa_h,Yb_h)$. Plus précisément, Tucker propose de maximiser le critère

$$cov(Xa_h, Yb_h) = cor(Xa_h, Yb_h)\sqrt{var(Xa_h)}\sqrt{var(Yb_h)}$$

Cette méthode est ainsi un compromis entre l'analyse canonique de X et Y ($cor(Xa_h, Yb_h)$ maximum) et des analyses en composantes principales de X ($var(Xa_h)$ maximum) et de Y ($var(Yb_h)$ maximum).

3.1.1 Recherche de la solution optimale

Comme en analyse canonique, on déduit la solution optimale de ses propriétés. De

$$\gamma_h = cov(Xa_h, Yb_h) = a_h' R_{12} b_h = \cos(a_h, R_{12}b_h)\,\|R_{12}b_h\|$$

on déduit qu'à l'optimum le vecteur a_h est colinéaire au vecteur $R_{12}b_h$ et que $\gamma_h = \|R_{12}b_h\|$. De la même manière, à l'optimum, b_h est colinéaire au vecteur $R_{21}a_h$ et $\gamma_h = \|R_{21}a_h\|$. D'où les relations

$$a_h = \frac{1}{\gamma_h} R_{12}b_h \tag{15}$$

$$b_h = \frac{1}{\gamma_h} R_{21}a_h \tag{16}$$

et les équations de stationnarité

$$R_{12}R_{21}a_h = \gamma_h^2 a_h \tag{17}$$

$$R_{21}R_{12}b_h = \gamma_h^2 b_h \tag{18}$$

Ainsi la solution du problème de Tucker est obtenue pour :

– les vecteurs propres normés a_h de la matrice $R_{12}R_{21}$ associés aux valeurs propres γ_h^2 rangées par ordre décroissant;

– les vecteurs propres normés b_h de la matrice $R_{21}R_{12}$ associés aux mêmes valeurs propres γ_h^2 .

On obtient la même solution en recherchant globalement des composantes $t_h = Xa_h$ et $u_h = Yb_h$ maximisant le critère

$$\sum_{h=1}^{s} cov^2(Xa_h, Yb_h) \tag{19}$$

sous les contraintes

$$a_1, \ldots, a_s \text{ orthonormés} \tag{20.1}$$

$$b_1, \ldots, b_s \text{ orthonormés} \tag{20.2}$$

On a vu que le maximum de $cov(Xa_h, Yb)$, par rapport à des vecteurs b normés, est atteint pour $b_h = R_{21}a_h/\|R_{21}a_h\|$ et a pour valeur $\|R_{21}a_h\|$. On en déduit que le maximum de (19) par rapport à des vecteurs normés $b_1, \ldots, b_s$ vaut

$$\sum_{h=1}^{s} a'_h R_{12}R_{21}a_h \tag{21}$$

Le maximum de (21) sous la contrainte (20.1) conduit aux vecteurs propres normés a_h de $R_{12}R_{21}$.
On vérifie ensuite que les vecteurs normés $b_h = R_{21}a_h/\|R_{21}a_h\|$ sont vecteurs propres de la matrice $R_{21}R_{12}$. On aboutit donc bien à la même solution que précédemment.

3.1.2 Propriétés des composantes t_h et u_h

Les composantes t_h et u_h vérifient les propriétés suivantes :

1) On déduit de (15) et de l'orthonormalité des a_h l'orthogonalité entre les composantes t_h et u_l d'un ordre différent :

$$cor(t_h, u_l) = 0, \text{ pour } h \neq l$$

On a en effet :

$$\frac{1}{n} t'_h u_l = a'_h \frac{1}{n} X'Y b_l = a'_h R_{12} b_l = \gamma_l a'_h a_l = 0, \text{ pour } h \neq l$$

2) L'interprétation des composantes à l'aide des variables est plus simple qu'en analyse canonique. On déduit en effet des formules (15) et (16) que :

– a_h est colinéaire au vecteur des corrélations entre les x_j et u_h;

– b_h est colinéaire au vecteur des corrélations entre les y_k et t_h.

Il y a donc cohérence entre les coefficients des variables dans les équations des composantes et les corrélations entre les variables d'un groupe et les composantes de l'autre groupe.

3.1.3 Décomposition de la matrice des corrélations R_{12}

La décomposition en valeurs singulières de R_{12} s'écrit

$$R_{12} = \sum_{h=1}^{s} \gamma_h a_h b'_h \tag{22}$$

Cette décomposition conduit, en utilisant (15) et (16), à la formule

$$cor(x_j, y_k) = \sum_{h=1}^{s} \frac{1}{cor(t_h, u_h)} \times cor(x_j, u_h) \times cor(y_k, t_h) \tag{23}$$

analogue à la formule (14.4) de l'analyse canonique (chapitre 2). On peut donc visualiser la matrice des corrélations inter-groupes en utilisant les corrélations entre les variables d'un groupe et les composantes de l'autre groupe .

De plus on obtient la meilleure approximation de R_{12}, au sens des moindres carrés, à l'aide d'une matrice (p, q) de rang m en utilisant

$$\widetilde{R_{12}}^{(m)} = \sum_{h=1}^{m} \gamma_h a_h b'_h \tag{24}$$

La décomposition

$$\|R_{12}\|^2 = \left\|\widetilde{R_{12}}^{(m)}\right\|^2 + \left\|R_{12} - \widetilde{R_{12}}^{(m)}\right\|^2 \tag{25}$$

permet de mesurer la qualité de l'approximation (24) et de prendre une décision sur le nombre de composantes à retenir. Les termes de (25) se calculent en fonction des valeurs propres :

$$\|R_{12}\|^2 = Trace(R_{12}R_{21}) = \sum_{h=1}^{s} \gamma_h^2 \tag{26.1}$$

$$\left\|\widetilde{R_{12}}^{(m)}\right\|^2 = \sum_{h=1}^{m} \gamma_h^2 \tag{26.2}$$

$$\left\|R_{12} - \widetilde{R_{12}}^{(m)}\right\|^2 = \sum_{h=m+1}^{s} \gamma_h^2 \tag{26.3}$$

3.1.4 Liaison avec l'analyse procustéenne orthogonale

L'analyse procustéenne orthogonale conduit également à la décomposition en valeurs singulières de $R_{12} = \frac{1}{n}X'Y$ (cf. Höskuldsson (1988) et Lebart, Morineau et Piron (1995)). Nous supposons, sans perte de généralité puisque le problème étudié est symétrique, que le nombre de variables X est supérieur au nombre de variables Y : $p > q$. Il faut dans un premier temps compléter la matrice Y par $p - q$ colonnes de zéros de manière à obtenir deux matrices X et Y de même dimension $n \times p$. Notons $\widetilde{Y} = [Y, 0_{n\times(p-q)}]$ la matrice Y complétée par la matrice formée de zéros, $0_{n\times(p-q)}$, de dimension $n \times (p - q)$.

On recherche des matrices orthogonales (matrices de rotation) A et B de dimension $p \times p$ qui rendent minimum la quantité $\left\|\widetilde{Y}B - XA\right\|^2$. Les équations suivantes

$$\begin{aligned}\left\|\widetilde{Y}B - XA\right\|^2 &= Trace[(\widetilde{Y}B - XA)(B'\widetilde{Y}' - A'X')] \\ &= Trace[(\widetilde{Y}B - XA)B'B(B'\widetilde{Y}' - A'X')] \\ &= Trace[(\widetilde{Y} - XAB')(\widetilde{Y}' - BA'X')] \\ &= \left\|\widetilde{Y} - XAB'\right\|^2 \end{aligned} \tag{27}$$

conduisent à l'analyse procustéenne orthogonale. Il s'agit de rechercher une matrice orthogonale T minimisant $\left\|\widetilde{Y} - XT\right\|^2$. De

$$\begin{aligned}\left\|\widetilde{Y} - XT\right\|^2 &= Trace(\widetilde{Y} - XT)(\widetilde{Y}' - T'X') \\ &= \left\|\widetilde{Y}\right\|^2 + \|X\|^2 - 2Trace(T'X'\widetilde{Y}) \end{aligned} \tag{28}$$

on déduit que le problème se ramène à rechercher le maximum de la quantité $Trace(T'X'\widetilde{Y})$.

De la décomposition en valeurs singulières de R_{12} (formule (22)) on obtient la décomposition en valeurs singulières de $\widetilde{R}_{12}$:

$$\widetilde{R}_{12} = \frac{1}{n} X'\widetilde{Y} = [R_{12}, 0_{p\times(p-q)}]$$

$$= \sum_{h=1}^{q} \gamma_h a_h [b'_h, 0_{1\times(p-q)}]$$

On peut toujours compléter le système orthonormé $a_1, \ldots, a_q$ par des vecteurs $a_{q+1}, \ldots, a_p$ de manière à obtenir une matrice $A = (a_1, \ldots, a_p)$ orthogonale.

On complète de même le système orthonormé $\widetilde{b}_1 = (b'_1, 0_{1\times(p-q)})', \ldots, \widetilde{b}_q = (b'_q, 0_{1\times(p-q)})'$ par des vecteurs $\widetilde{b}_{q+1}, \ldots, \widetilde{b}_p$ où $\widetilde{b}_{q+j}$ est défini comme un vecteur à p coordonnées, toutes nulles sauf la $q+j$-ième qui vaut 1. La matrice définie par $\widetilde{B} = (\widetilde{b}_1, \ldots, \widetilde{b}_p)$ est orthogonale.

Finalement la décomposition de $\widetilde{R}_{12}$ s'écrit aussi, avec $\gamma_h = 0$ pour $h > q$,

$$\widetilde{R}_{12} = \sum_{h=1}^{p} \gamma_h a_h \widetilde{b}'_h$$

Bien que les $p - q$ derniers termes de la somme ne jouent aucun rôle, ils permettront de construire la matrice orthogonale T recherchée.

On déduit de cette décomposition de $\widetilde{R}_{12}$:

$$Trace(T'X'\widetilde{Y}) = n \sum_{h=1}^{p} \gamma_h Trace(T' a_h \widetilde{b}'_h)$$

$$= n \sum_{h=1}^{p} \gamma_h \widetilde{b}'_h T' a_h \qquad (29)$$

Comme $\widetilde{b}'_h T' a_h \leqslant \left\|\widetilde{b}_h\right\| . \|T' a_h\| \leqslant 1$, on en conclut que $Trace(T'X'\widetilde{Y})$ est maximum pour $\widetilde{b}'_h T' a_h = 1, h = 1, \ldots, p$. Ceci est réalisé pour $T' a_h = \widetilde{b}_h$, soit $T'A = \widetilde{B}$, et finalement $T = A\widetilde{B}'$ produit de deux matrices orthogonales . Et le maximum de $Trace(T'X'\widetilde{Y})$, par rapport à T orthogonale, vaut donc $n \sum_{h=1}^{q} \gamma_h$.

On déduit aussi de (28) et (29) que

$$\left\|\widetilde{Y} - XT\right\|^2 = \left\|\widetilde{Y} - XA\widetilde{B}'\right\|^2$$

$$= \left\|\widetilde{Y}\widetilde{B} - XA\right\|^2$$

$$= \left\|\widetilde{Y}\right\|^2 + \|X\|^2 - 2n \sum_{h=1}^{q} \gamma_h \qquad (30)$$

Les matrices orthogonales A et $\widetilde{B}$ et la définition de $\widetilde{Y} = [Y, 0_{n\times(p-q)}]$ permettent de retrouver les composantes de l'analyse factorielle inter-batteries de Tucker :

$$\begin{aligned} t_h &= Xa_h, h = 1, \ldots, p \\ u_h &= \widetilde{Y}\widetilde{b}_h = [Y, 0_{n\times(p-q)}] \times [b'_h, 0_{1\times(p-q)}]' = Yb_h, \text{ pour } h = 1, \ldots, q \\ &= [Y, 0_{n\times(p-q)}] \times \widetilde{b}_h = 0, \text{ pour } h = q+1, \ldots, p \end{aligned} \quad (31)$$

Les variables x_j et y_k étant centrées-réduites on déduit de (30) et (31) que

$$\sum_{h=1}^{q} var(u_h - t_h) + \sum_{h=q+1}^{p} var(t_h) = p + q - 2\sum_{h=1}^{q} \gamma_h$$

On obtient ensuite

$$\sum_{h=1}^{p} var(t_h) = \frac{1}{n}\|XA\|^2 = \frac{1}{n}Trace(XAA'X') = \frac{1}{n}Trace(X'X) = p$$

et de même

$$\begin{aligned} \sum_{h=1}^{q} var(u_h) = \sum_{h=1}^{p} var(u_h) = \frac{1}{n}\left\|\widetilde{Y}\widetilde{B}\right\|^2 &= \frac{1}{n}Trace(\widetilde{Y}\widetilde{B}\widetilde{B}'\widetilde{Y}') \\ &= \frac{1}{n}Trace(Y'Y) = q \end{aligned}$$

3.1.5 Choix du nombre de composantes

Tucker (1958) propose un test statistique permettant de déterminer le nombre minimum m de composantes à prendre en compte. Il définit la statistique

$$\Phi_m = \frac{n(p-m)(q-m)\sum_{m+1}^{s}\gamma_h^2}{(p - \sum_{h=1}^{m} var(t_h))(q - \sum_{h=1}^{m} var(u_h))}$$

avec pour $m = 0$, $\Phi_0 = n\sum_1^s \gamma_h^2$.

Tucker montre que la statistique Φ_m suit approximativement une loi du khi-deux à $(p-m)(q-m)$ degrés de liberté, sous les hypothèses suivantes :

1) les m premières composantes sont bien déterminées (grandes valeurs propres);
2) la matrice R_{12} définie au niveau de la population est de rang m;
3) les données sont issues d'une population multinormale;
4) l'échantillon utilisé est aléatoire et suffisamment grand.

Ainsi la statistique Φ_m permet de déterminer si le résidu

$$\left\|R_{12} - \widetilde{R_{12}}^{(m)}\right\|^2 = \sum_{h=m+1}^{s} \gamma_h^2$$

est significatif.

3.2 Étude des données de Linnerud

Nous avons utilisé l'analyse factorielle inter-batteries sur les données de Linnerud. Nous présentons les résultats puis les commentons.

3.2.1 Les résultats

Valeurs propres de la matrice $R_{12}R_{21}$

h	γ_h^2
1	1.272426
2	0.005658
3	0.001107

Vecteurs propres a_h ***et*** b_h

	a_1	a_2	a_3
Poids	-0.590	-0.772	0.236
Tour de taille	-0.771	0.452	-0.448
Pouls	0.239	-0.447	-0.862

	b_1	b_2	b_3
Traction	0.613	-0.214	0.760
Flexion	0.747	-0.156	-0.646
Sauts	0.257	0.964	0.064

Les composantes

N°	t_1	t_2	t_3	u_1	u_2	u_3
1	-0.64	0.07	0.76	-0.37	-0.05	-0.82
2	-0.77	0.15	0.37	-1.34	0.20	-0.72
3	-0.91	-0.20	-0.45	-0.08	0.58	0.87
4	0.69	0.10	-0.81	-0.35	-0.63	0.74
5	-0.49	0.24	1.36	0.46	-0.40	0.40
6	-0.23	-0.02	-0.04	-1.31	-0.20	-0.36
7	-1.40	-0.64	-0.04	-0.86	-0.44	0.21
8	0.74	-0.08	-0.38	-0.80	-0.38	-0.32
9	1.72	-1.65	-1.55	1.14	-0.93	0.20
10	1.16	0.44	0.11	3.03	2.81	0.22
11	0.36	0.48	0.83	0.41	-0.85	1.31
12	0.74	0.31	0.71	1.41	0.54	-0.10
13	1.19	0.08	-0.98	1.53	0.30	-0.02
14	-4.39	-0.26	-0.10	-2.22	0.20	-0.25
15	-0.82	0.26	1.26	-1.50	-0.41	0.23
16	-0.75	-0.87	-0.71	1.31	0.67	-0.24
17	-0.39	0.44	0.00	-1.88	-0.42	0.04
18	1.20	0.45	0.76	1.24	-0.09	-0.64
19	1.05	0.50	0.37	1.61	-0.37	-0.02
20	1.94	0.19	-1.48	-1.43	-0.12	-0.74

Variance des composantes

h	t_h	u_h
1	2.025	2.050
2	0.283	0.641
3	0.692	0.309

Calcul des statistiques Φ_m

m	Φ_m	Degrés de liberté	Niveau de signification
0	25.58	9	0.00
1	0.584	4	0.96
2	0.103	1	0.75

Corrélations entre les composantes

	t_1	t_2	t_3	u_1	u_2	u_3
t_1	1	0.129	-0.281	0.554	0	0
t_2		1	0.579	0	0.177	0
t_3			1	0	0	0.072
u_1				1	0.474	0.197
u_2					1	-0.120
u_3						1

Structure factorielle

Corrélations entre les mesures physiques x_j et leurs composantes t_h :

	t_1	t_2	t_3
Poids	-0.948	-0.405	0.195
Tour de taille	-0.962	-0.117	0.075
Pouls	0.511	-0.609	-0.950

Corrélations entre les exercices y_k et leurs composantes u_h :

	u_1	u_2	u_3
Tractions	0.880	0.195	0.616
Flexions	0.940	0.426	-0.134
Sauts	0.741	0.942	0.016

Corrélations entre les mesures physiques x_j et les composantes des exercices u_h :

	u_1	u_2	u_3
Poids	-0.465	-0.073	0.014
Tour de taille	-0.608	0.042	-0.027
Pouls	0.188	-0.042	-0.052

Corrélations entre les exercices y_k et les composantes des mesures physiques t_h :

	t_1	t_2	t_3
Tractions	0.486	-0.030	0.030
Flexions	0.592	-0.022	-0.026
Sauts	0.203	0.136	0.003

Parts de variance expliquée

Part de variance des mesures physiques centrées-réduites x_j expliquée par les composantes $t_1, \ldots, t_m$: $R^2(x_j; t_1, \ldots, t_m)$:

m	1	2	3
Poids	0.898	0.980	1
Tour de taille	0.926	0.926	1
Pouls	0.261	0.724	1
Moyenne	0.695	0.877	1

Part de variance des variables exercices centrées-réduites y_k expliquée par les composantes $u_1, \ldots, u_m$: $R^2(y_k; u_1, \ldots, u_m)$:

m	1	2	3
Traction	0.775	0.839	1
Flexion	0.883	0.883	1
Sauts	0.549	0.999	1
Moyenne	0.736	0.907	1

Communautés inter-groupes

R^2 entre les mesures physiques x_j et les m premières composantes u_h :

m	1	2	3
Poids	0.216	0.244	0.268
Tour de taille	0.369	0.510	0.548
Pouls	0.035	0.058	0.075
Moyenne	0.207	0.271	0.297

R^2 entre les variables exercices y_k et les m premières composantes t_h :

m	1	2	3
Tractions	0.236	0.245	0.340
Flexions	0.351	0.360	0.436
Sauts	0.041	0.054	0.054
Moyenne	0.209	0.220	0.277

3.2.2 Commentaires

Nombre de composantes

Les niveaux de signification de la statistique Φ_m montrent que les résidus $\left\| R_{12} - \widetilde{R_{12}}^{(m)} \right\|^2$ ne sont pas significatifs pour $m = 1, 2$. On peut donc choisir $m = 1$.

Vérifions que la matrice R_{12} est correctement reconstituée par $\widetilde{R_{12}}^{(1)}$:

$$\begin{aligned}
\widetilde{R_{12}}^{(1)} &= \gamma_1 a_1 b_1' \\
&= 1.128 \times \begin{pmatrix} -0.590 \\ -0.771 \\ 0.239 \end{pmatrix} \times \begin{pmatrix} 0.613 & 0.747 & 0.257 \end{pmatrix} \\
&= \begin{pmatrix} & \text{Tractions} & \text{Flexions} & \text{Sauts} \\ \text{Poids} & -0.408 & -0.497 & -0.171 \\ \text{Tour de taille} & -0.533 & -0.650 & -0.224 \\ \text{Pouls} & 0.165 & 0.201 & 0.069 \end{pmatrix}
\end{aligned}$$

Et on obtient effectivement

$$\left\| R_{12} - \widetilde{R_{12}}^{(1)} \right\|^2 = \gamma_2^2 + \gamma_3^2 = 0.006765$$

On obtiendrait de même $\left\| R_{12} - \widetilde{R_{12}}^{(2)} \right\|^2 = \gamma_3^2 = 0.001$. On peut noter sur cet exemple que l'analyse factorielle inter-batteries reconstitue nettement mieux la matrice des corrélations inter-groupes que l'analyse canonique.

Interprétation des composantes

Les composantes t_1 et u_1 s'écrivent

$$\begin{aligned}
t_1 &= -0.590 \text{ Poids}^* - 0.771 \text{ Tour de taille}^* + 0.239 \text{ Pouls}^* \\
u_1 &= 0.613 \text{ Traction}^* + 0.747 \text{ Flexion}^* + 0.257 \text{ Sauts}^*
\end{aligned}$$

Elles sont plus faciles à interpréter directement qu'en analyse canonique. La composante t_1 mesure un potentiel physique et u_1 est un indice de performance globale. Ces interprétations sont confirmées par les corrélations entre les composantes et les variables.

Les corrélations entre t_1, u_1 et les premières composantes principales de leur propre groupe valent respectivement 0.9928 et 0.9893. On peut aussi comparer les variances des composantes t_1, u_1 aux variances des premières composantes principales de leur propre groupe : $var(t_1) = 2.025$ est comparée à sa borne supérieure 2.10 et $var(u_1) = 2.05$ à 2.24. Ainsi les composantes t_1, u_1 résument leur propre groupe presqu'aussi bien que les composantes principales. La corrélation entre t_1 et u_1 vaut maintenant 0.554. Elle a nettement baissé par rapport à ce qu'on obtenait en analyse canonique (0.7956). C'est le prix à payer pour gagner en cohérence. Cette corrélation est cependant meilleure que celle existant entre la première composante principale des X et la première composante principale des Y (0.478).

La figure 3 permet de visualiser la liaison entre les composantes t_1 et u_1. Ce nouveau graphique montre une typologie des membres de ce club de gymnastique :

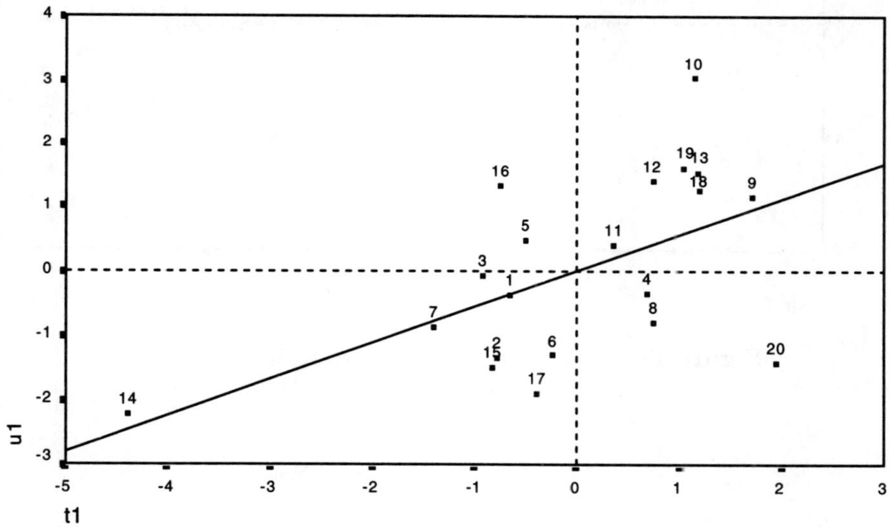

Figure 3 : Analyse factorielle inter-batteries. Graphique (t_1, u_1).

– le sujet 14 réussit plutôt bien compte tenu de son faible potentiel (il est très lourd);

– le sujet 20 a un très bon potentiel (il est léger), mais il manque sans doute d'entraînement car ses résultats sont médiocres;

– le sujet 10 a les meilleurs résultats du groupe;

– les sujets 9, 12, 13, 18, 19 ont de bons résultats qui correspondent à leur potentiel;

– les autres sujets forment le noyau des membres du club aux niveaux du potentiel et des résultats.

On peut noter que le rôle particulier du sujet 10 n'avait pas été détecté par la première paire de composantes canoniques, mais seulement au niveau de la deuxième.

On visualise la matrice des corrélations inter-groupes dans la figure 4 en construisant la carte des variables à l'aide des corrélations de chaque variable avec les deux premières composantes de l'autre groupe (cf. formule (23)). La carte des variables de la figure 4 montre bien la structure unidimensionnelle de la matrice des corrélations inter-groupes. Elle indique le rôle atténué des variables Pouls et Sauts.

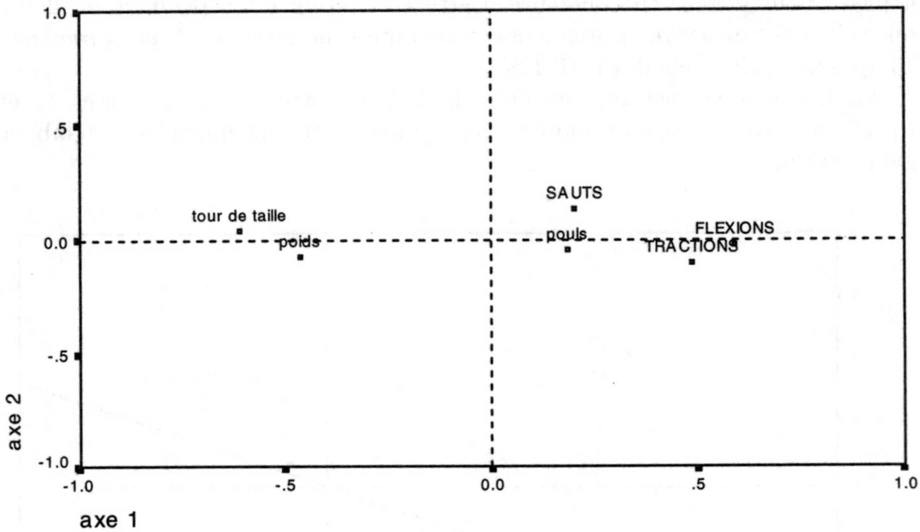

Figure 4 : Carte des corrélations des variables avec les composantes de l'autre groupe.

Chapitre 4

L'analyse des redondances

Nous abordons dans ce chapitre une situation où les deux groupes de variables ne jouent plus un rôle symétrique. L'ensemble Y représente le groupe des variables dépendantes, et X celui des variables indépendantes. Nous présentons la méthode proposée par van den Wollenberg (1977) sous le nom d'analyse des redondances, puis l'illustrons avec les données de Linnerud. L'analyse des redondances est équivalente à l'analyse en composantes principales sur variables instrumentales (ACPVI) de Rao (1964) décrite aussi dans Sabatier & Van Campo (1984) et Bry (1996). Pour faciliter la lecture de ce livre nous préférons continuer à utiliser nos notations, plutôt que celles de van den Wollenberg.

4.1 La méthode

On recherche des composantes centrées-réduites et non corrélées $t_h = Xa_h$ maximisant le critère

$$\sum_{h=1}^{s}\sum_{k=1}^{q} cor^2(y_k, t_h) \tag{31}$$

On obtiendra ainsi des composantes $t_h = Xa_h$ expliquant au mieux *l'ensemble* des variables y_k. On essaye d'éviter de cette manière le défaut de l'analyse canonique qui peut conduire à des composantes t_h n'expliquant qu'une partie des Y.

En développant le critère (31) on obtient

$$\sum_{h=1}^{s} a'_h R_{12} R_{21} a_h \tag{32}$$

Afin d'introduire dans le critère la contrainte de normalisation

$$\frac{1}{n} t'_h t_h = a'_h R_{11} a_h = 1$$

on peut faire un changement de variable en posant $c_h = R_{11}^{1/2} a_h$. Le critère (32) devient

$$\sum_{h=1}^{s} c_h'(R_{11}^{-1/2} R_{12} R_{21} R_{11}^{-1/2}) c_h \tag{33}$$

et la contrainte

"Les composantes $t_1, \ldots, t_s$ sont centrées-réduites et non corrélées"

est équivalente à

$$\text{"Les vecteurs } c_1, \ldots, c_s \text{ sont orthonormés"} \tag{34}$$

Le maximum de (33) sous la contrainte (34) est atteint pour les vecteurs propres normés $c_1, \ldots, c_s$ de la matrice symétrique $R_{11}^{-1/2} R_{12} R_{21} R_{11}^{-1/2}$ associés aux s plus grandes valeurs propres $\lambda_1, \ldots, \lambda_s$ et a pour valeur $\lambda_1 + \ldots + \lambda_s$. On en déduit les vecteurs $a_h = R_{11}^{-1/2} c_h$ et les composantes $t_h = X a_h = X R_{11}^{-1/2} c_h$. Les vecteurs a_h sont vecteurs propres de la matrice $R_{11}^{-1} R_{12} R_{21}$ associés aux mêmes valeurs propres λ_h. Le nombre maximum de composantes qu'il est possible d'extraire est égal au rang s de R_{12}.

Utilisons les relations habituelles entre les vecteurs propres de la matrice $R_{11}^{-1/2} R_{12} R_{21} R_{11}^{-1/2}$ et ceux de $R_{21} R_{11}^{-1} R_{12}$. On peut remarquer que le vecteur

$$\begin{aligned} d_h &= R_{21} R_{11}^{-1/2} c_h \\ &= \frac{1}{n} Y' X R_{11}^{-1/2} c_h \\ &= \frac{1}{n} Y' t_h \end{aligned}$$

est vecteur propre de la matrice $R_{21} R_{11}^{-1} R_{12}$ associé à la valeur propre λ_h. Il représente le vecteur des corrélations de chaque y_k avec la composante t_h et a pour norme $\sqrt{\lambda_h}$. De plus la matrice $R_{21} R_{11}^{-1} R_{12}$ s'écrit aussi $\frac{1}{n} \widehat{Y}' \widehat{Y}$ où $\widehat{Y} = X(X'X)^{-1} X'Y$ est la matrice formée des colonnes $\widehat{y}_k$, projections des y_k sur l'espace engendré par les colonnes de X. La matrice $R_{21} R_{11}^{-1} R_{12}$ représente donc la matrice des covariances des $\widehat{y}_k$. L'analyse en composantes principales des projections $\widehat{y}_k$ non réduites conduit donc aux vecteurs d_h : les vecteurs d_h sont vecteurs propres normés à $\sqrt{\lambda_h}$ de la matrice des covariances des $\widehat{y}_k$.

Ensuite les vecteurs propres normés c_h vont eux-même s'écrire en fonction des vecteurs d_h (normés à $\sqrt{\lambda_h}$):

$$c_h = \frac{1}{\lambda_h} R_{11}^{-1/2} R_{12} d_h$$

On en déduit que t_h est la h-ième composante principale réduite des projections $\widehat{y}_k$:

$$\begin{aligned} t_h &= XR_{11}^{-1/2}c_h \\ &= XR_{11}^{-1/2}(\frac{1}{\lambda_h}R_{11}^{-1/2}R_{12}d_h) \\ &= \frac{1}{\sqrt{\lambda_h}}[X(X'X)^{-1}X'Y](\frac{d_h}{\sqrt{\lambda_h}}) \\ &= \frac{1}{\lambda_h}\widehat{Y}d_h \end{aligned}$$

On peut aussi noter que la composante t_h est obtenue par régression de Yd_h sur X, puis normalisation. Ces composantes Yd_h peuvent être utiles, mais ont l'inconvénient d'être corrélées entre elles.

De $\frac{1}{n}\widehat{Y}'\widehat{Y}d_h = \lambda_h d_h$ et $var(\widehat{y}_k) = R^2(y_k; X_1, \ldots, X_p)$ on déduit le résultat suivant :

$$\begin{aligned} cor(y_k, t_h) &= cov(\widehat{y}_k, t_h) \\ &= R(y_k; X_1, \ldots, X_p) \times cor(\widehat{y}_k, t_h) \end{aligned} \tag{35}$$

Ceci montre la possibilité de visualiser les variables X et Y à l'aide de leurs corrélations avec les t_h.

Ainsi, comme l'avait noté Tyler (1982), l'analyse des redondances de Y par rapport à X se ramène finalement à une analyse en composantes principales de la projection de Y sur X . En suivant la terminologie de Lebart, Morineau, Piron (1995, p. 323), c'est une analyse projetée de Y sur X. Cette méthode permet ainsi d'obtenir une description de X orientée vers l'explication de Y.

Après avoir obtenu les composantes $t_h = Xa_h$, il est intéressant de construire des composantes centrées-réduites et non corrélées $u_h = Yb_h$, chaque u_h étant aussi corrélée que possible à t_h. Ce problème à été résolu par Johansson (1981) et nous en proposons ici une solution simplifiée.

La composante t_1 permet de prévoir au mieux, en moyenne, les y_k. La composante $u_1 = Yb_1$ la plus corrélée à t_1 est obtenue par régression de t_1 sur Y, puis normalisation. La composante t_2, non corrélée à t_1, permet de même de prévoir un autre aspect de Y. On peut préciser la liaison en recherchant une deuxième composante $u_2 = Yb_2$ non corrélée à u_1 et aussi corrélée que possible à t_2. On obtient u_2 comme projection de t_2 sur l'espace engendré par les résidus de la régression de Y sur u_1, puis normalisation. On peut justifier cette procédure en utilisant la Proposition 6 donnée dans le chapitre 9. On construira de même les autres composantes u_h associées aux composantes t_h : la composante u_h est la projection de t_h sur l'espace engendré par les résidus de la régression de Y sur $u_1, \ldots, u_{h-1}$, puis normalisation.

On peut montrer que les composantes t_h sont non corrélées aux composantes u_l d'un ordre supérieur.

4.2 Étude des données de Linnerud

4.2.1 Les résultats

Les résultats théoriques montrent que l'analyse des redondances de Y par rapport à X est réalisée par analyse en composantes principales de la projection de Y sur X. Nous avons donc effectué les régressions des variables Traction*, Flexion* et Sauts* sur les variables Poids*, Tour de taille* et Pouls*, puis construit les prévisions $\widehat{Traction}^*$, $\widehat{Flexion}^*$ et $\widehat{Sauts}^*$. Voici maintenant les résultats de l'analyse en composantes principales des variables $\widehat{Traction}^*$, $\widehat{Flexion}^*$ et $\widehat{Sauts}^*$.

Matrice des covariances $R_{21}R_{11}^{-1}R_{12}$

	$\widehat{Traction}^*$	$\widehat{Flexion}^*$	$\widehat{Sauts}^*$
$\widehat{Traction}^*$	0.3396	0.3819	0.0846
$\widehat{Flexion}^*$		0.4365	0.1060
$\widehat{Sauts}^*$			0.0539

Tableau des valeurs propres λ_h ***et des vecteurs propres normés*** $d_h/\sqrt{\lambda_h}$ ***de*** $R_{21}R_{11}^{-1}R_{12}$

Valeur propre λ_h	0.7977	0.0307	0.0016
$\widehat{Traction}^*$	0.649	-0.286	0.705
$\widehat{Flexion}^*$	0.739	0.019	-0.673
$\widehat{Sauts}^*$	0.179	0.958	0.224

Tableaux des vecteurs a_h *et* b_h

	a_1	a_2	a_3
Poids	0.453	-1.985	0.208
Tour de taille	-1.374	1.422	-0.482
Pouls	-0.016	-0.255	-1.047

	b_1	b_2	b_3
Traction	0.337	-0.380	1.299
Flexion	1.054	0.068	-1.241
Sauts	-0.669	1.095	0.412

Les composantes réduites t_h et les composantes u_h associées

N°	t_1	t_2	t_3	u_1	u_2	u_3
1	-0.02	-0.53	0.92	0.13	0.12	-1.54
2	-0.50	0.02	0.45	-0.96	0.28	-1.24
3	-0.88	-0.07	-0.56	-1.01	0.43	1.80
4	-0.15	0.97	-0.96	-0.09	-0.96	1.19
5	0.40	-0.67	1.66	0.56	-0.52	0.60
6	-0.20	-0.00	-0.05	-0.75	-0.27	-0.70
7	-0.53	-1.48	-0.11	-0.43	-0.65	0.27
8	0.39	0.18	-0.46	-0.18	-0.43	-0.70
9	1.85	-2.44	-2.01	1.71	-1.01	0.04
10	0.59	0.94	0.17	-0.09	3.50	1.24
11	0.45	0.37	1.04	0.48	-1.29	2.16
12	0.83	0.09	0.87	0.75	0.79	-0.05
13	0.13	1.10	-1.17	1.03	0.50	0.02
14	-3.37	-0.59	-0.14	-1.93	0.07	-0.35
15	0.03	-0.55	1.54	-1.01	-0.69	0.34
16	-0.28	-1.41	-0.92	0.62	0.97	-0.26
17	-0.75	1.02	0.04	-1.23	-0.69	-0.01
18	1.10	0.38	0.95	1.43	0.19	-1.25
19	0.64	0.85	0.49	1.70	-0.26	-0.20
20	0.26	1.82	-1.75	-0.74	-0.09	-1.38

Coefficient de détermination $R^2(y_k; x_1, \ldots, x_p)$

	$R^2(y_k; x_1, x_2, x_3)$
Traction	0.3396
Flexion	0.4365
Sauts	0.0539

Corrélations des variables $x_j, y_k, \widehat{y}_k$ avec les composantes t_h

	t_1	t_2	t_3
Poids	-0.737	-0.654	0.171
Tour de taille	-0.974	-0.215	0.068
Pouls	0.303	-0.030	-0.953
Traction	0.580	-0.050	0.028
Flexion	0.660	0.003	-0.027
Sauts	0.160	0.168	0.009
$\widehat{Traction}$	0.995	-0.086	0.048
$\widehat{Flexion}$	0.999	0.005	-0.040
$\widehat{Sauts}$	0.689	0.723	0.038

Corrélations entre les composantes t_h et u_h

	u_1	u_2	u_3
t_1	0.785	0	0
t_2	-0.126	0.203	0
t_3	-0.025	-0.003	0.073

4.2.2 Commentaires

L'examen des vecteurs a_h et b_h permettant de construire les composantes $t_h = Xa_h$ et $u_h = Yb_h$, ainsi que les corrélations entre ces composantes, montrent que les résultats de l'analyse des redondances de Y par rapport à X sont très proches de ceux de l'analyse canonique de X et Y. Le tableau des corrélations des composantes issues de l'analyse canoniques avec celles issues de l'analyse des redondances confirme cette situation :

Tableau des corrélations, en valeur absolue, entre les composantes de l'analyse canonique et celles de l'analyse des redondances

h	Composantes sur X	Composantes sur Y
1	0.985	0.999
2	0.986	0.999
3	0.999	0.999

Tyler (1982), puis Buzas, Fornell & Rhee (1989) ont étudié les situations pour lesquelles analyse canonique et analyse des redondances conduisent à des résultats voisins et mêmes identiques. Les deux méthodes donnent des résultats strictement identiques lorsque la matrice R_{22} des corrélations entre les Y a une structure sphérique ou partiellement sphérique : les valeurs propres non nulles de R_{22} sont toutes égales. Il y a ainsi deux situations opposées où les deux méthodes vont converger :

1) le cas de variables Y très peu corrélées entre elles : R_{22} est voisin de l'identité ;

2) le cas de variables Y très corrélées entre elles : il y a une grande valeur propre et les autres sont voisines de 0.

Ici on est plutôt dans la deuxième situation : les valeurs propres de R_{22} sont égales à 2.24, 0.51, 0.25.

Il est intéressant de représenter le cercle des corrélations correspondant à l'analyse en composantes principales réalisée sur les $\widehat{Y}$ en mettant en variables supplémentaires les variables d'origine X et Y (voir figure 5). On retrouve au niveau des variables X et Y la figure 2 de l'analyse canonique. La formule (35) permet d'interpréter l'écart entre la variable y_k et sa prédiction $\widehat{y}_k$: plus cet écart

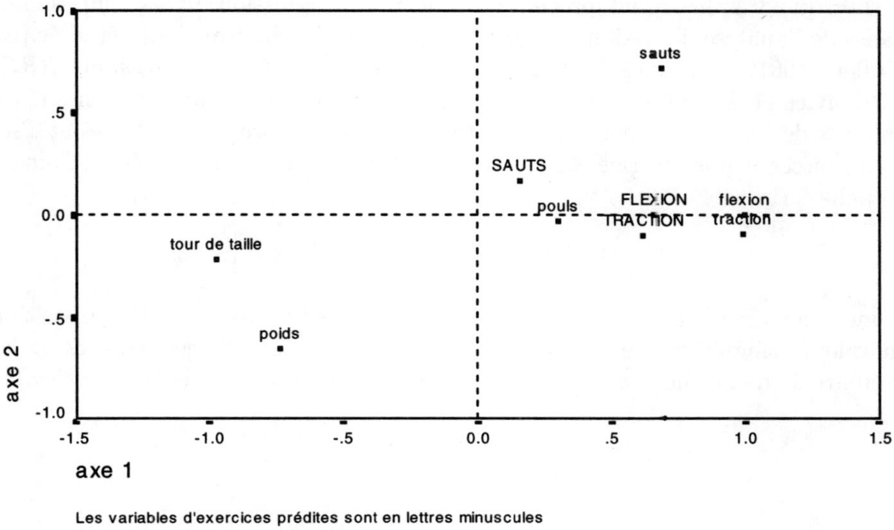

Figure 5 : Carte des corrélations des variables X, Y et $\widehat{Y}$ avec t_1, t_2.

est élevé, plus la corrélation multiple entre y_k et les X est faible. On visualise ainsi sur la carte de la figure 5 la liaison moyenne entre les exercices Traction et Flexion et les mesures physiques, et le faible lien entre Sauts et les mesures physiques.

4.3 Régression sur les composantes de l'analyse des redondances

La multicolinéarité est un problème fréquent en régression multiple. Ses conséquences sont bien connues :

– les coefficients de régression sont instables et peuvent être non significatifs alors que les variables correspondantes sont très corrélées à Y;

– difficulté d'interprétation de l'équation de régression à cause des signes erratiques des coefficients de régression.

Une solution souvent proposée comprend trois étapes :

1) description des X à l'aide de composantes orthogonales, combinaisons linéaires des colonnes de X;

2) régression de Y sur les composantes de X les plus corrélées à Y;

3) écriture de l'équation de régression en fonction des variables d'origine.

La régression sur composantes principales est souvent utilisée, mais elle présente l'inconvénient de ne pas relier la construction des composantes orthogonales à l'objectif du problème. La régression PLS, qui sera étudiée plus loin, est sans doute la solution la plus efficace au problème de multicolinéarité dans la logique décrite ci-dessus.

Lorsqu'il y a plusieurs Y on peut aussi utiliser la régression sur les composantes issues de l'analyse des redondances. C'est une solution intermédiaire étudiée par Muller (1981) et proposée sous le nom de *Reduced Rank Regression (RRR)* par Davies et Tso (1982). Il est intéressant d'examiner son application sur les données de Linnerud. Mais précisons tout d'abord l'approche de Davies et Tso. Ils recherchent une matrice XB de rang $a \leqslant s$ minimisant $\|Y - XB\|^2$. Comme on peut écrire

$$\|Y - XB\|^2 = \left\|Y - \widehat{Y}\right\|^2 + \left\|\widehat{Y} - XB\right\|^2$$

la matrice XB est obtenue à partir des a premiers termes de la décomposition en valeurs singulières de $\widehat{Y}$. Les composantes t_h étant centrées-réduites et les vecteurs d_h de norme $\sqrt{\lambda_h}$, la décomposition en valeurs singulières de $\widehat{Y}$ s'écrit

$$\widehat{Y} = \sum_{h=1}^{s} t_h d'_h$$

D'où

$$\begin{aligned} XB &= \sum_{h=1}^{a} t_h d'_h \\ &= \sum_{h=1}^{a} t_h(\frac{1}{n} t'_h Y) \\ &= P_{\mathcal{L}(t_1,\ldots,t_a\}}(Y) \end{aligned}$$

Et la matrice XB est donc obtenue par projection de Y sur les a premières composantes $t_1, \ldots, t_a$ de l'analyse des redondances de Y par rapport à X.

Nous comparons maintenant les résultats de la régression usuelle, de la régression sur la première composante principale des X, puis de la régression sur la première composante de l'analyse des redondances de Y par rapport à X.

Résultats des régressions usuelles

	Traction*	Flexion*	Sauts*
Poids*	0.3683	0.2872	-0.2590
Tour de taille*	-0.8818	-0.8898	0.0146
Pouls*	-0.0258	0.0161	-0.0546
Corrélation multiple	0.5827	0.6607	0.2322

À première vue les signes des coefficients de régression sont peu cohérents par rapport aux corrélations marginales. Ne cherchons pas à interpréter les coefficients de la variable Pouls, trop peu explicative des variables d'exercice. Les autres coefficients peuvent cependant être interprétés. Les formules de régression pour les variables Traction et Flexion traduisent en fait l'importance de la variable oubliée "hauteur" qui permettrait de définir un facteur forme. Un "grand maigre" peut peser aussi lourd qu'un "petit gros", mais obtiendra des résultats probablement différents. Ces formules de régression traduisent simplement les corrélations partielles négatives entre les exercices Traction et Flexion et le Tour de taille lorsqu'on contrôle la variable Poids : cor(Traction,Tour de taille/Poids) = -0.4697 et cor(Flexion,Tour de taille/Poids) = -0.5052. La formule de régression de la variable Sauts montre l'importance essentielle du poids pour cet exercice : les "légers" sautent mieux que les "lourds".

Résultats de la régression sur la première composante principale des X

	Traction*	Flexion*	Sauts*
Poids*	-0.2043	-0.2525	-0.0866
Tour de taille*	-0.2034	-0.2514	-0.0862
Pouls*	0.1327	0.1640	0.0562
Corrélation multiple	0.4603	0.5689	0.1952

Ces résultats sont évidemment plus simples à interpréter que ceux de la régression multiple. On a perdu en pouvoir explicatif (les corrélations multiples ont nettement diminué), mais on a gagné en cohérence. En fait dans ces régressions les variables d'exercice sont expliquées par le seul facteur taille correspondant à la première composante principale des X. Le facteur forme est négligé. Ces résultats sont cohérents avec une utilisation indépendante des matrices de corrélations R_{11} et R_{12}.

Résultat de la régression sur la première composante de l'analyse des redondances de Y par rapport à X

	Traction*	Flexion*	Sauts*
Poids*	0.2629	0.2993	0.0726
Tour de taille*	-0.7971	-0.9074	-0.2200
Pouls*	-0.0095	-0.0109	-0.0026
Corrélation multiple	0.5799	0.6601	0.1600

Les résultats sont pratiquement aussi bons qu'en régression multiple usuelle, mais avec une cohérence des signes des coefficients de régression en plus. L'interprétation est la même qu'en régression multiple. La contrainte de cohérence sur les signes a pénalisé la variable Sauts, mais le résultat obtenu a un sens.

Chapitre 5

L'approche SIMPLS

Nous allons présenter dans ce chapitre l'algorithme SIMPLS proposé par de Jong (1993a) pour relier un groupe de réponses Y à un groupe de prédicteurs X. Nous en donnerons également une variante symétrique adaptée à une situation où les deux groupes de variables jouent le même rôle. Nous avons baptisé SIMPLS-CA, CA pour "canonical correlation analysis", ce nouvel algorithme Le nom SIMPLS correspond à "Straightforward Implementation of a statistically inspired Modification of the PLS method". En effet l'algorithme SIMPLS est équivalent à la régression PLS lorsque Y se limite à une seule variable et donne des résultats très proches dans le cas général. D'un point de vue algorithmique, SIMPLS est cependant plus proche de l'analyse factorielle inter-batteries puisque SIMPLS optimise le même critère que la méthode de Tucker mais sous des contraintes différentes. Enfin nous terminons ce chapitre par la synthèse de Burnham, Viveros et MacGregor (1996) unifiant l'analyse canonique, la méthode de Tucker, l'analyse des redondances et les algorithmes SIMPLS et SIMPLS-CA. Ce chapitre est donc construit comme suit :

1) Inconvénients de la méthode de Tucker et proposition de solutions.
2) L'algorithme SIMPLS.
3) L'algorithme SIMPLS-CA.
4) Application aux données de Linnerud.
5) La synthèse de Burnham, Viveros et MacGregor.

5.1 Limites de la méthode de Tucker et solutions

La méthode de Tucker présente deux inconvénients :

– les composantes t_h et u_h ne sont pas orthogonales, puisque seule l'analyse en composantes principales conduit à la double orthogonalité : sur les a_h et les $t_h = Xa_h$, ou sur les b_h et les $u_h = Yb_h$;

– le nombre maximum de composantes est égal au minimum des rangs de X et Y.

Ainsi, dans le cas où il n'y a qu'une seule variable dépendante Y, on ne peut résumer les X qu'avec une seule composante.

Un moyen de remédier à ces inconvénients consiste à conserver le critère de Tucker et à modifier les contraintes. On obtient ainsi de nouveaux problèmes.

Problème 1

On recherche successivement des composantes $t_h = Xa_h$ et $u_h = Yb_h$ maximisant le critère

$$cov(Xa_h, Yb_h)$$

sous les contraintes

- les vecteurs a_h sont normés,
- les vecteurs b_h sont normés,
- les composantes Xa_h sont orthogonales,
- les composantes Yb_h sont orthogonales.

Pour obtenir un nombre de composantes dépassant éventuellement le rang de Y, il faut abandonner la contrainte d'orthogonalité sur les composantes $u_h = Yb_h$. D'où le problème 2.

Problème 2

On recherche successivement des composantes $t_h = Xa_h$ et $u_h = Yb_h$ maximisant le critère

$$cov(Xa_h, Yb_h)$$

sous les contraintes

- les vecteurs a_h sont normés,
- les vecteurs b_h sont normés,
- les composantes Xa_h sont orthogonales.

C'est ce dernier problème qui est résolu par l'algorithme SIMPLS de De Jong (1993a). Une légère modification de SIMPLS permet d'obtenir la solution du premier problème. Nous avons nommé SIMPLS-CA (CA pour Canonical Analysis) ce deuxième algorithme puisqu'il résoud un problème du même type que l'analyse canonique.

Par ailleurs on peut adapter l'analyse factorielle inter-batteries de Tucker au cas où les deux groupes de variables ne jouent pas un rôle symétrique : X est l'ensemble des variables indépendantes et Y l'ensemble des variables dépendantes. C'est le problème 3.

Problème 3

On recherche des composantes $t_h = Xa_h$ maximisant le critère

$$\sum_{h=1}^{s}\sum_{k=1}^{q} cov^2(y_k, t_h) \tag{36}$$

sous la contrainte

"les vecteurs $a_1, \ldots, a_s$ sont orthonormés"

Le critère (36) s'écrivant aussi

$$\sum_{h=1}^{s} a'_h R_{12} R_{21} a_h$$

on réalise que cette version asymétrique de l'analyse factorielle inter-batteries n'est pas un nouveau problème, et conduit en fait à la méthode déja présentée.

Cependant la décomposition de (36) en

$$\sum_{h=1}^{s}\sum_{k=1}^{q} cor^2(y_k, Xa_h) var(Xa_h)$$

montre que l'analyse factorielle inter-batteries réalise aussi un compromis entre une analyse en composantes principales de X ($var(Xa_h)$ maximum) et une analyse des redondances de Y par rapport à X ($\sum_{k=1}^{q} cor^2(y_k, Xa_h)$ maximum). La contrainte d'orthonormalité des a_h correspond bien à celle utilisée en analyse en composantes principales, mais en analyse des redondances on préfère contraindre les composantes $t_h = Xa_h$ à être centrées-réduites et non corrélées.

Cette présentation asymétrique de la méthode de Tucker nous suggère le quatrième problème suivant :

Problème 4

On recherche successivement des composantes $t_h = Xa_h$ maximisant le critère

$$\sum_{k=1}^{q} cov^2(y_k, Xa_h)$$

sous les contraintes

- les vecteurs a_h sont normés,
- les composantes Xa_h sont orthogonales.

On obtient ainsi un compromis entre une analyse des redondances de Y par rapport à X et une analyse en composantes principales de X. Mais ce problème n'est pas vraiment nouveau car on retrouve exactement la solution de l'algorithme SIMPLS.

5.2 L'algorithme SIMPLS

Le critère de Tucker a été repris par de Jong avec modifications des contraintes. On recherche successivement des composantes $t_h = Xa_h$ et $u_h = Yb_h$ afin de

$$\text{Maximiser } cov(Xa_h, Yb_h)$$

sous les contraintes de normalisation

$$\|a_h\| = 1, \ \ \|b_h\| = 1$$

et d'orthogonalité

$$t'_h(t_1, \ldots, t_{h-1}) = 0$$

Les composantes t_1 et u_1 sont les premières composantes déja obtenues précédemment en analyse factorielle inter-batteries.

Supposons obtenues les composantes $t_1, \ldots, t_{h-1}$. On recherche une composante $t_h = Xa_h$ orthogonale aux composantes $t_1, \ldots, t_{h-1}$. Le vecteur des poids a_h vérifie donc

$$a'_h X'(t_1, \ldots, t_{h-1}) = 0$$

et par conséquent

$$a_h = (I - \mathcal{Q}_{h-1})a_h$$

où $\mathcal{Q}_{h-1}$ est l'opérateur de projection orthogonale sur l'espace engendré par les variables $X't_1, \ldots, X't_{h-1}$.

Le critère de covariance s'écrit donc

$$\begin{aligned} cov(Xa_h, Yb_h) &= \frac{1}{n} a'_h X'Yb_h \\ &= \frac{1}{n} a'_h (I - \mathcal{Q}_{h-1})X'Yb_h \\ &= cov(X_{h-1}a_h, Yb_h) \end{aligned}$$

où $X_{h-1} = X(I - \mathcal{Q}_{h-1})$. La matrice X'_{h-1} représente le résidu de la régression de X' sur les variables $X't_1, \ldots, X't_{h-1}$.

D'où la solution :

– a_h est vecteur propre normé de la matrice $(\frac{1}{n}X'_{h-1}Y)(\frac{1}{n}Y'X_{h-1})$ associé à la plus grande valeur propre ;

– b_h est colinéaire au vecteur des covariances de Y avec $t_h = Xa_h$.

Montrons maintenant que l'approche "analyse des redondances", correspondant au quatrième problème présenté, conduit à la même solution que SIMPLS. Ceci provient de l'égalité

$$\underset{\|b_h\|=1}{\text{Maximum}}\, cov(Xa_h, Yb_h) = \sqrt{\sum_{k=1}^{q} cov^2(y_k, Xa_h)}$$

Vérifions ce résultat : d'une part on sait que le maximum de $cov(Xa_h, Yb_h)$, par rapport à des vecteurs b_h normés, a pour valeur $\|R_{21}a_h\|$, d'autre part on a $\sum_{k=1}^{q} cov^2(y_k, Xa_h) = a'_h R_{12} R_{21} a_h = \|R_{21}a_h\|^2$.

5.3 L'algorithme SIMPLS-CA

On peut donner une version symétrique de l'algorithme SIMPLS. On recherche successivement des composantes $t_h = Xa_h$ et $u_h = Yb_h$ afin de

$$\text{Maximiser } cov(Xa_h, Yb_h)$$

sous les contraintes de normalisation

$$\|a_h\| = 1, \quad \|b_h\| = 1$$

et d'orthogonalité

$$t'_h(t_1, \ldots, t_{h-1}) = 0$$
$$u'_h(u_1, \ldots, u_{h-1}) = 0$$

Les composantes t_1 et u_1 sont les premières composantes déja obtenues précédemment en analyse factorielle inter-batteries.

Supposons obtenues les composantes $t_1, \ldots, t_{h-1}$ et $u_1, \ldots, u_{h-1}$. On recherche une composante $t_h = Xa_h$ orthogonale aux composantes $t_1, \ldots, t_{h-1}$ et une composante $u_h = Yb_h$ orthogonale aux composantes $u_1, \ldots, u_{h-1}$. Les vecteurs des poids a_h et b_h vérifient donc

$$a_h = (I - \mathcal{Q}_{h-1})a_h$$
$$b_h = (I - \mathcal{R}_{h-1})b_h$$

où $\mathcal{R}_{h-1}$ est l'opérateur de projection orthogonale sur l'espace engendré par les variables $Y'u_1, \ldots, Y'u_{h-1}$.

Le critère de covariance s'écrit donc

$$\begin{aligned} cov(Xa_h, Yb_h) &= \frac{1}{n} a'_h X'Yb_h \\ &= \frac{1}{n} a'_h (I - \mathcal{Q}_{h-1}) X'Y (I - \mathcal{R}_{h-1}) b_h \\ &= cov(X_{h-1}a_h, Y_{h-1}b_h) \end{aligned}$$

où $Y_{h-1} = Y(I - \mathcal{R}_{h-1})$. La matrice Y'_{h-1} représente le résidu de la régression de Y' sur les variables $Y'u_1, \ldots, Y'u_{h-1}$.

Le premier terme de la décomposition en valeurs singulières de $\frac{1}{n}X'_{h-1}Y_{h-1}$ fournit les vecteurs a_h et b_h :

– a_h est vecteur propre normé de la matrice $(\frac{1}{n}X'_{h-1}Y_{h-1})(\frac{1}{n}Y'_{h-1}X_{h-1})$ associé à la plus grande valeur propre ;

– b_h est vecteur propre normé de la matrice $(\frac{1}{n}Y'_{h-1}X_{h-1})(\frac{1}{n}X'_{h-1}Y_{h-1})$ associé à la plus grande valeur propre.

5.4 Utilisation de SIMPLS

Nous illustrons dans cette section l'utilisation de l'algorithme SIMPLS sur les données de Linnerud.

5.4.1 Les résultats

L'algorithme SIMPLS est disponible en option dans la Proc PLS de SAS version 6.12. Voici les résultats de son utilisation.

Tableau des vecteurs a_h

	a_1	a_2	a_3
Poids	-0.590	-0.363	0.747
Tour de taille	-0.771	0.690	-0.641
Pouls	0.239	0.626	0.178

Tableau des composantes t_h

N°	t_1	t_2	t_3
1	-0.64	-0.58	0.10
2	-0.77	-0.16	-0.11
3	-0.91	0.51	-0.04
4	0.69	0.67	-0.28
5	-0.49	-1.12	0.14
6	-0.23	0.07	-0.02
7	-1.40	0.07	0.46
8	0.74	0.21	0.03
9	1.72	0.64	1.24
10	1.16	-0.16	-0.27
11	0.36	-0.69	-0.16
12	0.74	-0.69	0.00
13	1.19	0.75	-0.27
14	-4.39	0.75	-0.20
15	-0.82	-0.96	0.07
16	-0.75	0.51	0.53
17	-0.39	0.20	-0.45
18	1.20	-0.77	-0.07
19	1.05	-0.37	-0.26
20	1.94	1.11	-0.45

Tableau des corrélations entre les variables et les composantes t_h

	t_1	t_2	t_3
Poids	-0.948	0.013	0.319
Tour de taille	-0.962	0.234	-0.139
Pouls	0.511	0.790	0.339
Traction	0.486	-0.223	0.231
Flexion	0.592	-0.193	0.221
Sauts	0.203	-0.043	-0.103

Qualité des composantes t_h

$$R^2(x_j; t_1, \dots, t_h)$$

	t_1	t_2	t_3
Poids	0.898	0.980	1
Tour de taille	0.926	0.981	1
Pouls	0.261	0.885	1
Moyenne	0.695	0.921	1

$$R^2(y_k; t_1, \dots, t_h)$$

	t_1	t_2	t_3
Traction	0.236	0.286	0.340
Flexion	0.351	0.388	0.436
Sauts	0.041	0.043	0.054
Moyenne	0.209	0.239	0.277

5.4.2 Commentaires

Il est intéressant de comparer les résultats de SIMPLS à ceux de l'analyse des redondances. On obtient pour deux composantes :

	$Rd(X; t_1, t_2)$	$Rd(Y; t_1, t_2)$
Analyse des redondances	0.686	0.276
SIMPLS	0.921	0.239

Comme attendu, les composantes de l'analyse des redondances expliquent un peu mieux les variables Y et nettement moins bien les variables X que les composantes SIMPLS.

Nous avons ensuite construit les régressions des variables Y centrées-réduites sur les deux premières composantes de SIMPLS. Ces régressions exprimées en fonction des variables X centrées-réduites s'écrivent :

	Traction*	Flexion*	Sauts*
Poids*	-0.077	-0.138	-0.060
Tour de taille*	-0.499	-0.525	-0.156
Pouls*	-0.132	-0.086	-0.007
Corrélation multiple	0.535	0.623	0.207

Les résultats sont proches de ceux de l'analyse des redondances au niveau des corrélations multiples, et de la régression sur la première composante principale au niveau des signes des coefficients de régression. Les signes de la variable Pouls sont devenus négatifs, mais cette variable est peu explicative. On retrouve donc bien sur cet exemple que SIMPLS se situe entre la régression sur composantes principales et l'analyse des redondances.

En utilisant les variables réduites x_j et y_k et les composantes de SIMPLS réduites t_1^*, t_2^*, on peut écrire les équations de régression

$$x_j \approx cor(x_j, t_1^*)t_1^* + cor(x_j, t_2^*)t_2^*$$

$$y_k \approx cor(y_k, t_1^*)t_1^* + cor(y_k, t_2^*)t_2^*$$

Les valeurs x_{ji} et y_{ki} des variables x_j et y_k sur le sujet i sont donc approchées par

$$x_{ji} \approx cor(x_j, t_1^*)t_{1i}^* + cor(x_j, t_2^*)t_{2i}^*$$

$$y_{ki} \approx cor(y_k, t_1^*)t_{1i}^* + cor(y_k, t_2^*)t_{2i}^*$$

où t_{1i}^* et t_{2i}^* sont les valeurs des composantes réduites t_1^*, t_2^* sur le sujet i. Ainsi les valeurs x_{ji} et y_{ki} sont approximativement égales aux produits scalaires des vecteurs $(cor(x_j, t_1^*), cor(x_j, t_2^*))$ et $(cor(y_k, t_1^*), cor(y_k, t_2^*))$ avec le vecteur (t_{1i}^*, t_{2i}^*). Ces produits scalaires sont visualisés dans la figure 6, biplot des sujets et des variables.

On peut remarquer que la norme d'un vecteur variable est égale à la corrélation multiple entre cette variable et les composantes t_1, t_2. On en déduit que les projections des sujets sur un axe variables reconstituent approximativement les valeurs de cette variable divisée par la corrélation multiple entre la variable et les composantes t_1, t_2. L'approximation est d'autant meilleure que cette corrélation multiple est proche de 1. Pour améliorer la lisibilité du graphique, les corrélations ont été multipliées par 3. La variable Sauts apparaît comme mal représentée. Ainsi on peut vérifier, pour une variable bien représentée comme Pouls, que les sujets ayant les pouls les plus élevés ($\geqslant 60$) sont du côté de la variable et les sujets ayant les pouls les plus faibles ($\leqslant 50$) lui sont opposés.

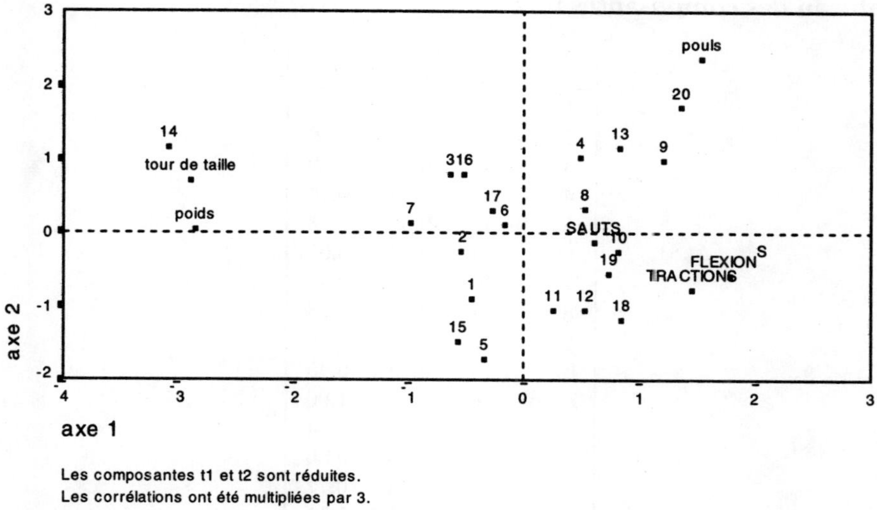

Figure 6 : SIMPLS : Biplot des sujets et des variables.

5.5 Utilisation de SIMPLS-CA

Nous présentons dans cette section l'utilisation de l'algorithme SIMPLS-CA sur les données de Linnerud .

5.5.1 Les résultats

Nous avons écrit une macro SAS réalisant l'algorithme SIMPLS-CA. Voici les résultats obtenus.

Tableau des vecteurs a_h

	a_1	a_2	a_3
Poids	-0.590	-0.714	-0.260
Tour de taille	-0.771	0.700	-0.240
Pouls	0.239	-0.006	-0.935

Tableau des vecteurs b_h

	b_1	b_2	b_3
Traction	0.613	-0.417	0.603
Flexion	0.747	-0.289	-0.759
Sauts	0.257	0.862	0.246

Tableau des composantes t_h

N°	t_1	t_2	t_3
1	-0.64	-0.22	0.62
2	-0.77	0.05	0.30
3	-0.91	0.15	-0.59
4	0.69	0.39	-0.56
5	-0.49	-0.38	1.23
6	-0.23	0.03	-0.07
7	-1.40	-0.37	-0.52
8	0.74	0.03	-0.28
9	1.72	-0.90	-1.96
10	1.16	0.19	0.45
11	0.36	-0.02	1.00
12	0.74	-0.16	0.84
13	1.19	0.40	-0.66
14	-4.39	0.34	-0.72
15	-0.82	-0.27	1.11
16	-0.75	-0.33	-1.13
17	-0.39	0.43	0.18
18	1.20	-0.11	1.01
19	1.05	0.13	0.69
20	1.94	0.64	-0.94

Tableau des composantes u_h

N°	u_1	u_2	u_3
1	-0.37	0.10	-0.76
2	-1.34	0.58	-0.47
3	-0.08	0.52	0.98
4	-0.35	-0.57	0.62
5	0.46	-0.53	0.23
6	-1.31	0.16	-0.22
7	-0.86	-0.22	0.22
8	-0.80	-0.14	-0.29
9	1.14	-1.20	-0.17
10	3.03	1.94	0.44
11	0.41	-1.02	1.01
12	1.41	0.17	-0.16
13	1.53	-0.09	-0.16
14	-2.22	0.77	0.10
15	-1.50	-0.04	0.33
16	1.31	0.34	-0.25
17	-1.88	0.06	0.20
18	1.23	0.35	-0.80
19	1.61	-0.76	-0.32
20	-1.43	0.29	-0.55

Tableau des corrélations entre les variables et les composantes t_h, u_h

	t_1	t_2	t_3	u_1	u_2	u_3
Poids	-0.948	-0.285	-0.144	-0.465	0.159	0.163
Tour de taille	-0.962	0.224	-0.155	-0.608	0.364	0.215
Pouls	0.511	0.022	-0.859	0.188	-0.141	-0.140
Traction	0.486	-0.303	0.106	0.880	-0.276	0.386
Flexion	0.592	-0.281	0.083	0.940	-0.003	-0.342
Sauts	0.203	0.076	0.082	0.741	0.668	0.072

Tableau des corrélations entre les composantes t_h, u_h

	t_1	t_2	t_3	u_1	u_2	u_3
t_1	1.000	0.000	0.000	0.553	-0.287	-0.208
t_2		1.000	0.000	-0.263	0.395	0.096
t_3			1.000	0.103	0.004	0.041
u_1				1.000	0.000	0.000
u_2					1.000	0.000
u_3						1.000

Qualité des composantes t_h

$R^2(x_j; t_1, \ldots, t_h)$

	t_1	t_2	t_3
Poids	0.898	0.979	1
Tour de taille	0.926	0.976	1
Pouls	0.261	0.261	1
Moyenne	0.695	0.739	1

$R^2(y_k; t_1, \ldots, t_h)$

	t_1	t_2	t_3
Traction	0.236	0.328	0.340
Flexion	0.351	0.430	0.437
Sauts	0.041	0.047	0.054
Moyenne	0.209	0.268	0.277

Qualité des composantes u_h

$R^2(x_j; u_1, \ldots, u_h)$

	u_1	u_2	u_3
Poids	0.216	0.241	0.268
Tour de taille	0.369	0.502	0.548
Pouls	0.035	0.055	0.075
Moyenne	0.207	0.266	0.297

Qualité des composantes u_h (suite)

$R^2(y_k; u_1, \ldots, u_h)$

	u_1	u_2	u_3
Traction	0.775	0.851	1
Flexion	0.883	0.883	1
Sauts	0.549	0.995	1
Moyenne	0.736	0.910	1

5.5.2 Commentaires

Les premières composantes de l'analyse factorielle inter-batteries et celles de SIMPLS-CA sont égales. Nous ne reprenons donc pas leur interprétation. Les deuxièmes composantes t_2 et u_2 sont corrélées à 0.395 et peuvent être plus ou moins interprétées. Elles s'écrivent

$$t_2 = -0.714 \text{ Poids}^* + 0.700 \text{ Tour de taille}^* - 0.006 \text{ Pouls}^*$$

$$u_2 = -0.417 \text{ Traction}^* - 0.289 \text{ Flexion}^* + 0.862 \text{ Sauts}^*$$

La composante t_2 oppose Tour de taille à Poids et u_2 privilégie le Saut. La corrélation positive entre les deux composantes signifie que pour un Tour de taille fixé les "légers" sautent plus que les "lourds". La figure 7 permet d'identifier les individus qui construisent en fait ces composantes.

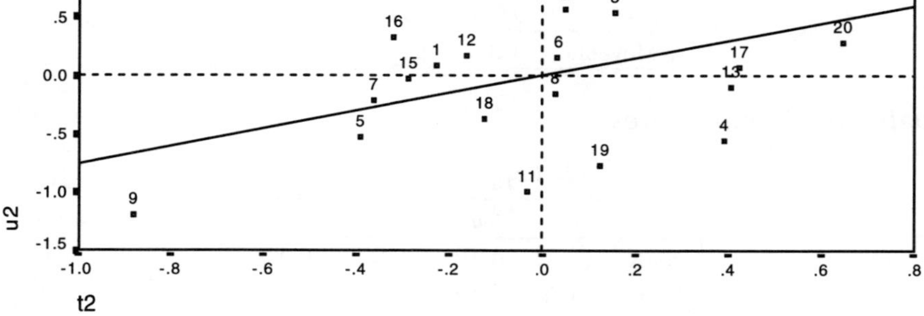

Figure 7 : SIMPLS-CA : Carte des deuxièmes composantes t_2 et u_2.

La carte de la figure 7 met en valeur les individus 9 et 10. L'individu 9 a le plus petit tour de taille du groupe et un poids moyen. C'est donc un "grand maigre". Il a de très bons résultats en Traction et en Flexion, mais il est faible en Sauts. L'individu 10 est excellent en Sauts.

Lors de cette analyse l'interprétation des composantes a pu être réalisée à partir des coefficients des variables. Ici les corrélations des variables avec leurs propres composantes reflètent mieux cette structure que les corrélations des variables avec les composantes de l'autre groupe. Nous avons donc visualisé les variables dans la figure 8 à l'aide des corrélations entre les variables et les composantes de leur groupe.

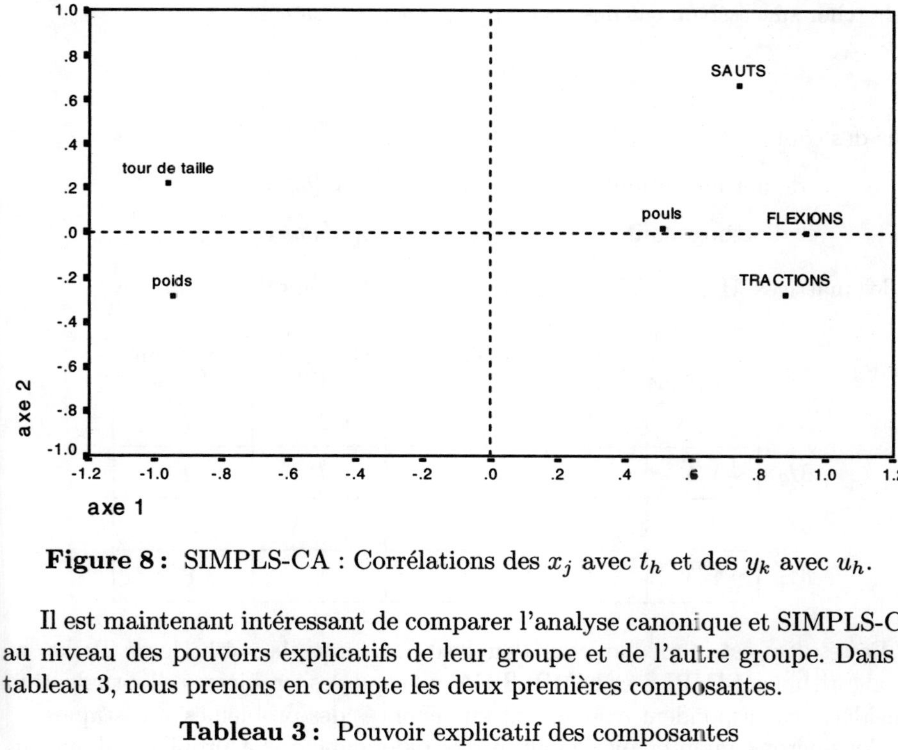

Figure 8 : SIMPLS-CA : Corrélations des x_j avec t_h et des y_k avec u_h.

Il est maintenant intéressant de comparer l'analyse canonique et SIMPLS-CA au niveau des pouvoirs explicatifs de leur groupe et de l'autre groupe. Dans le tableau 3, nous prenons en compte les deux premières composantes.

Tableau 3 : Pouvoir explicatif des composantes (redondances)

Pouvoir explicatif	Analyse canonique		SIMPLS-CA
$Rd(X; t_1, t_2)$	0.698	<	0.739
$Rd(Y; u_1, u_2)$	0.843	<	0.910
$Rd(X; u_1, u_2)$	0.295	>	0.266
$Rd(Y; t_1, t_2)$	0.276	>	0.268

Les pouvoirs explicatifs des deux méthodes sont proches. On vérifie que, comme prévu, les composantes de SIMPLS-CA expliquent mieux leur groupe et moins bien l'autre groupe que celles de l'analyse canonique usuelle.

5.6 La synthèse de Burnham, Viveros et MacGregor

Burnham, Viveros et MacGregor (1996) ont montré que l'analyse canonique, l'analyse factorielle inter-batteries de Tucker, l'analyse des redondances et l'algorithme SIMPLS de De Jong sont obtenues comme solution d'un problème d'optimisation sous contraintes. Le critère à optimiser est commun aux différentes méthodes et les contraintes varient d'une méthode à l'autre. En modifiant légèrement leur présentation, nous pouvons aussi y inclure l'algorithme SIMPLS-CA.

Le "Framework 4" de Burnham, Viveros et MacGregor complété conduit à rechercher successivement des vecteurs a_h et b_h réalisant le

$$\max_{a_h, b_h} cov(Xa_h, Yb_h)$$

sous des contraintes

$$\begin{aligned} \text{de normalisation :} \quad & a'_h M_1 a_h = 1, \quad b'_h M_2 b_h = 1, \\ \text{et d'orthogonalité :} \quad & a'_g M_3 a_h = 0, \quad b'_g M_4 b_h = 0, \quad g < h, \end{aligned}$$

où les matrices M_1, M_2, M_3 et M_4 sont définies dans le tableau suivant :

	Analyse canonique	Méthode de Tucker	Analyse des redondances	Algorithme SIMPLS	Algorithme SIMPLS-CA
M_1	$\frac{1}{n}X'X$	I	$\frac{1}{n}X'X$	I	I
M_2	$\frac{1}{n}Y'Y$	I	I	I	I
M_3	$\frac{1}{n}X'X$	I	$\frac{1}{n}X'X$	$\frac{1}{n}X'X$	$\frac{1}{n}X'X$
M_4	$\frac{1}{n}Y'Y$	I	0	0	$\frac{1}{n}Y'Y$

Le résultat est immédiat pour l'analyse canonique, la méthode de Tucker et les algorithmes SIMPLS et SIMPLS-CA, puisque les problèmes d'optimisation considérés correspondent exactement aux énoncés des problèmes statistiques.

Considérons maintenant l'analyse des redondances. Le problème d'optimisation associé s'écrit

$$\max_{a_h, b_h} \frac{1}{n} a'_h X' Y b_h$$

sous les contraintes

$$a'_h M_1 a_h = 1, \; b'_h b_h = 1, \; a'_g M_1 a_h = 0, \; g < h$$

On peut intégrer les contraintes de normalisation dans le critère en posant

$$\alpha_h = M_1^{1/2} a_h$$

Le problème d'optimisation devient

$$\max_{\alpha_h, b_h} \frac{1}{n} \alpha_h' M_1^{-1/2} X'Y b_h$$

sous les contraintes

$$\alpha_h'\alpha_h = 1,\ b_h'b_h = 1,\ \alpha_g'\alpha_h = 0,\ g < h$$

On retrouve l'analyse factorielle inter-batteries des tableaux $XM_1^{-1/2}$ et Y. On en déduit que les vecteurs α_h sont vecteurs propres de la matrice

$$(\frac{1}{n})^2 M_1^{-1/2} X'YY'XM_1^{-1/2}$$

et les vecteurs $a_h = M_1^{-1/2}\alpha_h$ vecteurs propres de la matrice

$$R_{11}^{-1} R_{12} R_{21}$$

où l'on a posé

$$R_{11} = M_1 = \frac{1}{n} X'X$$
$$R_{12} = \frac{1}{n} X'Y$$
$$R_{21} = R_{12}'$$

Et l'on retrouve comme annoncé les composantes Xa_h de l'analyse des redondances de Y par rapport à X.

L'approche de Burnham, Viveros et MacGregor pourrait être un tremplin pour une généralisation de ces méthodes à des triplets statistiques (X, D_p, D_n) et (Y, D_q, D_n) analogue aux propositions de Chessel et Mercier (1993) pour l'analyse de co-inertie de deux tableaux et de Chessel et Hanafi (1996) pour l'analyse de la co-inertie de K nuages de points.

Chapitre 6

L'algorithme NIPALS

Les principes de l'algorithme NIPALS (Nonlinear estimation by Iterative Partial Least Squares) sont à la base de la régression PLS. Cet algorithme a été tout d'abord présenté par Wold (1966) pour l'analyse en composantes principales sous le nom de NILES (Nonlinear estimation by Iterative Least Squares). Il est surprenant que cet algorithme qui permet de réaliser une analyse en composantes principales avec données manquantes, *sans avoir à supprimer les individus à données manquantes ni à estimer les données manquantes*, ne soit pas plus connu. Nous allons décrire dans ce chapitre l'algorithme NIPALS utilisé pour l'analyse en composantes principales en suivant la présentation de Wold, Esbensen et Geladi (1987). Nous donnerons également un exemple d'analyse en composantes principales d'un tableau individus×variables avec données manquantes.

Précisons les notations spécifiques de ce chapitre et le principe de l'algorithme NIPALS. On dispose d'un tableau individus×variables noté $X = \{x_{ji}\}$ et de rang a. Les colonnes de X sont notées $\mathbf{x}_1, \ldots, \mathbf{x}_j, \ldots, \mathbf{x}_p$ et supposées centrées. La formule de décomposition de l'analyse en composantes principales s'écrit

$$X = \sum_{h=1}^{a} \mathbf{t}_h \mathbf{p}'_h \tag{37}$$

où les vecteurs $\mathbf{t}_h = (t_{h1}, \ldots, t_{hn})'$ et $\mathbf{p}_h = (p_{h1}, \ldots, p_{hp})'$ sont respectivement les composantes principales et les vecteurs directeurs des axes principaux. Les variables $\mathbf{x}_j$ s'expriment en fonction de composantes $\mathbf{t}_1, \ldots, \mathbf{t}_a$:

$$\mathbf{x}_j = \sum_{h=1}^{a} p_{hj} \mathbf{t}_h,\ j = 1, \ldots, p \tag{38}$$

La i-ième ligne de X est notée $x'_i = (x_{1i}, \ldots, x_{ji}, \ldots, x_{pi})$ Alors les individus x_i peuvent aussi s'exprimer en fonction des vecteurs $\mathbf{p}_1, \ldots, \mathbf{p}_a$:

$$x_i = \sum_{h=1}^{a} t_{hi} \mathbf{p}_h,\ i = 1, \ldots, n \tag{39}$$

La double orthogonalité des composantes principales $\mathbf{t}_h$ et des vecteurs directeurs $\mathbf{p}_h$ est caractéristique de l'analyse en composantes principales. On en déduit que p_{hj} est le coefficient de régression de $\mathbf{t}_h$ dans la régression de $\mathbf{x}_j$ sur $\mathbf{t}_h$ et t_{hi} celui de $\mathbf{p}_h$ dans la régression sans constante de x_i sur $\mathbf{p}_h$. On en déduit également que, pour $h > 1$, p_{hj} est le coefficient de régression de $\mathbf{t}_h$ dans la régression de $\mathbf{x}_j - \sum_{l=1}^{h-1} p_{lj}\mathbf{t}_l$ sur $\mathbf{t}_h$ et t_{hi} celui de $\mathbf{p}_h$ dans la régression sans constante de $x_i - \sum_{l=1}^{h-1} t_{li}\mathbf{p}_l$ sur $\mathbf{p}_h$.

On peut aussi considérer la décomposition (37) comme un modèle et les paramètres p_{hj} et t_{hi} comme des quantités à estimer. Wold propose pour chaque indice h une recherche itérative de ces paramètres. Pour $h = 1$, on obtient une solution $(\mathbf{p}_1, \mathbf{t}_1)$ telle que p_{1j} est la pente de la droite des moindres carrés du nuage de points $(\mathbf{t}_1, \mathbf{x}_j)$ et t_{1i} est la pente de la droite des moindres carrés passant par l'origine du nuage de points $(\mathbf{p}_1, x_i)$. Pour $h > 1$ on obtient une solution $(\mathbf{p}_h, \mathbf{t}_h)$ telle que p_{hj} est la pente de la droite des moindres carrés du nuage de points $(\mathbf{t}_h, \mathbf{x}_j - \sum_{l=1}^{h-1} p_{lj}\mathbf{t}_l)$ et t_{hi} est la pente de la droite des moindres carrés passant par l'origine du nuage de points $(\mathbf{p}_h, x_i - \sum_{l=1}^{h-1} t_{li}\mathbf{p}_l)$. Lorsqu'il n'y a pas de donnée manquante, NIPALS conduit à l'analyse en composantes principales usuelle. Lorsqu'il y a des données manquantes on obtient encore des valeurs utiles ("estimations") des composantes $\mathbf{t}_h$ et des vecteurs $\mathbf{p}_h$ qui permettent de décrire la matrice des données X et d'estimer les données manquantes.

Ainsi l'algorithme NIPALS permet d'estimer les paramètres d'un modèle non-linéaire (en fait bilinéaire) à l'aide d'une suite de régressions simples entre les données et une partie des paramètres. D'où la signification complète du terme NIPALS (Nonlinear estimation by Iterative Partial Least Squares) qui nous a été suggérée par Antoine de Falguerolles. Par ailleurs l'algorithme NIPALS a été étendu à l'estimation de modèles bilinéaires généralisés par de Falguerolles et Francis (1995) et Ducros, Mondot et de Falguerolles (1997).

6.1 Description de l'algorithme NIPALS

Nous allons présenter l'algorithme NIPALS puis en commenterons ensuite les différentes étapes. Il faut distinguer deux situations : soit le tableau X est complet, soit il y a des données manquantes. On va construire une suite de tableaux individus × variables notés X_h. Les colonnes de X_h sont notées $\mathbf{x}_{h1}, \ldots, \mathbf{x}_{hj}, \ldots, \mathbf{x}_{hp}$. La i-ième ligne de X_h est notée :

$$x'_{hi} = (x_{h1i}, \ldots, x_{hji}, \ldots, x_{hpi})$$

Lorsqu'il n'y a aucune donnée manquante dans le tableau X l'algorithme s'écrit comme suit.

L'algorithme NIPALS lorsqu'il n'y a pas de donnée manquante

Étape 1 : $X_0 = X$
Étape 2 : Pour $h = 1, 2, \ldots, a$:

Étape 2.1 : $\mathbf{t}_h$ = première colonne de X_{h-1}
Étape 2.2 : Répéter jusqu'à convergence de p_h :
Étape 2.2.1 : $\mathbf{p}_h = X'_{h-1}\mathbf{t}_h/\mathbf{t}'_h\mathbf{t}_h$
Étape 2.2.2 : Normer $\mathbf{p}_h$ à 1
Étape 2.2.3 : $\mathbf{t}_h = X_{h-1}\mathbf{p}_h/\mathbf{p}'_h\mathbf{p}_h$
Étape 2.3 : $X_h = X_{h-1} - \mathbf{t}_h\mathbf{p}'_h$

Commentons cet algorithme. Chaque coordonnée p_{hj} du vecteur $\mathbf{p}_h$ représente, avant normalisation, le coefficient de régression de $\mathbf{t}_h$ dans la régression de la variable $\mathbf{x}_{h-1,j}$ sur la composante $\mathbf{t}_h$. C'est donc aussi la pente de la droite des moindres carrés du nuage centré formé de l'ensemble de points $\{(t_{hi}, x_{h-1,ji}), i = 1, \dots, n\}$, où t_{hi} est la valeur de la composante $\mathbf{t}_h$ pour l'individu i. De même chaque coordonnée t_{hi} de la composante $\mathbf{t}_h$ représente le coefficient de régression de $\mathbf{p}_h$ dans la régression sans constante de $x_{h-1,i}$ sur $\mathbf{p}_h$. Ainsi t_{hi} représente aussi la pente de la droite des moindres carrés passant par l'origine du nuage de points $\{(p_{hj}, x_{h-1,ji}), j = 1, \dots, p\}$. Comme $\mathbf{p}_h$ est normé, t_{hi} est la longueur algébrique de la projection du vecteur x_i sur l'axe engendré par le vecteur $\mathbf{p}_h$. Le lecteur peut trouver surprenant l'écriture de $\mathbf{t}_h$ dans l'étape 2.2.3 puisque $\mathbf{p}'_h\mathbf{p}_h = 1$. Mais cette écriture permet de bien réaliser que la composante $\mathbf{t}_h$ est formée des pentes t_{hi} et de préparer par ailleurs l'algorithme avec données manquantes. Nous adopterons sytématiquement cette présentation pour tous les algorithmes liés à NIPALS.

Les relations cycliques de l'étape 2.2 montrent qu'à la limite les vecteurs $\mathbf{p}_h$ et $\mathbf{t}_h$ vérifient les équations suivantes:

$$\frac{1}{n-1} X'_{h-1} X_{h-1} \mathbf{p}_h = \lambda_h \mathbf{p}_h$$
$$\frac{1}{n-1} X_{h-1} X'_{h-1} \mathbf{t}_h = \lambda_h \mathbf{t}_h$$

où λ_h est la plus grande valeur propre commune à ces matrices. Précisons que nous avons divisé par $n-1$ pour retrouver les résultats de SIMCA-P où l'écart-type est calculé en utilisant ce diviseur. La normalisation du vecteur $\mathbf{p}_h$ conduit à l'égalité $\lambda_h = \frac{1}{n-1}\mathbf{t}'_h\mathbf{t}_h$. L'étape 2.2 correspond donc à une application de la méthode de la puissance itérée pour le calcul du vecteur propre d'une matrice associé à la plus grande valeur propre (Hotelling (1936b), Anderson (1958)). L'étape 2.3 correspond au calcul du résidu X_h de la régression de X_{h-1} sur $\mathbf{t}_h$ puisque le vecteur des coefficients de régression $\mathbf{p}'_h = \mathbf{t}'_h X_{h-1}/\mathbf{t}'_h\mathbf{t}_h$ est normé :

$$\begin{aligned}
\mathbf{p}'_h\mathbf{p}_h &= \mathbf{t}'_h X_{h-1} X'_{h-1}\mathbf{t}_h/(\mathbf{t}'_h\mathbf{t}_h)^2 \\
&= (n-1)\lambda_h \mathbf{t}'_h\mathbf{t}_h/(\mathbf{t}'_h\mathbf{t}_h)^2 \\
&= 1
\end{aligned}$$

Pour $h = 1$ on obtient le premier axe factoriel $\mathbf{p}_1$ et la première composante principale $\mathbf{t}_1$. La matrice $X_1 = X - \mathbf{t}_1\mathbf{p}'_1$ représente le résidu de la régression de

X sur la première composante principale $\mathbf{t}_1$. La matrice $\frac{1}{n-1}X_1'X_1$ s'écrit

$$\begin{aligned}\frac{1}{n-1}X_1'X_1 &= \frac{1}{n-1}(X-\mathbf{t}_1\mathbf{p}_1')'(X-\mathbf{t}_1\mathbf{p}_1')\\ &= \frac{1}{n-1}X'X-\lambda_1\mathbf{p}_1\mathbf{p}_1'\end{aligned}$$

Par conséquent, pour $h=2$, le vecteur propre $\mathbf{p}_2$ de la matrice $\frac{1}{n-1}X_1'X_1$ associé à la plus grande valeur propre correspond au vecteur propre de $\frac{1}{n-1}X'X$ associé à la deuxième plus grande valeur propre λ_2. On retrouve ainsi les deuxièmes axe factoriel $\mathbf{p}_2$ et composante principale $\mathbf{t}_2$ de l'analyse en composantes principales de X. De manière générale la matrice $\frac{1}{n-1}X_{h-1}'X_{h-1}$ s'écrit aussi :

$$\frac{1}{n-1}X_{h-1}'X_{h-1}=\frac{1}{n-1}X'X-\lambda_1\mathbf{p}_1\mathbf{p}_1'-\ldots-\lambda_{h-1}\mathbf{p}_{h-1}\mathbf{p}_{h-1}'$$

et le vecteur propre $\mathbf{p}_h$ de $\frac{1}{n-1}X_{h-1}'X_{h-1}$ associé à la plus grande valeur propre correspond au vecteur propre de $\frac{1}{n-1}X'X$ associé à la h-ième plus grande valeur propre λ_h. D'où le h-ième axe factoriel $\mathbf{p}_h$ et la h-ième composante principale $\mathbf{t}_h$.

Ainsi le problème de l'analyse en composantes principales est résolu par une suite de régressions simples locales: la régression de la variable $\mathbf{x}_{h-1,j}$ sur la variable $\mathbf{t}_h$ fournit un coefficient de régression correspondant, après normalisation, à une nouvelle valeur de p_{hj}, puis la régression sans constante de la "variable" $x_{h-1,i}$ sur la nouvelle "variable" $\mathbf{p}_h$ permet d'obtenir un coefficient de régression donnant la nouvelle valeur de t_{hi}. Ces coefficients de régression convergent vers la j-ième coordonnée p_{hj} de l'axe factoriel $\mathbf{p}_h$ et la valeur t_{hi} de la composante principale $\mathbf{t}_h$ pour l'individu i. Ensuite on obtient encore les nouvelles variables $\mathbf{x}_{h,j}$ comme résidus d'une régression simple de $\mathbf{x}_{h-1,j}$ sur $\mathbf{t}_h$.

Mais l'intérêt de l'algorithme NIPALS en analyse en composantes principales apparait plus clairement en présence de données manquantes.

L'algorithme NIPALS lorsqu'il y a des données manquantes

Étape 1 : $X_0 = X$
Étape 2 : Pour $h = 1, 2, \ldots, a$:
Étape 2.1 : $\mathbf{t}_h$ = première colonne de X_{h-1}
Étape 2.2 : Répéter jusqu'à convergence de $\mathbf{p}_h$:
Étape 2.2.1 : Pour $j = 1, 2, \ldots, p$:

$$p_{hj}=\frac{\sum_{\{i:x_{ji}\text{ et }t_{hi}\text{ existent}\}}x_{h-1,ji}t_{hi}}{\sum_{\{i:x_{ji}\text{ et }t_{hi}\text{ existent}\}}t_{hi}^2}$$

Étape 2.2.2 : Normer $\mathbf{p}_h$ à 1

Étape 2.2.3 : Pour $i = 1, 2, \ldots, n$:

$$t_{hi} = \frac{\sum_{\{j:x_{ji}\text{existe}\}} x_{h-1,ji}p_{hj}}{\sum_{\{j:x_{ji}\text{existe}\}} p_{hj}^2}$$

Étape 2.3 : $X_h = X_{h-1} - \mathbf{t}_h\mathbf{p}'_h$

L'idée forte de l'algorithme NIPALS réside dans l'interprétation des étapes 2.2.1 et 2.2.3 : on calcule à chaque fois les pentes des droites des moindres carrés, passant par l'origine, des nuages de points sur *les données disponibles*: $\{(t_{hi}, x_{h-1,ji}), i = 1, \ldots, n$ où t_{hi} et x_{ji} existent$\}$ et $\{(p_{hj}, x_{h-1,ji}), j = 1, \ldots, p$ et x_{ji} existe$\}$. À l'issue de l'algorithme on peut encore fournir des pseudo-valeurs propres λ_h toujours définies par la variance $\frac{1}{n-1}\mathbf{t}'_h\mathbf{t}_h$ de la composante $\mathbf{t}_h$.

L'algorithme NIPALS permet également d'estimer les données manquantes en utilisant la formule de reconstitution habituelle à l'ordre h :

$$\widehat{x}_{ji} = \sum_{l=1}^{h} t_{li}p_{lj}$$

Mais l'algorithme fonctionne effectivement sans estimation des données manquantes. Dans la pratique, la convergence de l'algorithme est assurée lorsqu'il n'y a pas trop de données manquantes.

L'algorithme NIPALS est résumé visuellement dans l'encadré 1.

Encadré 1

ALGORITHME NIPALS

Objectif :

Décomposition du tableau X

$$\mathrm{X} = \sum_{h=1}^{a} t_h \; p'_h$$

→ **Décomposition de la variable X_j :** $X_j = \sum_{h=1}^{a} p_{hj}\, t_h$

→ **Décomposition de l'observation x_i :** $x_i = \sum_{h=1}^{a} t_{hi}\; p_h$

Description de l'étape h

1 **Calcul du résidu $X_{h-1,j}$**

$$X_{h-1,j} = X_j - \sum_{l=1}^{h-1} p_{lj}\; t_l$$

⇓

2 **Initialisation de t_h**

$$t_h = X_{h-1,\,1}$$

⇓

3 **Régression de $X_{h-1,j}$ sur t_h**

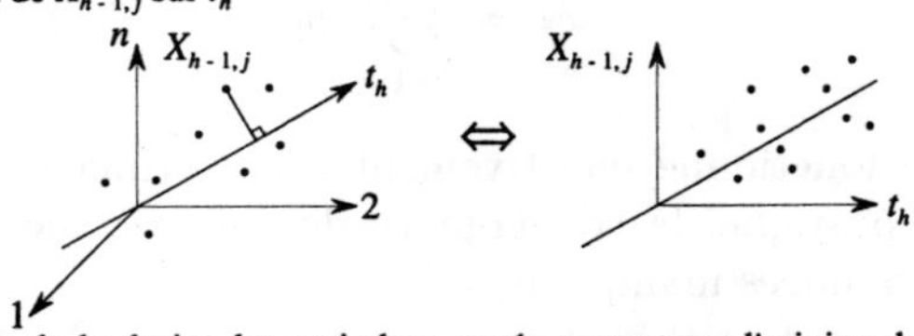

p_{hj} = **pente de la droite des moindres carrés passant par l'origine de $(t_h\,,\, X_{h-1,j})$ calculée sur les données disponibles**

= $X'_{h-1,j}\; t_h \,/\, t'_h t_h$, **si données complètes**

p_h = $(p_{h1}\,, \ldots, p_{hp})'$; p_h **est normé à 1**

⇓

4 **Calcul du résidu $x_{h-1,i}$**

$$x_{h-1,i} = x_i - \sum_{l=1}^{h-1} t_{li}\, p_l$$

⇓

5 **Régression de $x_{h-1,i}$ sur p_h**

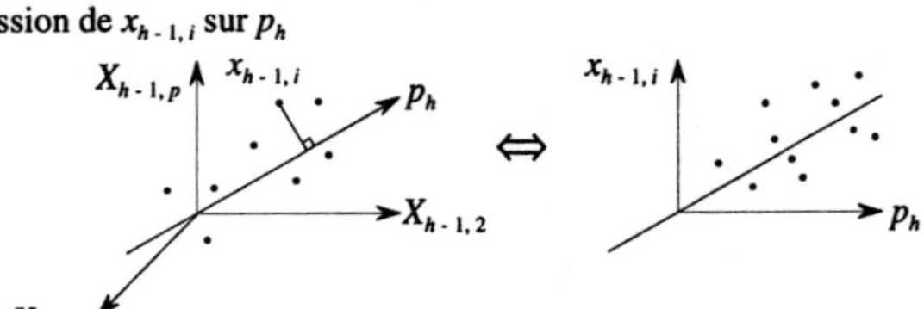

t_{hi} = **pente de la droite des moindres carrés passant par l'origine de $(p_h\,,\, x_{h-1,i})$ calculée sur les données disponibles**

= $x'_{h-1,i}\; p_h \,/\, p'_h\; p_h$, **si données complètes**

t_h = $(t_{h1}\,, \ldots, t_{hn})'$

⇓

6 **Répéter les sous-étapes 3 à 5 jusqu'à convergence de p_h**

6.2 Traitement d'un exemple

Nous allons comparer les résultats de l'analyse en composantes principales réalisée sur un tableau complet, puis sur ce même tableau "troué". Nous avons utilisé le logiciel SIMCA-P où l'analyse en composantes principales est programmée à l'aide de NIPALS. Les données utilisées figurent dans le tableau 4 (sans données manquantes) et dans le tableau 5 (avec données manquantes).

Tableau 4 : Caractéristiques de 24 modèles de voitures

Modèle	Cylindrée	Puissance	Vitesse	Poids	Longueur	Largeur
Honda Civic	1396	90	174	850	369	166
Renault 19	1721	92	180	965	415	169
Fiat Tipo	1580	83	170	970	395	170
Peugeot 405	1769	90	180	1080	440	169
Renault 21	2068	88	180	1135	446	170
Citroën BX	1769	90	182	1060	424	168
BMW 530i	2986	188	226	1510	472	175
Rover 827i	2675	177	222	1365	469	175
Renault 25	2548	182	226	1350	471	180
Opel Omega	1998	122	190	1255	473	177
Peugeot 405 Break	1905	125	194	1120	439	171
Ford Sierra	1993	115	185	1190	451	172
BMW 325iX	2494	171	208	1300	432	164
Audi 90 Quattro	1994	160	214	1220	439	169
Ford Scorpio	2933	150	200	1345	466	176
Renault Espace	1995	120	177	1265	436	177
Nissan Vanette	1952	87	144	1430	436	169
VW Caravelle	2109	112	149	1320	457	184
Ford Fiesta	1117	50	135	810	371	162
Fiat Uno	1116	58	145	780	364	155
Peugeot 205	1580	80	159	880	370	156
Peugeot 205 Rallye	1294	103	189	805	370	157
Seat Ibiza SX I	1461	100	181	925	363	161
Citroën AX Sport	1294	95	184	730	350	160

Tableau 5 : Caractéristiques de 24 modèles de voitures avec données manquantes

Modèle	Cylindrée	Puissance	Vitesse	Poids	Longueur	Largeur
Honda Civic	*	90	174	850	369	166
Renault 19	1721	*	180	965	415	169
Fiat Tipo	1580	83	*	970	395	170
Peugeot 405	1769	90	180	*	440	169
Renault 21	2068	88	180	1135	*	170
Citroën BX	1769	90	182	1060	424	*
BMW 530i	*	188	226	1510	472	175
Rover 827i	2675	*	222	1365	469	175
Renault 25	2548	182	*	1350	471	180
Opel Omega	1998	122	190	*	473	177
Peugeot 405 Break	1905	125	194	1120	*	171
Ford Sierra	1993	115	185	1190	451	*
BMW 325iX	*	171	208	1300	432	164
Audi 90 Quattro	1994	*	214	1220	439	169
Ford Scorpio	2933	150	*	1345	466	176
Renault Espace	1995	120	177	*	436	177
Nissan Vanette	1952	87	144	1430	*	169
VW Caravelle	2109	112	149	1320	457	*
Ford Fiesta	*	50	135	810	371	162
Fiat Uno	1116	*	145	780	364	155
Peugeot 205	1580	80	*	880	370	156
Peugeot 205 Rallye	1294	103	189	*	370	157
Seat Ibiza SX I	1461	100	181	925	*	161
Citroën AX Sport	1294	95	184	730	350	*

L'analyse en composantes principales des données réduites a été réalisée. Deux composantes principales suffisent à décrire ces données. Voici les résultats comparés de l'analyse en composantes principales sur les données complètes et de l'algorithme NIPALS appliqué au tableau avec données manquantes.

Valeurs propres

	ACP	NIPALS
λ_1	4.6560	4.5998
λ_2	0.9152	0.9365

Vecteurs propres [p_1, p_2 pour l'ACP, p'_1, p'_2 pour NIPALS]

	p_1	p_2	p'_1	p'_2
Cylindrée	0.44	0.03	0.49	-0.07
Puissance	0.41	0.42	0.44	0.35
Vitesse	0.34	0.66	0.37	0.62
Poids	0.43	-0.26	0.39	-0.34
Longueur	0.43	-0.30	0.39	-0.35
Largeur	0.38	-0.48	0.36	-0.50

Les composantes principales [t_1, t_2 pour l'ACP, t'_1, t'_2 pour NIPALS]

Modèle	t_1	t_2	t'_1	t'_2
Honda Civic	-1.9803	0.3132	-1.8563	0.4262
Renault 19	-0.7621	-0.1301	-0.5930	0.0566
Fiat Tipo	-1.2626	-0.4250	-1.2445	-0.5461
Peugeot 405	-0.2680	-0.4549	-0.2634	-0.4809
Renault 21	0.1767	-0.6237	-0.0162	-0.5093
Citroën BX	-0.4940	-0.2032	-0.5258	-0.1270
BMW 530i	3.8626	0.8178	3.9363	0.6925
Rover 827i	3.1266	0.7552	3.2109	0.5889
Renault 25	3.3672	0.5964	3.4160	0.2978
Opel Omega	1.4680	-0.7593	1.4778	-0.8626
Peugeot 405 Break	0.5741	0.1401	0.5827	0.2486
Ford Sierra	0.7237	-0.4254	0.6770	-0.4133
BMW 325iX	1.6703	1.3341	1.6782	1.2926
Audi 90 Quattro	1.3838	1.0664	1.1736	0.8599
Ford Scorpio	2.7362	-0.1191	3.1489	0.0736
Renault Espace	0.9006	-0.8698	0.8172	-0.8915
Nissan Vanette	-0.0242	-1.7821	-0.2883	-1.9205
VW Caravelle	1.1963	-2.3346	0.4755	-1.9685
Ford Fiesta	-3.4252	-0.8853	-3.5610	-0.7517
Fiat Uno	-3.6786	-0.0146	-3.830	0.0690
Peugeot 205	-2.5637	0.4063	-2.5186	0.8104
Peugeot 205 Rallye	-2.2406	1.4477	-1.9732	1.6200
Seat Ibiza SX I	-1.8924	0.8824	-1.5192	0.8466
Citroën AX Sport	-2.5945	1.2678	-2.4071	1.7155

La comparaison des résultats de l'analyse en composantes principales sur les données complètes et de NIPALS sur les données incomplètes montre que ce dernier algorithme fonctionne bien. Les résultats des deux analyses, visualisés dans les figures 9 à 12, sont très proches. Les corrélations entre les composantes principales calculées sur les données complètes et les composantes issues de NIPALS sont très élevées :

$$cor(t_1, t'_1) = 0.9944$$
$$cor(t_2, t'_2) = 0.9801$$

Les graphiques (t_1, t'_1) et (t_2, t'_2) des figures 13 et 14 montrent bien la proximité des résultats. Enfin nous avons pu estimer les données manquantes centrées-réduites à l'aide de la formule de reconstitution à l'ordre 2. Voici la reconstitution des données manquantes en revenant aux données d'origine:

Modèle	Caractéristique	Valeur observée	Valeur estimée
Honda Civic	Cylindrée	1396	1456
Renault 19	Puissance	92	101
Fiat Tipo	Vitesse	170	162
Peugeot 405	Poids	1080	1127
Renault 21	Longueur	446	429
Citroën BX	Largeur	168	167
BMW 530i	Cylidrée	2986	2751
Rover 827i	Puissance	177	167
Renault 25	Vitesse	226	218
Opel Omega	Poids	1255	1320
Peugeot 405 Break	Longueur	439	428
Ford Sierra	Largeur	172	172
BMW 325iX	Cylindrée	2494	2224
Audi 90 Quattro	Puissance	160	130
Ford Scorpio	Vitesse	200	212
Renault Espace	Poids	1265	1261
Nissan Vanette	Longueur	436	445
VW Caravelle	Largeur	184	177
Ford Fiesta	Cylindrée	1117	1110
Fiat Uno	Puissance	58	44
Peugeot 205	Vitesse	159	171
Peugeot 205 Rallye	Poids	805	797
Seat Ibiza SX I	Longueur	363	383
Citroën AX Sport	Largeur	160	156

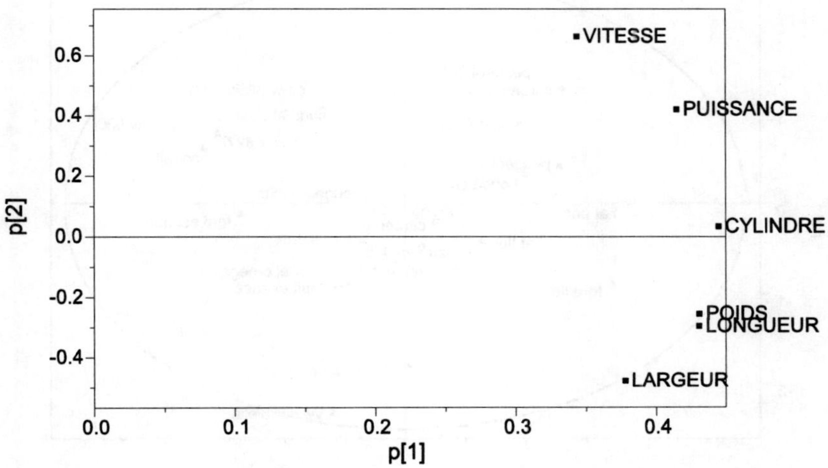

Figure 9 : ACP données complètes. Carte des vecteurs p_1 et p_2.

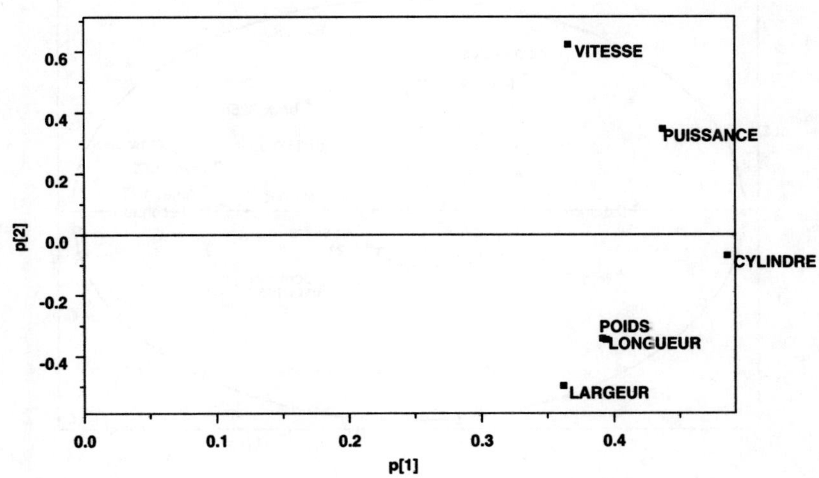

Figure 10 : NIPALS données incomplètes. Carte des vecteurs p'_1 et p'_2.

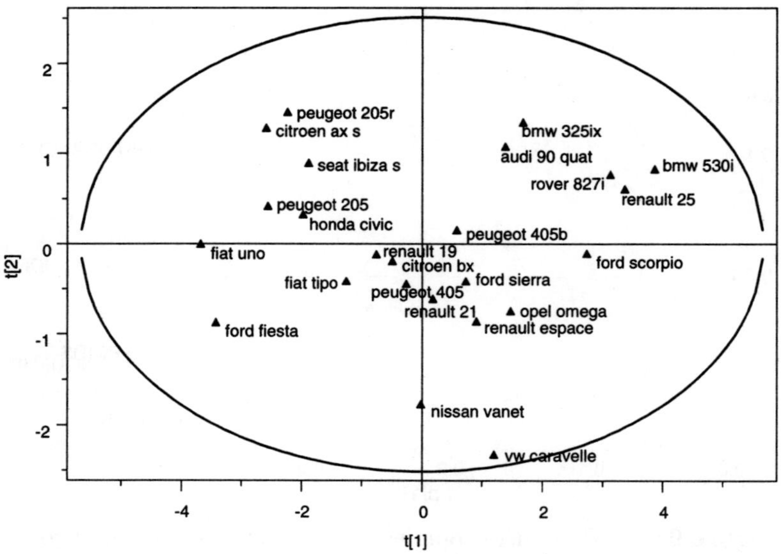

Figure 11 : ACP données complètes. Plan principal.

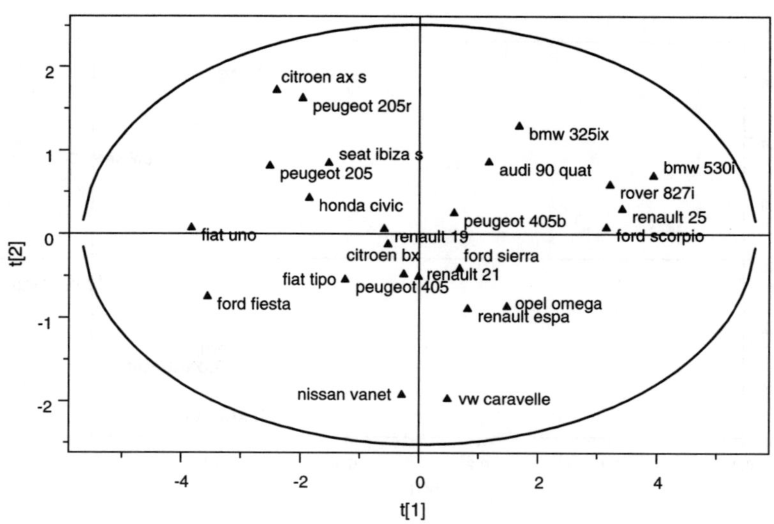

Figure 12 : NIPALS données incomplètes. Plan principal.

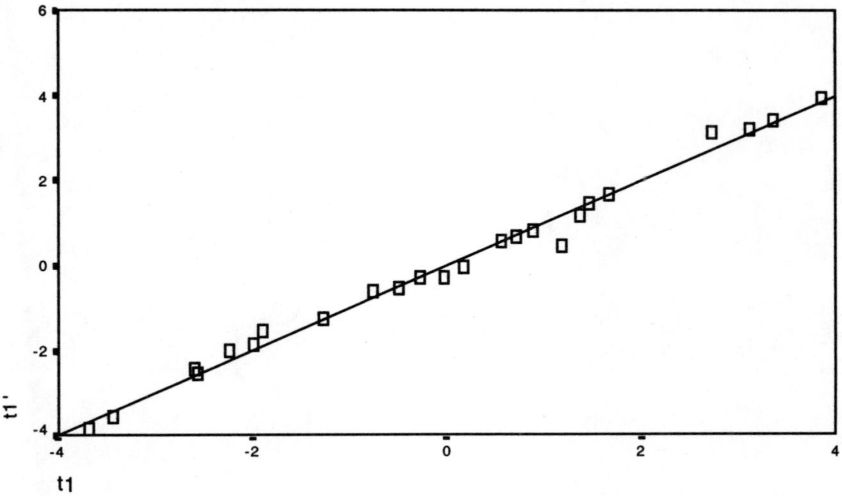

Figure 13 : Graphique des composantes t_1 (ACP) et t'_1 (NIPALS).

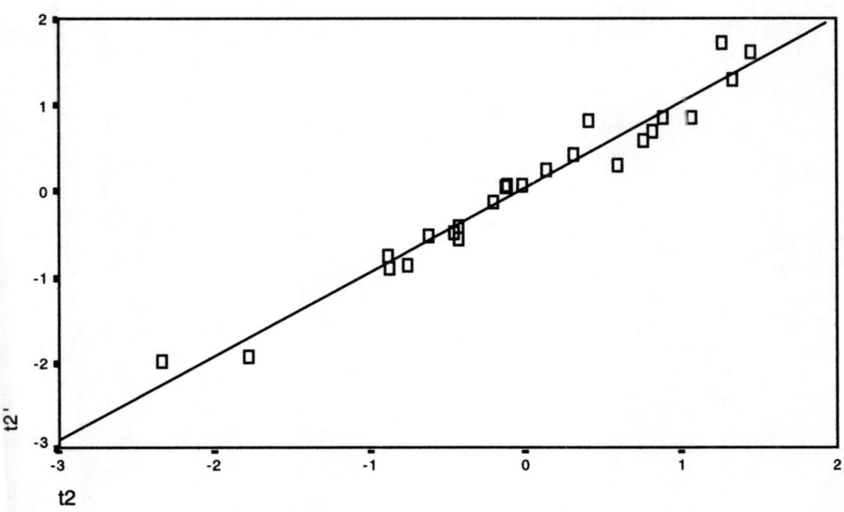

Figure 14 : Graphique des composantes t_2 (ACP) et t'_2 (NIPALS).

Chapitre 7

La régression PLS univariée (PLS1)

Nous allons distinguer dans ce livre le cas où il y a une seule variable Y à expliquer de celui où il y en a plusieurs. La régression PLS1 correspond au premier cas, et la régression PLS2 au second. L'algorithme de régression PLS a été proposé initialement par Wold, Martens & Wold (1983) et Wold, Albano, Dunn III, Esbensen, Hellberg, Johansson & Sjöström (1983). A cause de sa simplicité et de ses nombreuses propriétés mathématiques, nous allons étudier en détail dans ce livre la régression PLS1. Le point de vue pratique sera présentée dans ce chapitre en "collant" au logiciel SIMCA-P for Windows (Umetri, 1996). Les propriétés mathématiques de la régression PLS1 seront décrites dans le chapitre 8. Nous présenterons la régression PLS2 dans le chapitre 9 et plusieurs exemples d'applications dans le chapitre 10.

7.1 L'algorithme de régression PLS1

Il existe de nombreuses versions de l'algorithme de régression PLS1. Elles diffèrent au niveau des normalisations et des calculs intermédiaires, mais elles aboutissent toutes à la même régression. Nous allons présenter la version de SIMCA-P qui découle tout naturellement de l'algorithme NIPALS.

On cherche à réaliser une régression d'une variable à expliquer y sur des variables explicatives $x_1, \ldots, x_p$, qui peuvent être hautement corrélées entre elles. Il peut même y avoir plus de variables explicatives que d'observations. Par ailleurs les coefficients de régression doivent être interprétables. C'est-à-dire qu'on souhaite prendre en compte le fait que le chercheur mesure la contribution de la variable x_j à la construction de la variable y à l'aide du coefficient de régression. Lorsqu'un coefficient de régression a un signe opposé à celui de la corrélation entre la variable explicative correspondante et la variable y il y a difficulté d'interprétation. L'explication mathématique de la différence entre une corrélation simple et une corrélation partielle peut satisfaire le statisticien, mais a du mal à convaincre le praticien.

On peut atteindre l'objectif d'une régression interprétable de la manière suivante.

On construit tout d'abord une composante

$$t_1 = w_{11}x_1 + \ldots + w_{1p}x_p \tag{40}$$

où

$$w_{1j} = \frac{cov(x_j, y)}{\sqrt{\sum_{j=1}^{p} cov^2(x_j, y)}} \tag{41}$$

Lorsqu'il y a des données manquantes, les formules (40) et (41) sont modifiées. On note x_{ji} la valeur de la variable x_j pour l'observation i. On pose pour chaque observation i :

$$t_{1i} = \frac{\sum_{\{j:\ x_{ji}\ \text{existe}\}} w''_{1j}x_{ji}}{\sum_{\{j:\ x_{ji}\ \text{existe}\}} (w''_{1j})^2} \tag{40'}$$

où le coefficient w''_{1j} est défini à partir de

$$w'_{1j} = \frac{\sum_{\{i:\ x_{ji}\ \text{et}\ y_i\ \text{existent}\}} x_{ji}y_i}{\sum_{\{i:\ x_{ji}\ \text{et}\ y_i\ \text{existent}\}} y_i^2} \tag{41'}$$

par normalisation

$$w''_{1j} = \frac{w'_{1j}}{\sqrt{\sum_{j=1}^{p} (w'_{1j})^2}} \tag{41''}$$

S'il n'y a pas de données manquantes, les formules (40') et (41") correspondent exactement aux formules (40) et (41). Les formules (40') et (41') correspondent à une application des principes de l'algorithme NIPALS et nous pouvons en redonner la signification. Dans la formule (40') t_{1i} représente la pente de la droite des moindres carrés, passant par l'origine, du nuage de points (w_{1j}, x_{ji}). De même dans la formule (41') w'_{1j} représente la pente de la droite des moindres carrés, passant par l'origine, du nuage de points (y_i, x_{ji}). Il est clair que ces pentes peuvent être calculées sans problème lorqu'il y a des données manquantes.

Puis on effectue une régression simple de y sur t_1

$$y = c_1t_1 + y_1 \tag{42}$$

où c_1 est le coefficient de régression et y_1 le vecteur des résidus. D'où une première équation de régression

$$y = c_1w_{11}x_1 + \ldots + c_1w_{1p}x_p + y_1 \tag{43}$$

dont les coefficients sont très faciles à interpréter pour le chercheur.

Si le pouvoir explicatif de cette régression est trop faible, on cherche à construire une deuxième composante t_2, combinaison linéaire des x_j, non corrélée à t_1 et expliquant bien le résidu y_1. Cette composante t_2 est combinaison linéaire des résidus x_{1j} des régressions des variables x_j sur la composante t_1. On obtient t_2 à l'aide de la formule

$$t_2 = w_{21}x_{11} + \ldots + w_{2p}x_{1p} \tag{44}$$

où

$$w_{2j} = \frac{cov(x_{1j}, y_1)}{\sqrt{\sum_{j=1}^{p} cov^2(x_{1j}, y_1)}} \tag{45}$$

Ces formules sont adaptées comme précédemment au cas de données manquantes.

On effectue ensuite une régression de y sur t_1 et t_2 :

$$y = c_1t_1 + c_2t_2 + y_2 \tag{46}$$

En exprimant t_1 et t_2 en fonction des variables x_j, l'équation de régression (46) peut s'écrire en fonction de ces variables. D'où une deuxième équation de régression plus précise que la première.

Cette procédure itérative peut se poursuivre en utilisant de la même manière les résidus $y_2, x_{21}, \ldots, x_{2p}$ des régressions de $y, x_1, \ldots, x_p$ sur t_1, t_2.

Le nombre de composantes $t_1, \ldots, t_H$ à retenir est habituellement déterminé par validation croisée. Pour chaque valeur h on calcule les prédictions $\widehat{y}_{hi}$ et $\widehat{y}_{h(-i)}$ de y_i à l'aide du modèle à h composantes, calculées en utilisant toutes les observations, puis sans utiliser l'observation i. On calcule ensuite les critères RSS_h (Residual Sum of Squares) et $PRESS_h$ (PRediction Error Sum of Squares) définis par :

$$RSS_h = \sum (y_i - \widehat{y}_{hi})^2$$

et

$$PRESS_h = \sum (y_i - \widehat{y}_{h(-i)})^2$$

Dans SIMCA-P la composante t_h est retenue si

$$\sqrt{PRESS_h} \leqslant 0.95\sqrt{RSS_{h-1}}$$

Au lieu d'éliminer les observations une par une, on peut aussi les éliminer bloc par bloc.

7.2 Traitement d'un exemple

On trouve dans Kettaneh-Wold (1992) un exemple tiré de Cornell (1990), également analysé dans Tenenhaus, Gauchi et Ménardo (1995). Voici cet exemple. L'indice d'octane moteur y de douze différents mélanges a été enregistré afin de déterminer l'influence des sept composants suivants :

Distillation directe	$0 \leqslant x_1 \leqslant 0.21$
Réformat	$0 \leqslant x_2 \leqslant 0.62$
Naphta de craquage thermique	$0 \leqslant x_3 \leqslant 0.12$
Naphta de craquage catalytique	$0 \leqslant x_4 \leqslant 0.62$
Polymère	$0 \leqslant x_5 \leqslant 0.12$
Alkylat	$0 \leqslant x_6 \leqslant 0.74$
Essence naturelle	$0 \leqslant x_7 \leqslant 0.08$

Les douze mélanges (tableau 6) ont été choisis selon un plan d'expériences D-optimal, en sélectionnant une partie des sommets. Les données représentant des proportions, les variables x_1 à x_7 somment à 1.

Tableau 6 : Données de Cornell

N°	x_1	x_2	x_3	x_4	x_5	x_6	x_7	y
1	0.00	0.23	0.00	0.00	0.00	0.74	0.03	98.7
2	0.00	0.10	0.00	0.00	0.12	0.74	0.04	97.8
3	0.00	0.00	0.00	0.10	0.12	0.74	0.04	96.6
4	0.00	0.49	0.00	0.00	0.12	0.37	0.02	92.0
5	0.00	0.00	0.00	0.62	0.12	0.18	0.08	86.6
6	0.00	0.62	0.00	0.00	0.00	0.37	0.01	91.2
7	0.17	0.27	0.10	0.38	0.00	0.00	0.08	81.9
8	0.17	0.19	0.10	0.38	0.02	0.06	0.08	83.1
9	0.17	0.21	0.10	0.38	0.00	0.06	0.08	82.4
10	0.17	0.15	0.10	0.38	0.02	0.10	0.08	83.2
11	0.21	0.36	0.12	0.25	0.00	0.00	0.06	81.4
12	0.00	0.00	0.00	0.55	0.00	0.37	0.08	88.1

On calcule la matrice des corrélations :

Tableau 7 : Matrice des corrélations

	x_2	x_3	x_4	x_5	x_6	x_7	y
x_1	0.10	0.999	0.37	-0.55	-0.80	0.60	-0.84
x_2		0.10	-0.54	-0.29	-0.19	-0.59	-0.07
x_3			0.37	-0.55	-0.80	0.61	-0.84
x_4				-0.21	-0.64	0.92	-0.71
x_5					0.46	-0.27	0.49
x_6						-0.66	0.98
x_7							-0.74

On peut remarquer que la variable x_5 est peu corrélée à l'ensemble des autres variables : aucune corrélation significative au risque $\alpha = 0.05$.

7.2.1 La régression aux moindres carrés ordinaires

Les variables $x_1, \ldots, x_7$ centrées-réduites étant liées entre elles, on ne peut les inclure toutes dans la régression. Abandonnons la dernière variable x_7. On obtient les résultats suivants, sur les variables centrées-réduites :

Régression complète

$R = 0.99626$
$F = 132$ $(N.S. = 0.000)$

Tableau des coefficients de régression :

	Coefficient	T	N.S.
x_1	-1.17	-0.52	0.62
x_2	-0.93	-0.42	0.69
x_3	0.20	0.06	0.95
x_4	-1.38	-0.48	0.64
x_5	-0.26	-0.38	0.72
x_6	-0.75	-0.22	0.84

Aucun coefficient n'est significatif, les signes ne sont pas tous en accord avec les corrélations entre les variables x_j correspondantes et y. On peut bien sûr améliorer ces résultats d'un point de vue statistique en effectuant une régression pas à pas descendante. Les variables x_1, x_2, x_4, x_5. sont retenues et on obtient les résultats suivants :

Régression simplifiée

$R = 0.99616$
$F = 258$ $(N.S. = 0.000)$

Tableau des coefficients de régression :

	Coefficient	T	N.S.
x_1	-0.568	-14.3	0.00
x_2	-0.454	-10.6	0.00
x_4	-0.764	-17.4	0.00
x_5	-0.112	-2.8	0.02

Ce modèle ne peut cependant satisfaire le chimiste qui aura du mal à admettre l'abandon de la variable x_6, la plus corrélée à y. De plus ce modèle n'est d'aucune utilité pour aider le chimiste à réaliser effectivement un mélange qui doit intégrer une décision sur les sept composants. D'où l'intérêt de la régression PLS1 qui permet de relier la variable y à *l'ensemble* des variables explicatives $x_1, \ldots, x_7$.

7.2.2 La régression PLS1

Étape 1

À la première étape les covariances sont égales aux corrélations, puisque toutes les données sont centrées-réduites. La première composante t_1 est donc définie par

$$t_1 = [\sum_{j=1}^{7} cor(x_j, y)x_j] / \sqrt{\sum_{j=1}^{7} cor^2(x_j, y)}$$
$$= (-0.8373x_1 - 0.0708x_2 - 0.8380x_3 - 0.7067x_4 + 0.4938x_5 + 0.9851x_6 - 0.7411x_7)/1.916$$
$$= -0.4370x_1 - 0.0370x_2 - 0.4373x_3 - 0.3688x_4 + 0.2577x_5 + 0.5141x_6 - 0.3868x_7$$

La régression de y sur t_1 donne :

$R = 0.96104$
$F = 133$

Équation de régression

$$
\begin{aligned}
\widehat{y} &= c_1 t_1 \\
&= 0.4820 t_1 \\
&= -0.2106x_1 - 0.0178x_2 - 0.2108x_3 - 0.1778x_4 + 0.1242x_5 \\
&\quad + 0.2478x_6 - 0.1864x_7 \qquad (47)
\end{aligned}
$$

Cette régression PLS est presqu'aussi bonne que la régression multiple de y sur toutes les variables x_j, mais elle a l'avantage d'être parfaitement cohérente pour le chercheur.

Étape 2

On peut améliorer légèrement la régression (47) en recherchant la deuxième composante t_2. Pour cela on calcule tout d'abord les résidus $y_1, x_{11}, \ldots, x_{17}$ des régressions de $y, x_1, \ldots, x_7$ sur t_1, puis la composante t_2 s'écrit

$$
\begin{aligned}
t_2 &= [\sum_{j=1}^{7} cov(x_{1j}, y_1) x_{1j}] / \sqrt{\sum_{j=1}^{7} cov^2(x_{1j}, y_1)} \\
&= (0.0317x_{11} - 0.1315x_{12} + 0.0326x_{13} - 0.0245x_{14} - 0.0701x_{15} \\
&\quad + 0.0999x_{16} + 0.0493x_{17})/0.193 \\
&= [0.0317 \times (x_1 - (-0.2367t_1)) - 0.1315 \times (x_2 - 0.0165t_1) \\
&\quad + 0.0326 \times (x_3 - (-0.2371t_1)) - 0.0245 \times (x_4 - (-0.1858t_1)) \\
&\quad - 0.0701 \times (x_5 - 0.1536t_1) + 0.0999 \times (x_6 - 0.2411t_1) \\
&\quad + 0.0493 \times (x_7 - (-0.2153t_1))]/0.193
\end{aligned}
$$

En remplaçant t_1 par son expression en fonction des variables x_j, on obtient

$$
\begin{aligned}
t_2 &= 0.1203x_1 - 0.6847x_2 + 0.1248x_3 - 0.1641x_4 - 0.3370x_5 \\
&\quad + 0.5692x_6 + 0.2164x_7
\end{aligned}
$$

La régression de y sur t_1, t_2 donne :

$R = 0.9881$
$F = 206$

Équation de régression

$$
\begin{aligned}
\widehat{y} &= c_1 t_1 + c_2 t_2 \\
&= 0.4820 t_1 + 0.2730 t_2 \\
&= -0.1778x_1 - 0.2048x_2 - 0.1767x_3 - 0.2225x_4 + 0.0321x_5 \\
&\quad + 0.4031x_6 - 0.1273x_7 \qquad (48)
\end{aligned}
$$

L'équation de régression conserve sa cohérence et la corrélation multiple se rapproche du maximum (0.99626).

Étape 3

La validation croisée de SIMCA-P, que nous présenterons plus loin, montre qu'il faut utiliser trois composantes. Calculons la troisième composante t_3. Pour cela on calcule tout d'abord les résidus $y_2, x_{21}, \ldots, x_{27}$ des régressions de $y, x_1, \ldots, x_7$ sur t_1, t_2, puis la composante t_3 s'écrit

$$\begin{aligned}
t_3 &= [\sum_{j=1}^{7} cov(x_{2j}, y_2)x_{2j}] / \sqrt{\sum_{j=1}^{7} cov^2(x_{2j}, y_2)} \\
&= (0.04x_{21} + 0.062x_{22} + 0.04x_{23} - 0.078x_{24} - 0.061x_{25} + 0.015x_{26} \\
&\quad - 0.0428x_{27})/0.138 \\
&= [.04 \times (x_1 - (-.237t_1 - .22t_2)) + .062 \times (x_2 - (.0165t_1 - 5.195t_2)) \\
&\quad + .04 \times (x_3 - (-.237t_1 - .202t_2)) - .078 \times (x_4 - (-.186t_1 + 1.44t_2)) \\
&\quad - .061 \times (x_5 - (.154t_1 - .236t_2)) + .015 \times (x_6 - (.241t_1 + 2.276t_2)) \\
&\quad - .0428 \times (x_7 - (-.215t_1 + 2.469t_2))]/0.138 \\
&= (.04x_1 + .062x_2 + .04x_3 - .078x_4 - .0613x_5 + .015x_6 - .0428x_7 \\
&\quad + 2.79 \times 10^{-5}t_1 + .50979t_2)/0.138
\end{aligned}$$

En exprimant t_1 et t_2 en fonction des variables x_j on obtient

$$t_3 = 0.3756x_1 - 0.0375x_2 + 0.3802x_3 - 0.6845x_4 - 0.6853x_5 + 0.5153x_6 - 0.1557x_7$$

La régression de y sur t_1, t_2, t_3 donne :

$R = 0.99527$
$F = 279$

Équation de régression

$$\begin{aligned}
\widehat{y} &= c_1t_1 + c_2t_2 + c_3t_3 \\
&= 0.4820t_1 + 0.2730t_2 + 0.1032t_3 \\
&= -.1391x_1 - .2087x_2 - .1375x_3 - .293x_4 - 0.0385x_5 \\
&\quad + .4562x_6 - .1434x_7 \qquad (49)
\end{aligned}$$

À l'exception de la variable x_5 dont le coefficient est négligeable, l'équation de régression conserve sa cohérence et la corrélation multiple est pratiquement égale au maximum (0.99626). Les coefficients de régression mesurent la contribution de chaque variable x_j à la construction de la variable y.

7.2.3 La validation croisée

Décrivons de manière plus complète la procédure de validation croisée utilisée dans SIMCA-P. L'ensemble des données disponibles (ici 12 observations) est divisé en q parties approximativement égales (ici nous avons pris $q = 12$). On sépare ensuite les données en un premier jeu formé de $q-1$ parties sur lesquelles le modèle sera ajusté et un second jeu formé de la partie restante qui servira de jeu-test. Les prévisions de la variable y sont calculées sur le jeu-test et les carrés des erreurs de prévision sommés. Cette procédure est répétée q fois de manière à ce que chacune des q parties serve une fois et une seule de jeu-test. La somme de tous les carrés des erreurs de prévision calculées sur les jeux-tests est appelée le *PRESS* (*PR*ediction *E*rror *S*um of *S*quares) pour y.

Dans SIMCA-P on calcule pour chaque nouvelle composante t_h le critère

$$Q_h^2 = 1 - \frac{PRESS_h}{RSS_{h-1}}$$

où le dénominateur $RSS_{h-1} = \sum_{i=1}^{n}(y_i - \widehat{y}_{(h-1)i})^2$ représente la somme des carrés résiduelle calculée avec le modèle à $h-1$ composantes. Pour $h = 1$, on a $RSS_0 = \sum_{i=1}^{n}(y_i - \overline{y})^2 = n - 1$, puisque la variable y est centrée-réduite en utilisant la division par $n-1$ pour le calcul de la variance.

Lorsque Q_h^2 est supérieur à une certaine limite on considère que la nouvelle composante t_h améliore la prévision de y de manière significative. Et elle est donc conservée dans le modèle. Par défaut la limite est fixée dans SIMCA-P à $(1-0.95^2) = 0.0975$: une nouvelle composante t_h est significative si $Q_h^2 \geqslant 0.0975$ où, de manière équivalente, si $\sqrt{PRESS_h} \leqslant 0.95\sqrt{RSS_{h-1}}$.

Voici les résultats fournis par SIMCA-P pour les quatre premières composantes :

Nombre de composantes	Q_h^2	Limite
1	0.897	0.0975
2	0.202	0.0975
3	0.272	0.0975
4	-0.338	0.0975

Ainsi le $PRESS$ de l'étape 4 est supérieur à la somme des carrés résiduelle de l'étape 3. Nous ne conservons donc que trois composantes t_h.

7.2.4 Les résultats numériques de SIMCA-P

Le logiciel SIMCA-P fournit les composantes PLS et de nombreuses aides à l'interprétation que nous allons décrire.

Les composantes PLS

Nous indiquons dans le tableau ci-dessous les composantes PLS t_h. On y donne également la variable $u_1 = y/c_1$, où c_1 est le coefficient de régression de t_1 dans la régression de y sur t_1. Ici $c_1 = 0.482$. Cette normalisation de y permet d'obtenir la première bissectrice comme droite des moindres carrés de u_1 sur t_1. On définit de même $u_h = y_{h-1}/c_h$, où c_h est le coefficient de régression de t_h dans la régression de y (ou, de manière équivalent, y_{h-1}) sur t_h. Mais ces variables u_h, qui correspondent à des résidus normalisés pour $h > 1$, ne sont pas interprétables. De plus ces variables u_h ne jouent en fait aucun rôle dans l'analyse. Nous ne les avons donc pas indiquées dans le tableau des composantes.

Tableau des composantes PLS classiques
(calculées par SIMCA-P)

	t_1	t_2	t_3	u_1
1	2.0513	0.8218	1.5820	3.2183
2	2.4747	0.6488	0.1094	2.9320
3	2.3311	0.9267	-0.1729	2.5502
4	2.0372	-1.5957	-0.5015	1.0869
5	-0.0681	-0.2178	-2.9559	-0.6309
6	1.6138	-1.4228	0.9711	0.8324
7	-2.2043	-0.1781	0.2375	-2.1261
8	-1.9935	0.1006	0.1184	-1.7443
9	-2.0876	0.1485	0.3546	-1.9670
10	-1.9158	0.3184	0.1964	-1.7125
11	-2.0763	-0.4606	1.0312	-2.2851
12	-0.1624	0.9101	-0.9704	-0.1537
Moyenne	0	0	0	0
Variance	3.98	0.71	1.34	4.30

Dans le tableau suivant on fournit le tableau des y observés, des prévisions $\widehat{y}$ et des résidus, calculés par régression de la variable y d'origine sur les trois composantes t_1, t_2, t_3. On donne aussi les écarts-types des prévisions $\widehat{y}$.

Régression PLS à 3 composantes
Tableau des y observés, des prévisions $\widehat{y}$, des résidus
et de l'écart-type de la prévision (en revenant aux unités d'origine)

N°	y observé	prévision $\widehat{y}$	résidu	écart-type de $\widehat{y}$
1	98.7	97.559	1.141	0.49096
2	97.8	97.592	0.208	0.39205
3	96.6	97.445	-0.845	0.42041
4	92.0	91.808	0.192	0.53727
5	86.6	85.995	0.605	0.61427
6	91.2	91.775	-0.575	0.50795
7	81.9	81.497	0.403	0.33430
8	83.1	82.575	0.525	0.31219
9	82.4	82.524	-0.124	0.32765
10	83.2	83.260	-0.060	0.31785
11	81.4	81.929	-0.529	0.39426
12	88.1	89.041	-0.941	0.37483

Les aides à l'interprétation

Les aides à l'interprétation de SIMCA-P sont nombreuses et peuvent aider le chercheur dans son analyse des données.

Pouvoir explicatif des composantes t_h

Les composantes t_h ont été construites pour simultanément, et aussi bien que possible, décrire les x_j et expliquer la variable y. La priorité porte néanmoins sur l'explication de la variable y puisque le nombre de composantes est fixé en fonction d'une validation croisée sur la capacité du modèle à prédire y. Dans les tableaux suivants sont fournis les R^2 (puis leurs cumuls) entre les variables x_j et y d'une part et les composantes t_h d'autre part.

Tableau des R^2 avec chaque composante t_h

	t_1	t_2	t_3
x_1	0.818	0.001	0.100
x_2	0.004	0.712	0.270
x_3	0.821	0.001	0.098
x_4	0.504	0.055	0.380
x_5	0.344	0.001	0.328
x_6	0.848	0.137	0.015
x_7	0.676	0.161	0.154
Moyenne x_j	0.574	0.153	0.192
y	0.924	0.053	0.014

Tableau des R^2 avec les composantes $t_1, \ldots, t_h$

	t_1	t_2	t_3
x_1	0.818	0.819	0.919
x_2	0.004	0.716	0.986
x_3	0.821	0.822	0.920
x_4	0.504	0.559	0.939
x_5	0.344	0.346	0.673
x_6	0.848	0.985	0.999
x_7	0.676	0.837	0.991
Moyenne x_j	0.574	0.727	0.919
y	0.924	0.977	0.991

Le premier tableau montre que le R^2 ne suffit pas à fixer le nombre de composantes à retenir. La troisième composante a été retenue par la validation croisée, alors qu' elle ne l'aurait pas été après examen du seul R^2 entre la variable y et la composante t_3. Le second tableau montre que les trois composantes t_h expliquent 91,9% des x_j et 99,1% de y. Le côté "indépendant" de la variable x_5 est confirmé : elle est moins reliée aux composantes t_h que les autres variables.

Le T^2 de Hotelling

Le T^2 de Hotelling de l'observation i, calculé en utilisant H composantes, est défini par

$$T_i^2 = \frac{n}{n-1} \sum_{h=1}^{H} \frac{t_{hi}^2}{s_h^2}$$

où s_h^2 est la variance (avec division par $n-1$) de la composante t_h.

Dans SIMCA-P on détecte les points atypiques en utilisant la statistique

$$\frac{n(n-H)}{H(n^2-1)} T_i^2$$

Tracy, Young et Mason (1992) ont montré que cette statistique, calculée pour une nouvelle observation, suit une loi de Fisher-Snedecor à H et $n-H$ degrés de liberté. Une observation i est considérée comme atypique si

$$T_i^2 \geqslant \frac{H(n^2-1)}{n(n-H)} F_{0.95}(H, n-H) \tag{50}$$

Le tableau des T^2 est fourni par SIMCA-P :

Tableau des T^2 de Hotelling

H	1	2	3
Seuil	5.24	9.77	15.33
1	1.1549	2.1967	4.2375
2	1.6807	2.3301	2.3399
3	1.4914	2.8161	2.8405
4	1.1390	5.0670	5.2722
5	0.0013	0.0744	7.1990
6	0.7147	3.8374	4.6064
7	1.3335	1.3824	1.4284
8	1.0907	1.1064	1.1178
9	1.1961	1.2301	1.3327
10	1.0073	1.1637	1.1952
11	1.1832	1.5105	2.3775
12	0.0072	1.2851	2.0530

Ainsi l'échantillon étudié peut être considéré comme homogène.
Pour $H = 2$ la condition (50) s'écrit

$$\frac{12}{11} \times \left(\frac{t_{1i}^2}{3.98} + \frac{t_{2i}^2}{0.71}\right) \geqslant 9.77$$

puisque $s_1^2 = 3.98$ et $s_2^2 = 0.71$.

On peut construire dans le plan (t_1, t_2) l'ellipse de Hotelling à 95% d'équation

$$\frac{t_{1i}^2}{3.98} + \frac{t_{2i}^2}{0.71} = 8.96$$

Elle passe par les points $(\pm 5.97, 0)$ et $(0, \pm 2.52)$ du plan (t_1, t_2). Elle est dessinée dans la figure 15.

Interprétation des composantes t_h

En régression PLS classique on utilise les notations suivantes :

$$\begin{aligned} t_h &= \sum_{j=1}^{p} w_{hj} x_{hj} \\ &= \sum_{j=1}^{p} w_{hj}^* x_j \end{aligned}$$

Les composantes t_h sont *calculées* à l'aide des variables résiduelles x_{hj}, mais vont être *interprétées* en utilisant leur expression à l'aide des variables x_j, en utilisant les coefficients w_{hj}^*.

En analyse en composantes principales, l'interprétation des composantes principales est simplifiée par le fait que les corrélations entre les variables et les composantes principales sont proportionnelles aux coefficients des variables dans la construction des composantes principales. Ce n'est plus le cas en régression PLS.

L'interprétation "univariée" conduit à calculer les corrélations entre les variables x_j, y et les composantes t_h.

L'interprétation multivariée privilègie les coefficients w^*_{hj} permettant de construire les composantes t_h à partir des variables x_j et les coefficients de régression c_h de t_h dans la régression de y sur les composantes t_h. Les poids w^*_{hj} traduisent l'importance de chaque variable x_j dans la construction de t_h. Les c_h mesurent le lien entre la variable y et les composantes t_h. Autrement dit la relation entre la variable y et les variables x_j est résumée à travers les variables "tampons" t_h. Les coefficients w^*_{hj}, c_h traduisent la relation "physique" entre y et les x_j puisque la donnée de ces poids permet de construire les t_h en fonction des x_j, puis de prédire y en fonction des t_h. Les équations suivantes résument cette construction :

$$T = XW^*$$

$$y \approx Tc$$

où les matrices X, W^*, T sont formées des colonnes $x_j, w^*_h = (w^*_{h1}, \ldots, w^*_{hp})', t_h$ et le vecteur c des coefficients c_h.

Tableau des corrélations cor_h des variables avec t_h et des poids w^*_h, c_h

	cor_1	cor_2	cor_3	w^*_1, c_1	w^*_2, c_2	w^*_3, c_3
x_1	-0.906	-0.035	0.317	-0.4370	0.1203	0.3756
x_2	0.063	-0.845	0.520	-0.0370	-0.6847	-0.0375
x_3	-0.906	-0.033	0.314	-0.4373	0.1248	0.3802
x_4	-0.704	0.234	-0.616	-0.3688	-0.1641	-0.6845
x_5	0.587	-0.038	-0.573	0.2577	-0.3370	-0.6853
x_6	0.920	0.371	0.121	0.5141	0.5692	0.5153
x_7	-0.824	0.402	-0.391	-0.3868	0.2164	-0.1557
y	0.962	0.230	0.118	0.4820	0.2731	0.1031

Qualité de reconstitution des données "actives" par le modèle

On souhaite identifier les observations "actives" (c'est-à-dire utilisées pour la construction du modèle) mal reconstituées par le modèle au niveau des x_j et au niveau de y. On peut construire les régressions des variables x_j sur les H composantes PLS t_h retenues. On note e_{ji} le résidu calculé pour la variable x_j et l'observation i. La distance au modèle de l'observation i dans l'espace des x_j

(notée *DModX* dans SIMCA-P) est évaluée à l'aide de la quantité :

$$s_i = \sqrt{\frac{\sum_{j=1}^{p} e_{ji}^2}{p - H}} * v$$

où

$$v = \sqrt{\frac{n}{n - H - 1}}$$

est un facteur de correction, légèrement supérieur à 1 et prenant en compte le nombre d'observations et de composantes. Ce facteur de correction vaut 1 lorsque s_i est calculé sur un jeu-test ou des données de prévision de y à partir des x_j. Le facteur de correction prend en compte le fait que les données utilisées pour la construction du modèle sont en général mieux reconstituées que celles utilisées pour valider le modèle.

On calcule ensuite l'écart-type résiduel

$$s_0 = \sqrt{\frac{\sum_{i=1}^{n} \sum_{j=1}^{p} e_{ji}^2}{(n - H - 1) \times (p - H)}}$$

La variance résiduelle s_0^2 est la moyenne des variances résiduelles s_i^2 de chaque observation. Ici

$$s_0 = \sqrt{\frac{6.2942}{(12 - 3 - 1) \times (7 - 3)}} = 0.4435$$

Une distance normalisée (*DModX*,N dans SIMCA-P) est obtenue en divisant s_i par l'écart-type résiduel s_0 :

$$(DModX, N)_i = \frac{s_i}{s_0}$$

Dans SIMCA-P on admet que $s_i^2/{s_0}^2$ suit approximativement une loi de Fisher-Snedecor à (k_1, k_2) degrés de liberté. Les formules de calcul de k_1 et k_2 sont tout à fait pragmatiques. Elles sont issues de plusieurs essais au cours de versions successives de SIMCA-P pour obtenir des formules qui fonctionnent correctement dans la pratique.

On peut considérer qu'une observation est mal reconstituée par le modèle si

$$\frac{s_i}{s_0} \geqslant \sqrt{F_{0.95}(k_1, k_2)}$$

Le calcul précis des degrés de liberté k_1 et k_2 ne nous est pas connu, mais le seuil $\sqrt{F_{0.95}(k_1, k_2)}$ est directement fourni dans SIMCA-P sous le nom de $Dcrit[H]$. Sur l'exemple, pour $H = 3$ composantes, SIMCA-P a calculé $Dcrit[3] = 2.256$.

On définit de même les résidus f_i de la régression de y sur les H composantes t_h retenues. On note ensuite :

$$(DModY)_i = |f_i|$$

et

$$(DModY,N)_i = \frac{|f_i|}{\sqrt{\frac{1}{n-H-1}\sum f_i^2}}$$

le résidu en valeur absolue, puis réduit. Sur l'exemple

$$\sqrt{\frac{1}{n-H-1}\sum f_i^2} = 0.1395$$

Voici le tableau des $DModX$, $DModX, N$, $DModY$ et $DModY, N$:

Tableau des $DModX, DModX, N, DModY$ et $DModY, N$
($H = 3$ composantes)

	DModX	*DModX,N*	*DModY*	*DModY,N*
1	0.4344	0.9797	0.2143	1.5360
2	0.5609	1.2648	0.0391	0.2804
3	0.5125	1.1558	0.1587	1.1375
4	0.3390	0.7644	0.0360	0.2583
5	0.0980	0.2211	0.1137	0.8149
6	0.6535	1.4737	0.1080	0.7736
7	0.0875	0.1974	0.0757	0.5428
8	0.1931	0.4354	0.0985	0.7057
9	0.0463	0.1045	0.0232	0.1669
10	0.2149	0.4847	0.0113	0.0811
11	0.3088	0.6964	0.0993	0.7122
12	0.9239	2.0834	0.1768	1.2667

Toutes les observations sont bien reconstituées par les composantes t_h tant au niveau des x_j (tous les $DModX, N$ sont inférieurs à 2.256) que de la variable y (tous les $DModY, N$ sont inférieurs à 2).

La prévision

Supposons qu'on cherche à fabriquer un mélange conduisant à un indice d'octane maximum. Le modèle retenu (équation de régression (49)) peut s'écrire sur les données d'origine. Il vient

$$\begin{aligned}\widehat{y} = 92.676 - 9.828x_1 - 6.96x_2 - 16.67x_3 - 8.422x_4 - 4.389x_5 \\ + 10.16x_6 - 33.53x_7 \end{aligned} \tag{51}$$

Pour maximiser l'indice d'octane moteur y on peut construire un mélange en prenant les valeurs les plus fortes pour les composants ayant les coefficients les plus élevés, en tenant compte des contraintes.

D'où le mélange n°13 :

$$x_1 = 0,\ x_2 = 0.14,\ x_3 = 0,\ x_4 = 0,\ x_5 = 0.12,\ x_6 = 0.74,\ x_7 = 0$$

Son indice d'octane moyen μ_{13} est estimé par

$$\widehat{y}_{13} = 92.676 - 6.96 \times 0.14 - 4.389 \times 0.12 + 10.16 \times 0.74 = 98.693$$

L'intervalle de confiance de μ_{13} est calculé en utilisant la régression de la variable d'origine y sur les trois composantes PLS :

$$y = \beta_0 + \beta_1 t_1 + \beta_2 t_2 + \beta_3 t_3 + \varepsilon \tag{52}$$

avec ε suivant une loi normale $\mathcal{N}(0, \sigma)$. Les composantes PLS t_h étant centrées et orthogonales, on déduit des formules habituelles de la régression multiple que l'intervalle de confiance de μ_{13} est

$$\widehat{y}_{13} \pm t_{0.975}(n-3-1) \times \widehat{\sigma} \times \sqrt{\frac{1}{n} + \frac{t_1^2}{t_1' t_1} + \frac{t_2^2}{t_2' t_2} + \frac{t_3^2}{t_3' t_3}} \tag{53}$$

et que l'intervalle de prévision de y_{13} est donné par la formule

$$\widehat{y}_{13} \pm t_{0.975}(n-3-1) \times \widehat{\sigma} \times \sqrt{1 + \frac{1}{n} + \frac{t_1^2}{t_1' t_1} + \frac{t_2^2}{t_2' t_2} + \frac{t_3^2}{t_3' t_3}} \tag{54}$$

Pour l'observation n°13 ces trois composantes t_h valent

$$\begin{aligned} t_{1.13} = {} & -.437 \times \frac{0 - .0742}{.0923} - .037 \times \frac{.14 - .2183}{.1955} - .437 \times \frac{0 - .0433}{.0538} \\ & - .369 \times \frac{0 - .2533}{.2270} + .258 \times \frac{.12 - .0433}{.0571} \\ & + .514 \times \frac{.74 - .3108}{.2929} - .387 \times \frac{0 - .0567}{.0271} \\ = {} & 3.039 \end{aligned}$$

et de même

$$t_{2.13} = 0.189,\ t_{3.13} = 0.332$$

La régression multiple de la variable y d'origine sur t_1, t_2, t_3 conduit à

$$\widehat{\sigma} = 0.74313$$

On calcule ensuite

$$t_1't_1 = 43.72,\ t_2't_2 = 7.78,\ t_3't_3 = 14.72$$

On peut maintenant calculer l'intervalle de confiance à 95% de μ_{13}

$$98.693 \pm 2.306 \times 0.74313 \times \sqrt{\frac{1}{12} + \frac{3.039^2}{43.72} + \frac{0.189^2}{7.78} + \frac{0.332^2}{14.72}} = [97.744; 99.693]$$

puis l'intervalle de prévision à 95% de y_{13}

$$98.693 \pm 2.306 \times 0.74313 \times \sqrt{1 + \frac{1}{12} + \frac{3.039^2}{43.72} + \frac{0.189^2}{7.78} + \frac{0.332^2}{14.72}} = [96.734; 100.65]$$

Ces formules ne sont cependant valables que si l'observation n°13 est bien représentée par les valeurs t_{h13}. En utilisant les régressions des x_j sur les composantes t_h calculées sur les données actives, on peut obtenir les prévisions $\widehat{x}_{j13}$ des x_{j13} et les erreurs $e_{j13} = x_{j13} - \widehat{x}_{j13}$. On calcule ensuite

$$s_{13} = \sqrt{\frac{\sum_{j=1}^{p} e_{j13}^2}{p - H}}$$

et

$$(DModXPS, N)_{13} = \frac{s_{13}}{s_0}$$

Le critère $(DModXPS, N)_{13}$ permet de décider si les composantes t_{h13} décrivent suffisamment bien cette observation au niveau des variables x_j (les lettres PS correspondent à *Predicted Set*). La description est considérée comme satisfaisante tant que

$$(DModXPS, N)_{13} \leqslant \sqrt{F_{0.95}(k_1, k_2)}$$

Ici

$$s_{13} = \sqrt{\frac{1.7577}{7-3}} = 0.6629$$

et

$$\begin{aligned}(DModXPS, N)_{13} &= 0.6629/0.4435 \\ &= 1.4947\end{aligned}$$

est à comparer à $\sqrt{F_{0.95}(k_1, k_2)} = 2.256$. L'observation n°13 est donc décrite de manière satisfaisante par les valeurs t_{h13}.

7.2.5 Les graphiques de SIMCA-P

Les quatre premiers graphiques (figures 15 à 18) permettent de visualiser les douze mélanges dans l'espace des x_j (carte (t_1, t_2)), et la liaison entre y et les x_j. Le cinquième graphique (figure 19) montre la qualité de la prévision sur les données actives. Le graphique suivant (figure 20) est construit en superposant les graphiques (w_1^*, w_2^*) et (c_1, c_2). Il permet de décrire la relation globale entre la variable à expliquer y et les variables explicatives $x_1, \ldots, x_7$ et d'interpréter les composantes PLS t_1 et t_2. On peut aussi construire (figure 21) le cercle des corrélations des variables x_j et y avec les composantes t_1, t_2. Il traduit les corrélations des variables x_j entre elles et avec y. Enfin les graphiques des distances normalisées *DModX, N* et et des distances *DModY* des observations au modèle sont fournies dans les figures 22 et 23.

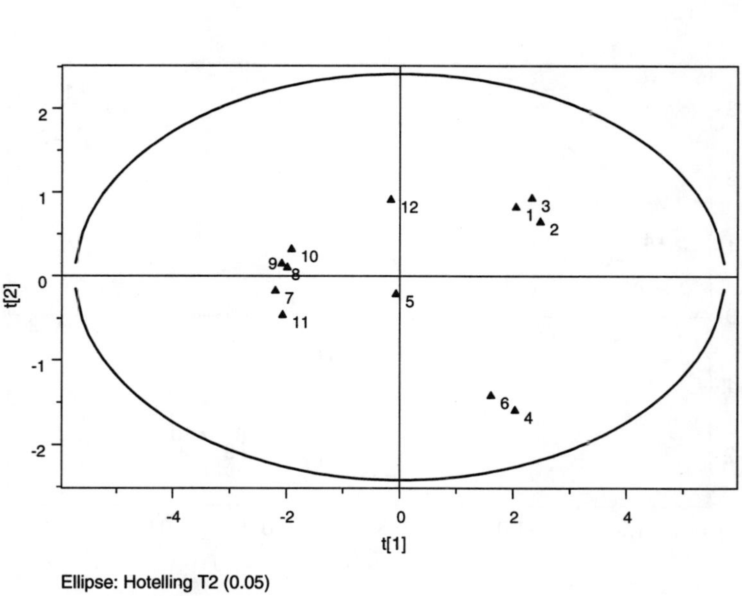

Figure 15 : Carte des deux premières composantes PLS.

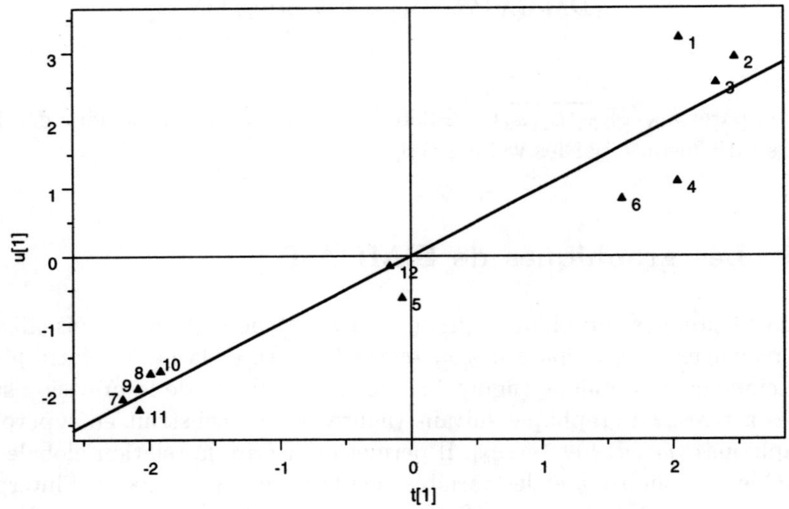

Figure 16 : Liaison entre u_1 et t_1.

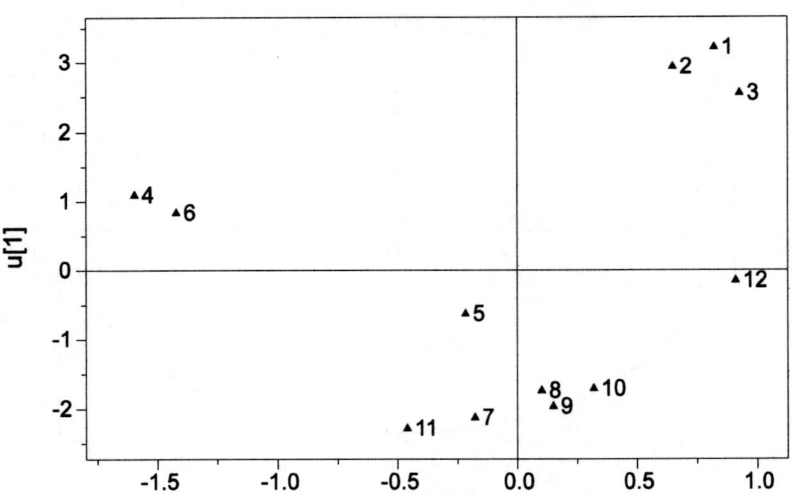

Figure 17 : Liaison entre u_1 et t_2.

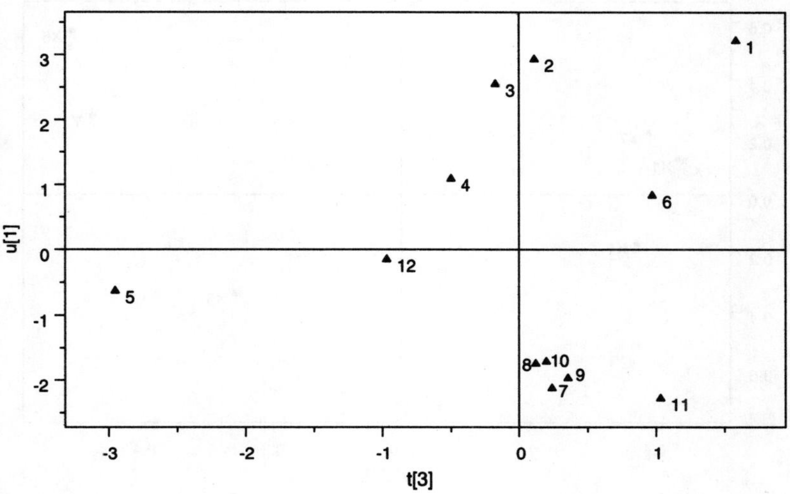

Figure 18 : Liaison entre u_1 et t_3.

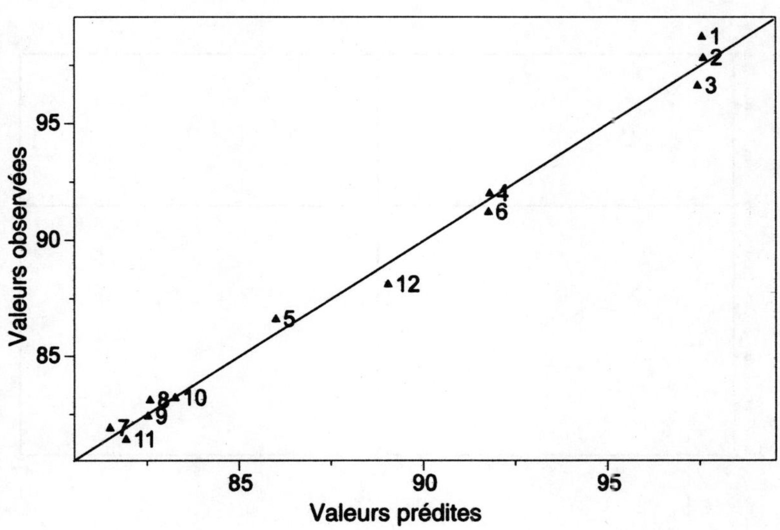

Figure 19 : Valeurs observées y et prédites $\widehat{y}$ (unités d'origine).

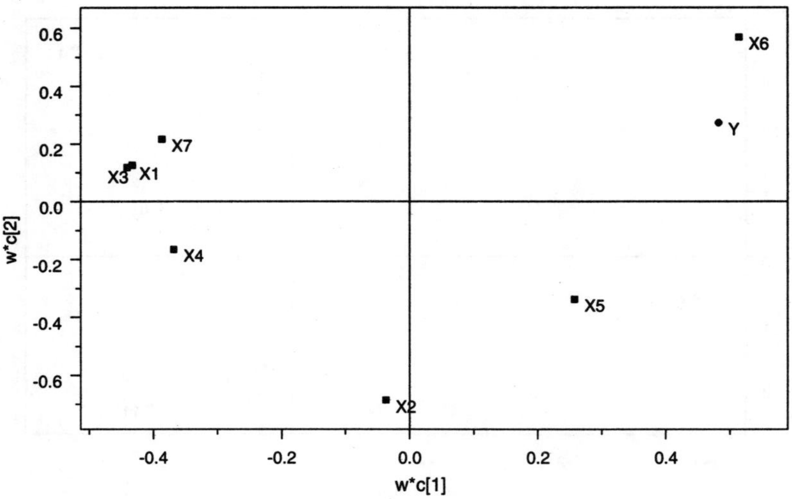

Figure 20 : Carte des poids w_h^* et c_h.

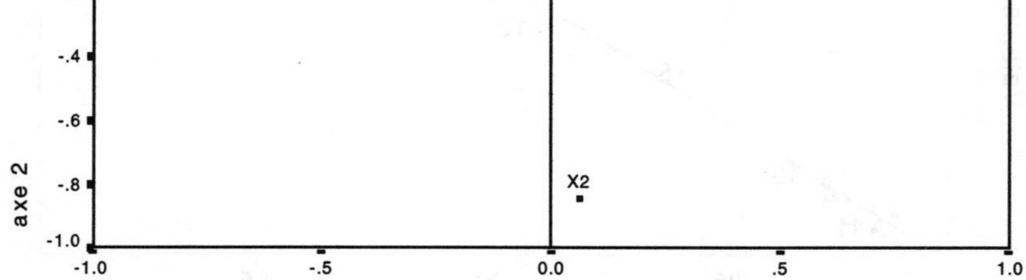

Figure 21 : Corrélations des variables x_j, y avec t_1, t_2.

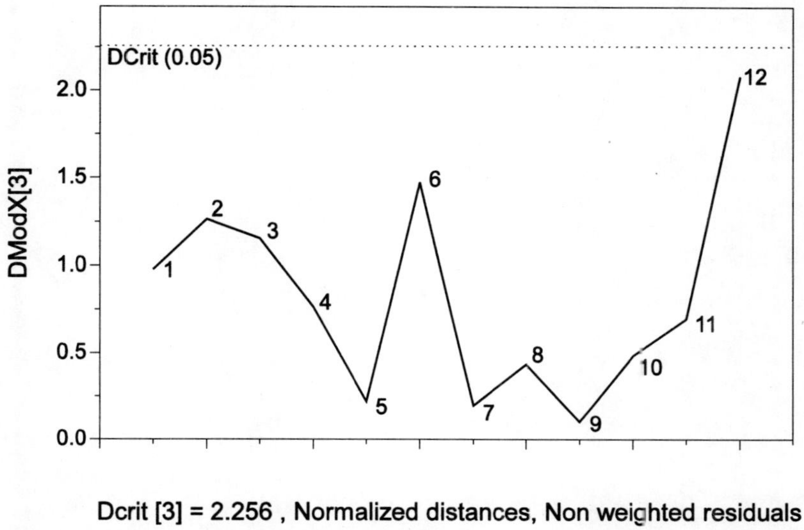

Figure 22 : Distances normalisées des observations au modèle.

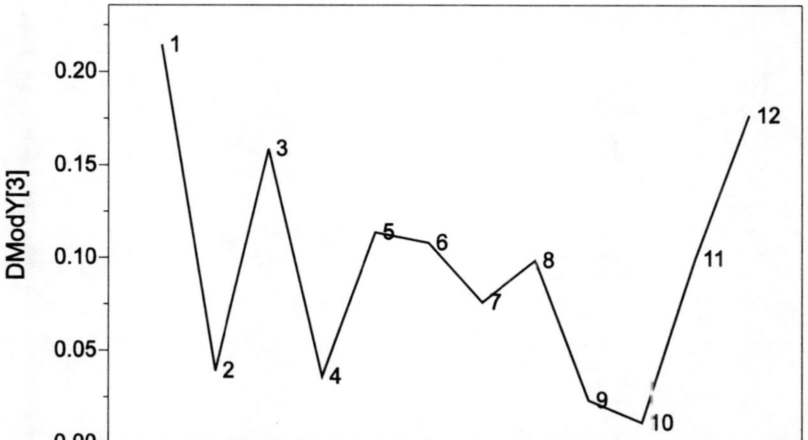

Figure 23 : Distances *DModY* des observations au modèle.

Chapitre 8

Propriétés mathématiques de la régression PLS1

L'algorithme de régression PLS1 possède de nombreuses propriétés mathématiques identifiées principalement par Wold (1984), Manne (1987), Helland (1988), Höskuldsson (1988) et de Jong (1993a,b et 1995). Ces propriétés justifient l'algorithme, permettent de le généraliser au cas de plusieurs Y (régression PLS2), et enfin de le situer parmi les autres méthodes présentées dans ce livre. Tout d'abord il faut écrire de manière un peu plus formelle l'algorithme de régression PLS1.

8.1 L'algorithme de régression PLS1

Nous notons y le vecteur des valeurs de la variable dépendante centrée-réduite et X la matrice des valeurs des variables explicatives $x_1, \ldots, x_p$ centrées-réduites. La matrice X est de rang a. Nous avons choisi une présentation de l'algorithme de régression PLS1 qui permet la prise en compte des données manquantes selon les principes de NIPALS.

L'algorithme de régression PLS1 décrit dans le chapitre 7 peut aussi s'écrire comme suit :

Étape 1 : $X_0 = X$; $y_0 = y$
Étape 2 : Pour $h = 1, 2, \ldots, a$:
Étape 2.1 : $w_h = X'_{h-1}y_{h-1}/y'_{h-1}y_{h-1}$
Étape 2.2 : Normer w_h à 1
Étape 2.3 : $t_h = X_{h-1}w_h/w'_hw_h$
Étape 2.4 : $p_h = X'_{h-1}t_h/t'_ht_h$
Étape 2.5 : $X_h = X_{h-1} - t_hp'_h$
Étape 2.6 : $c_h = y'_{h-1}t_h/t'_ht_h$
Étape 2.7 : $u_h = y_{h-1}/c_h$
Étape 2.8 : $y_h = y_{h-1} - c_ht_h$

Commentons cet algorithme.

Les coordonnées des vecteurs w_h, t_h, p_h et c_h représentent toutes des pentes de droites des moindres carrés passant par l'origine et peuvent donc être calculées avec données manquantes :

– la coordonnée w_{hj} du vecteur w_h représente le coefficient de régression de y_{h-1} dans la régression de la j-ième colonne de la matrice X_{h-1} sur la variable y_{h-1};

– la coordonnée t_{hi} du vecteur t_h représente le coefficient de régression de w_h dans la régression sans constante de la variable définie par la i-ième ligne de la matrice X_{h-1} sur la variable définie par le vecteur w_h;

– la coordonnée p_{hj} du vecteur p_h représente le coefficient de régression de t_h dans la régression de la j-ième colonne de la matrice X_{h-1} sur la composante t_h,

– la valeur c_h représente le coefficient de régression de t_h dans la régression de la variable y_{h-1} sur la variable t_h.

L'étape 2.7 parait artificielle. On peut la justifier. D'une part on vérifie facilement que la pente de la droite des moindres carrés du couple (t_h, u_h) est égale à 1. D'autre part comme c_h est un scalaire, on peut aussi écrire $u_h = y_{h-1}c_h/c'_h c_h$. L'étape 2.7 a apparemment été construite par souci d'homogénéité avec les autres étapes, mais en réalité parce que la régression PLS1 est un cas particulier de la régression PLS2 où cette étape est plus naturelle.

La matrice X_h est le résidu de la régression de X_{h-1} sur t_h. La variable y_h est le vecteur des résidus dans la régression de y_{h-1} sur t_h. On peut déduire de ces régressions les propriétés d'orthogonalité:

$$t'_h X_h = 0 \quad \text{et} \quad t'_h y_h = 0$$

Lorsqu'il n'y a pas de donnée manquante, on peut remplacer les étapes 2.1 et 2.2 par

$$w_h = X'_{h-1}y_{h-1}/\left\|X'_{h-1}y_{h-1}\right\|$$

et l'étape 2.3 par

$$t_h = X_{h-1}w_h$$

Nous allons maintenant décrire un premier ensemble de propriétés de l'algorithme de régression PLS1 valables lorsqu'il n'y a pas de données manquantes. Ces propriétés permettent alors de le simplifier. Elles sont également vraies pour la régression PLS2.

Proposition 1 *Les vecteurs et matrices issus de la régression PLS vérifient les propriétés suivantes :*

$$
\begin{array}{lll}
a) & t'_h t_l & = 0,\ l > h \\
b) & w'_h p_h & = 1 \\
c) & w'_h X'_l & = 0,\ l \geqslant h \\
d) & w'_h p_l & = 0,\ l > h \\
e) & w'_h w_l & = 0,\ l > h \\
f) & t'_h X_l & = 0,\ l \geqslant h \\
g) & X_h & = X \prod_{j=1}^{h} (I - w_j p'_j),\ pour\ h \geqslant 1
\end{array}
$$

Preuve

Démonstration de (a)

La preuve se fait par récurrence.

On a $t'_1 t_2 = t'_1 X_1 w_2 = 0$, puisque $t'_1 X_1 = 0$.

Supposons $t_1, \ldots, t_h$ orthogonaux, alors les vecteurs $t_1, \ldots, t_{h+1}$ sont orthogonaux.

Montrons que t_{h+1} est orthogonal aux vecteurs $t_1, \ldots, t_h$:

$$t'_h t_{h+1} = t'_h X_h w_{h+1} = 0, \text{ puisque } t'_h X_h = 0.$$

$$
\begin{aligned}
t'_{h-1} t_{h+1} &= t'_{h-1} X_h w_{h+1} \\
&= t'_{h-1} [X_{h-1} - t_h p'_h] w_{h+1} \\
&= [t'_{h-1} X_{h-1} - t'_{h-1} t_h p'_h] w_{h+1} \\
&= 0
\end{aligned}
$$

puisque $t'_{h-1} X_{h-1} = 0$ et $t'_{h-1} t_h = 0$ par l'hypothèse de récurrence.

$$
\begin{aligned}
t'_{h-2} t_{h+1} &= t'_{h-2} X_h w_{h+1} \\
&= t'_{h-2} [X_{h-2} - t_{h-1} p'_{h-1} - t_h p'_h] w_{h+1} \\
&= 0
\end{aligned}
$$

puisque $t'_{h-2} X_{h-2} = 0$, $t'_{h-2} t_{h-1} = t'_{h-2} t_h = 0$, et ainsi de suite, d'où le résultat.

Démonstration de (b)

Le point (*b*) est immédiat :

$$w'_h p_h = w'_h X'_{h-1} t_h / t'_h t_h = 1$$

***Démonstration de* (c)**

On a

$$\begin{aligned} w'_h X'_h &= w'_h [X_{h-1} - t_h p'_h]' \\ &= t'_h - w'_h p_h t'_h \\ &= 0 \end{aligned}$$

puisque $w'_h p_h = 1$.

Montrons maintenant que l'égalité $w'_h X'_l = 0$, pour un indice $l \geqslant h$, implique $w'_h X'_{l+1} = 0$. On a

$$\begin{aligned} w'_h X'_{l+1} &= w'_h [X_l - t_{l+1} p'_{l+1}]' \\ &= w'_h X'_l - (t'_{l+1} t_{l+1})^{-1} w'_h X'_l t_{l+1} t'_{l+1} \\ &= 0 \end{aligned}$$

d'où le résultat.

***Démonstration de* (d)**

En utilisant (c) on a

$$\begin{aligned} w'_h p_l &= w'_h X'_{l-1} t_l / t'_l t_l \\ &= 0 \end{aligned}$$

pour $l - 1 \geqslant h$, soit $l > h$.

***Démonstration de* (e)**

Montrons l'orthogonalité des w_h :

On a, en utilisant (c),

$$\begin{aligned} w'_h w_l &= w'_h X'_{l-1} y_{l-1} / \left\| X'_{l-1} y_{l-1} \right\| \\ &= 0 \end{aligned}$$

pour $l > h$.

***Démonstration de* (f)**

L'égalité est vraie pour $l = h$.

En utilisant l'orthogonalité des t_h, on a pour $l > h$:

$$\begin{aligned} t'_h X_l &= t'_h (X_{l-1} - t_l p'_l) \\ &= t'_h X_{l-1} \\ &= t'_h (X_{l-2} - t_{l-1} p'_{l-1}) \\ &= t'_h X_{l-2} = \ldots = t'_h X_h = 0 \end{aligned}$$

Démonstration de (g)

Le résultat est vrai pour $h = 1$:

$$\begin{aligned} X_1 &= X - t_1 p_1' \\ &= X - X w_1 p_1' \\ &= X(I - w_1 p_1') \end{aligned}$$

Supposons ce résultat vrai pour $h = j$. Montrons qu'il est vrai pour $h = j + 1$:

$$\begin{aligned} X_{j+1} &= X_j - t_{j+1} p_{j+1}' \\ &= X_j - X_j w_{j+1} p_{j+1}' \\ &= X_j (I - w_{j+1} p_{j+1}') \\ &= X \prod_{h=1}^{j} (I - w_h p_h')(I - w_{j+1} p_{j+1}') \end{aligned}$$

d'où le résultat.

Simplification de l'algorithme de régression PLS1 lorsqu'il n'y a pas de données manquantes

L'orthogonalité des composantes t_h permet de simplifier l'algorithme de régression PLS1. Elle rend inutile le calcul des résidus y_h. Cette orthogonalité entraine en effet les résultats suivants :

– la matrice X_h des résidus de la régression de X_{h-1} sur t_h est aussi la matrice des résidus de la régression de X sur $t_1, \ldots, t_h$:

$$\begin{aligned} X_h &= X - t_1 p_1' - \ldots - t_h p_h' \\ &= X_{h-1} - t_h p_h' \end{aligned}$$

– le vecteur y_h des résidus de la régression de y_{h-1} sur t_h est aussi le vecteur des résidus de la régression de y sur $t_1, \ldots, t_h$:

$$\begin{aligned} y_h &= y - c_1 t_1 - \ldots - c_h t_h \\ &= y_{h-1} - c_h t_h \end{aligned}$$

Montrons que le calcul à chaque étape de y_h n'est pas nécessaire. On a tout d'abord

$$\begin{aligned} X_{h-1}' y_{h-1} &= X_{h-1}'(y - c_1 t_1 - \ldots - c_{h-1} t_{h-1}) \\ &= X_{h-1}' y \end{aligned}$$

puisque le résidu X_{h-1} de la régression de X sur $t_1, \ldots, t_{h-1}$ est orthogonal aux composantes $t_1, \ldots, t_{h-1}$. On a donc :

$$\begin{aligned} w_h &= X_{h-1}' y_{h-1} / \left\| X_{h-1}' y_{h-1} \right\| \\ &= X_{h-1}' y / \left\| X_{h-1}' y \right\| \end{aligned}$$

Et de même

$$\begin{aligned} c_h &= y'_{h-1}t_h/t'_h t_h \\ &= (y - c_1t_1 - \ldots - c_{h-1}t_{h-1})'t_h/t'_h t_h \\ &= y't_h/t'_h t_h \end{aligned}$$

On peut aussi simplifier le calcul du vecteur p_h. L'orthogonalité des t_h conduit à :

$$p_h = X't_h/t'_h t_h$$

On peut donc remplacer les étapes 2.1, 2.4 et 2.6 de l'algorithme de régression PLS1 par les étapes suivantes :

Étape 2.1b : $w_h = X'_{h-1}y/y'y$
Étape 2.4b : $p_h = X't_h/t'_h t_h$
Étape 2.6b : $c_h = y't_h/t'_h t_h$

Pour aller plus loin dans les propriétés de la régression PLS1, Helland (1988) utilise l'équivalence entre la régression PLS1 et la régression PLS non orthogonale proposée par Martens (1985). Nous allons donc maintenant décrire cette méthode.

8.2 La régression PLS non orthogonale de Martens

L'algorithme

On pose tout d'abord $\widetilde{X}_0 = X$ et $\widetilde{y}_0 = y$, puis on détermine de manière itérative les quantités suivantes :

$$\widetilde{w}_h = \widetilde{X}'_{h-1}\widetilde{y}_{h-1} \tag{55}$$

$$\widetilde{t}_h = \widetilde{X}_{h-1}\widetilde{w}_h/\widetilde{w}'_h\widetilde{w}_h \tag{56}$$

$$\widetilde{T}_h = (\widetilde{t}_1, \ldots, \widetilde{t}_h) \tag{57}$$

$$\widetilde{c}_h = (\widetilde{T}'_h\widetilde{T}_h)^{-1}\widetilde{T}'_h y \tag{58}$$

$$\widetilde{X}_h = \widetilde{X}_{h-1} - \widetilde{t}_h\widetilde{w}'_h \tag{59}$$

$$\widetilde{y}_h = y - \sum_{j=1}^{h} \widetilde{c}_{hj}\widetilde{t}_h \tag{60}$$

Le vecteur $\widetilde{w}_h$ est défini d'une manière analogue à w_h, à la normalisation près. Chaque coordonnée $\widetilde{t}_{hi}$ du vecteur $\widetilde{t}_h$ représente le coefficient de régression de $\widetilde{w}_h$ dans la régression de la i-ième colonne de la matrice transposée $\widetilde{X}'_{h-1}$ sur le vecteur $\widetilde{w}_h$. Le vecteur $\widetilde{c}_h$ représente le vecteur des coefficients de régression $\widetilde{c}_{hj}$ dans la régression de y sur les composantes $\widetilde{t}_1, \ldots, \widetilde{t}_h$. La matrice transposée $\widetilde{X}'_h$ représente le résidu de la régression des colonnes de $\widetilde{X}'_{h-1}$ sur le vecteur $\widetilde{w}_h$. Enfin le vecteur $\widetilde{y}_h$ représente le vecteur des résidus de la régression de y sur les composantes $\widetilde{t}_1, \ldots, \widetilde{t}_h$.

Les vecteurs $\widetilde{w}_h$ sont orthogonaux car construits sur des résidus successifs (cf. la Proposition 6 du chapitre 9). Par conséquent on obtient

$$\begin{aligned} \widetilde{X}'_h &= X' - \widetilde{w}_1\widetilde{t}'_1 - \ldots - \widetilde{w}_h\widetilde{t}'_h \\ &= \widetilde{X}'_{h-1} - \widetilde{w}_h\widetilde{t}'_h \end{aligned} \tag{61}$$

De

$$\widetilde{w}'_h\widetilde{X}'_h = 0$$

on déduit aussi

$$\widetilde{t}_h = X\widetilde{w}_h / \widetilde{w}'_h\widetilde{w}_h \tag{62}$$

Mais les vecteurs $\widetilde{t}_h$ ne sont pas orthogonaux, d'où le nom de l'algorithme proposé par Martens.

8.3 Équivalence entre la régression PLS1 et l'algorithme de Martens

Helland (1988) a montré l'équivalence entre l'algorithme de régression PLS1 et l'algorithme de Martens. Nous reprenons ici sa proposition et sa démonstration.

Proposition 2 *L'algorithme de régression PLS1 et l'algorithme de Martens sont équivalents dans le sens suivant :*

(*a*) $\widetilde{w}_h = X'_{h-1}y$ *et* $w_h = \widetilde{w}_h / \|\widetilde{w}_h\|$.

(*b*) *les vecteurs* $\{t_1, \ldots, t_h\}$ *et* $\{\widetilde{t}_1, \ldots, \widetilde{t}_h\}$ *engendrent le même espace.*

(*c*) $y_h = \widetilde{y}_h$.

(*d*) *les régressions de* y *sur* $t_1, \ldots, t_h$ *et sur* $\widetilde{t}_1, \ldots, \widetilde{t}_h$ *conduisent aux mêmes prévisions.*

Preuve

Notons $\mathcal{P}_h$ et $\widetilde{\mathcal{P}}_h$ les opérateurs de projection sur les espaces engendrés par $\{t_1, \ldots, t_h\}$ et $\{\widetilde{t}_1, \ldots, \widetilde{t}_h\}$ respectivement. Les résidus X_h et y_h peuvent s'écrire :

$$X_h = (I - \mathcal{P}_h)X$$
$$y_h = (I - \mathcal{P}_h)y$$

De même les résidus $\widetilde{X}_h$ et $\widetilde{y}_h$ s'écrivent

$$\widetilde{X}_h = X - \sum_{j=1}^{h} \widetilde{t}_j \widetilde{w}'_j$$
$$\widetilde{y}_h = (I - \widetilde{\mathcal{P}}_h)y$$

Montrons (a) et (b) simultanément par récurrence sur l'indice h.

Pour $h = 1$ le résultat est évident puisque, d'une part,

$$w_1 = X'y / \|X'y\| \text{ et } \widetilde{w}_1 = X'y$$

et, d'autre part,

$$\begin{aligned} t_1 &= Xw_1 \\ &= \|\widetilde{w}_1\| \times \widetilde{t}_1 \end{aligned}$$

Supposons le résultat vrai jusqu'à l'indice $h - 1$.

On a :

$$\begin{aligned} \widetilde{w}_h &= \widetilde{X}'_{h-1}\widetilde{y}_{h-1} \\ &= (X' - \sum_{j=1}^{h-1} \widetilde{w}_j \widetilde{t}'_j)\widetilde{y}_{h-1} \\ &= X'\widetilde{y}_{h-1} \\ &= X'(I - \widetilde{\mathcal{P}}_{h-1})y \\ &= X'(I - \mathcal{P}_{h-1})y \\ &= X'_{h-1}y \end{aligned}$$

puisque $\widetilde{y}_{h-1}$ est le résidu de la régression de y sur $\widetilde{t}_1, \ldots, \widetilde{t}_{h-1}$ et que l'hypothèse de récurrence implique $\mathcal{P}_{h-1} = \widetilde{\mathcal{P}}_{h-1}$. D'où le résultat (a).

Ensuite les deux ensembles de composantes t_h et $\widetilde{t}_h$ peuvent s'écrire

$$\begin{aligned} t_h &= X_{h-1}w_h \\ &= (I - \mathcal{P}_{h-1})Xw_h \\ &= Xw_h - \mathcal{P}_{h-1}Xw_h \\ &= Xw_h - \widetilde{\mathcal{P}}_{h-1}Xw_h \end{aligned}$$

et

$$\begin{aligned}\widetilde{t}_h &= \widetilde{X}_{h-1}\widetilde{w}_h/\widetilde{w}'_h\widetilde{w}_h \\ &= (X - \sum_{j=1}^{h-1}\widetilde{t}_j\widetilde{w}'_j)\widetilde{w}_h/\widetilde{w}'_h\widetilde{w}_h \\ &= X\widetilde{w}_h/\widetilde{w}'_h\widetilde{w}_h \\ &= Xw_h/\left\|\widetilde{w}_h\right\| \end{aligned} \tag{63}$$

On en déduit que la composante t_h appartient bien à l'espace engendré par les vecteurs $\{\widetilde{t}_1, \ldots, \widetilde{t}_h\}$. D'où le résultat (*b*).

De l'égalité $\widetilde{\mathcal{P}}_h = \mathcal{P}_h$ on déduit ensuite (*c*) et (*d*).

On déduit de la Proposition 2 le corollaire suivant qui nous sera utile par la suite.

Corollaire *Les deux ensembles de composantes* $\{Xw_1, X_1w_2, \ldots, X_{h-1}w_h\}$ *et* $\{Xw_1, Xw_2, \ldots, Xw_h\}$ *engendrent le même espace.*

8.4 Étude des vecteurs w_h^*

Les composantes t_h sont définies à partir des résidus X_{h-1}

$$t_h = X_{h-1}w_h$$

mais peuvent aussi, en utilisant le résultat (*g*) de la Proposition 1, s'exprimer en fonction de X :

$$t_h = Xw_h^* \tag{64}$$

où $w_1^* = w_1$, et, pour $h > 1$:

$$w_h^* = \prod_{j=1}^{h-1}(I - w_j p'_j)w_h \tag{65}$$

Introduisons les matrices suivantes

$$\begin{aligned} W_h &= [w_1, \ldots, w_h] \\ \widetilde{W}_h &= [\widetilde{w}_1, \ldots, \widetilde{w}_h] \\ W_h^* &= [w_1^*, \ldots, w_h^*] \\ P_h &= [p_1, \ldots, p_h] \\ T_h &= [t_1, \ldots, t_h] \\ \widetilde{T}_h &= [\widetilde{t}_1, \ldots, \widetilde{t}_h] \\ \widetilde{N}_h &= (\widetilde{W}'_h\widetilde{W}_h)^{1/2} \end{aligned}$$

En utilisant (64) la matrice T_h s'écrit

$$T_h = XW_h^* \tag{66}$$

Montrons qu'elle s'écrit aussi

$$T_h = XW_h(P_h'W_h)^{-1} \tag{67}$$

D'après (63) on peut écrire

$$\widetilde{T}_h = XW_h\widetilde{N}_h^{-1} \tag{68}$$

puisque $\widetilde{N}_h$ est la matrice diagonale des normes $\|\widetilde{w}_j\|$. Le résultat (*b*) de la Proposition 2 implique qu'il existe une matrice de passage $\Gamma = \{\gamma_{ij}\}$ telle que

$$\widetilde{T}_h = T_h\Gamma \tag{69}$$

L'orthogonalité des t_h permet un calcul simple des γ_{ij} :

$$\begin{aligned}\gamma_{ij} &= (t_i't_i)^{-1}t_i'\widetilde{t}_j \\ &= (t_i't_i)^{-1}t_i'Xw_j/\,\|\widetilde{w}_j\| \\ &= p_i'w_j/\,\|\widetilde{w}_j\|\end{aligned}$$

D'où nous déduisons

$$\Gamma = P_h'W_h\widetilde{N}_h^{-1} \tag{70}$$

Les relations (68), (69) et (70) conduisent à

$$\begin{aligned}\widetilde{T}_h &= XW_h\widetilde{N}_h^{-1} \\ &= T_hP_h'W_h\widetilde{N}_h^{-1}\end{aligned}$$

D'où nous déduisons (67).

L'égalité

$$XW_h^* = XW_h(P_h'W_h)^{-1}$$

implique

$$W_h^* = W_h(P_h'W_h)^{-1} \tag{71}$$

lorsque la matrice X est de rang plein. Le résultat reste vrai lorsque la matrice X n'est pas de rang plein. Nous montrons plus loin dans le corollaire de la Proposition 4 que les colonnes w_h^* de W_h^* obtenues à travers la formule (71) correspondent également aux vecteurs w_h^* calculés en utilisant la formule (65).

Les résultats (*b*) et (*d*) de la Proposition 1 montrent que la matrice $P'_h W_h$ est triangulaire supérieure avec tous ses éléments diagonaux égaux à 1. Manne (1987) montre qu'elle est en fait bidiagonale à droite (voir également la Proposition 4 ci-dessous) et donne la formule d'inversion. On peut aussi constater que

$$P'_h W^*_h = I \tag{72}$$

et que, par conséquent, W^*_h est un inverse généralisé de P'_h.

8.5 Régression PLS1 et Suites de Krylov

Manne (1987) et Helland (1988) ont montré que la suite de vecteurs $w_1, \ldots, w_h$ pouvait être obtenue par orthogonalisation de Gram-Schmidt de la suite de Krylov $s, Cs, C^2s, \ldots, C^{h-1}s$, où $s = X'y$ et $C = X'X$. Ce résultat a ensuite été étendu aux autres suites $\{w^*_h\}$, $\{t_h\}$ et $\{p_h\}$ issues de la régression PLS1 par de Jong (1993a). Ces résultats sont très importants car ils permettent d'affiner les propriétés d'orthogonalité décrites dans la Proposition 1 et de montrer l'équivalence entre la régression PLS1 et l'algorithme SIMPLS utilisé dans cette situation particulière. Les résultats de Manne, Helland et de Jong sont présentés dans la proposition suivante :

Proposition 3 *Soit $s = X'y$, $t = Xs$, $C = X'X$, et $D = XX'$.*

(*a*) *Il y a équivalence entre les espaces engendrés par les suites $\{w_h\}$, $\{w^*_h\}$, $\{t_h\}$ et $\{p_h\}$ et ceux qui sont engendrés par les suites de Krylov définies ci-dessous :*

$$\begin{aligned}
(1):&\quad \{w_1, \ldots, w_h\} \approx \{s, Cs, C^2s, \ldots, C^{h-1}s\}\\
(2):&\quad \{w^*_1, \ldots, w^*_h\} \approx \{s, Cs, C^2s, \ldots, C^{h-1}s\}\\
(3):&\quad \{t_1, \ldots, t_h\} \approx \{t, Dt, D^2t, \ldots, D^{h-1}t\}\\
(4):&\quad \{p_1, \ldots, p_h\} \approx \{Cs, C^2s, C^3s, \ldots, C^hs\}
\end{aligned}$$

(*b*) *La suite $\{w_1, \ldots, w_h\}$ est obtenue en utilisant la procédure d'orthogonalisation de Gram-Schmidt sur la suite de Krylov $\{s, Cs, C^2s, \ldots, C^{h-1}s\}$.*

(*c*) *La suite des vecteurs $\{t_1, \ldots, t_h\}$, normés à 1, est obtenue en utilisant la procédure d'orthogonalisation de Gram-Schmidt sur la suite de Krylov $\{t, Dt, D^2t, \ldots, D^{h-1}t\}$.*

(*d*) *La suite $\{w^*_1, \ldots, w^*_h\}$ est initialisée par $w^*_1 = w_1$ et construite ensuite à l'aide d'une succession de régressions multiples : w^*_j est colinéaire au vecteur des résidus de la régression de w_1 sur $Cs, \ldots, C^{j-1}s$ pour $j = 2, \ldots, h$.*

(*e*) *Soit $\{v_1, \ldots, v_h\}$ le système de vecteurs orthonormés obtenu en utilisant la procédure d'orthogonalisation de Gram-Schmidt sur la suite de Krylov $\{Cs, \ldots, C^hs\}$. Alors $w^*_1 = w_1$ et, pour $j > 1$, w^*_j est colinéaire au vecteur des résidus de la régression de w^*_1 sur $v_1, \ldots, v_{j-1}$, ou, de manière équivalente, de w^*_{j-1} sur v_{j-1}.*

Preuve

***Démonstration de* (a)**

1) Montrons tout d'abord que les suites $\{w_1, \ldots, w_h\}$ et $\{s, Cs, \ldots, C^{h-1}s\}$ engendrent le même espace. La démonstration se fait par récurrence.

Le résultat est vrai pour $h = 1$:

$$w_1 = X'y / \|X'y\| = s / \|s\|$$

Supposons le résultat vrai juqu'à l'ordre j.

Montrons que

$$\widetilde{w}_{j+1} = s - CW_j(W_j'CW_j)^{-1}W_j's \tag{73}$$

D'après la Proposition 2

$$\begin{aligned}\widetilde{w}_{j+1} &= X_j'y \\ &= X'(I - \mathcal{P}_j)y \\ &= X'(I - \widetilde{\mathcal{P}}_j)y\end{aligned}$$

Comme $\widetilde{\mathcal{P}}_j$ s'écrit, en utilisant (68),

$$\begin{aligned}\widetilde{\mathcal{P}}_j &= \widetilde{T}_j(\widetilde{T}_j'\widetilde{T}_j)^{-1}\widetilde{T}_h' \\ &= XW_j(W_j'CW_j)^{-1}W_j'X'\end{aligned}$$

on obtient

$$\begin{aligned}\widetilde{w}_{j+1} &= X'y - X'XW_j(W_j'CW_j)^{-1}W_j'X'y \\ &= s - CW_j(W_j'CW_j)^{-1}W_j's\end{aligned}$$

d'où la formule (73).

Ainsi, connaissant $s = X'y$ et $C = X'X$, la formule (73) permet de calculer $\widetilde{w}_{j+1}$, et par conséquent w_{j+1}, en fonction de $w_1, \ldots, w_j$. De (73) on déduit que $\widetilde{w}_{j+1}$, et par conséquent w_{j+1}, appartient à l'espace engendré par la suite de vecteurs $\{s, Cw_1, \ldots, Cw_j\}$. L'hypothèse de récurrence entraîne le résultat : w_{j+1} appartient à l'espace engendré par $\{s, Cs, \ldots, C^j s\}$.

2) La formule (71) montre que les suites $\{w_1, \ldots, w_h\}$ et $\{w_1^*, \ldots, w_h^*\}$ engendrent le même espace. D'où le résultat (a.2).

3) On déduit de la formule (64) et du résultat (a.2) que les deux suites de vecteurs $\{t_1, \ldots, t_h\}$ et $\{Xs, XCs, \ldots, XC^{h-1}s\}$ engendrent le même espace. De $t = Xs$, $Dt = XCs, \ldots, D^{h-1}t = XC^{h-1}s$ on déduit ensuite le résultat (a.3).

4) De la formule

$$p_h = X' t_h / t'_h t_h$$

et du résultat (a.2) on déduit que les trois suites $\{p_1, \ldots, p_h\}$, $\{X' t_1, \ldots, X' t_h\}$ et $\{X'Xs,\ X'XCs, \ldots, X'XC^{h-1}s\}$ engendrent le même espace. D'où le résultat (a.4).

Démonstration de (b)

Le résultat est vrai pour $h = 1$: $w_1 = X'y/||X'y|| = s/||s||$.
Montrons le résultat pour $h > 1$.
Le vecteur $\widetilde{w}_h$ appartient à l'espace engendré par la suite $\{s,\ Cs, \ldots, C^{h-1}s\}$.
On peut l'écrire en fonction de ces vecteurs :

$$\widetilde{w}_h = \sum_{i=0}^{h-2} \alpha_i C^i s + \alpha_{h-1} C^{h-1} s$$

Comme $\widetilde{w}_h$ est orthogonal à l'espace engendré par $\{\widetilde{w}_1, \ldots, \widetilde{w}_{h-1}\}$, équivalent à l'espace engendré par $\{s, Cs, \ldots, C^{h-2}s\}$, on a :

$$\widetilde{w}_h = \alpha_{h-1} P_{\{s,Cs,\ldots,C^{h-2}s\}^\perp}(C^{h-1}s)$$

D'où

$$w_h = \frac{\widetilde{w}_h}{\|\widetilde{w}_h\|} = \frac{P_{\{s,Cs,\ldots,C^{h-2}s\}^\perp}(C^{h-1}s)}{\left\|P_{\{s,Cs,\ldots,C^{h-2}s\}^\perp}(C^{h-1}s)\right\|}$$

formule qui définit exactement l'orthogonalisation de la suite $\{s, Cs, \ldots, C^{h-1}s\}$ par la procédure de Gram-Schmidt.

Démonstration de (c)

On peut reprendre sans grande modification la démonstration précédente.

Le résultat est vrai pour $h = 1$: $t_1 = Xw_1 = XX'y/\ \|X'y\|$ est proportionnel à t.

Montrons le résultat pour $h > 1$.

Le vecteur t_h appartient à l'espace engendré par la suite $\{t, Dt, \ldots, D^{h-1}t\}$.
On peut l'écrire en fonction de ces vecteurs :

$$t_h = \sum_{i=0}^{h-2} \alpha_i D^i t + \alpha_{h-1} D^{h-1} t$$

Comme t_h est orthogonal à l'espace $\mathcal{L}\{t_1, \ldots, t_{h-1}\} = \mathcal{L}\{t, Dt, \ldots, D^{h-2}t\}$ on a :

$$t_h = \alpha_{h-1} P_{\{t,Dt,\ldots,D^{h-2}t\}^\perp}(D^{h-1}t)$$

D'où

$$\frac{t_h}{||t_h||} = \frac{P_{\{t,Dt,\ldots,D^{h-2}t\}\perp}(D^{h-1}t)}{||P_{\{t,Dt,\ldots,D^{h-2}t\}\perp}(D^{h-1}t)||}$$

Ainsi l'orthogonalisation de la suite de Krylov $\{t, Dt, \ldots, D^{h-1}t\}$ par la procédure de Gram-Schmidt fournit les composantes PLS $t_1, \ldots, t_h$ normées.

Démonstration de (d)

Utilisons le fait que les vecteurs $\{w_1^*, \ldots, w_h^*\}$ appartiennent à l'espace engendré par la suite de Krylov $\{s, Cs, C^2s, \ldots, C^{h-1}s\}$ et vérifient

$$p_l' w_m^* = 0, \text{ pour } m > 1 \text{ et } l = 1, \ldots, m-1$$

puisque $P_h' W_h^* = I$. Le vecteur w_m^* est donc orthogonal à l'espace $\mathcal{L}\{p_1, \ldots, p_{m-1}\}$ égal à $\mathcal{L}\{Cs, C^2s, \ldots, C^{m-1}s\}$.

On a ensuite :

– $w_1^* = w_1 = s/\, \|s\|$ est colinéaire au vecteur s ;

– w_2^* appartient à l'espace $\mathcal{L}\{s,\ Cs\}$ et est orthogonal au vecteur Cs. On en déduit que le vecteur w_2^* est colinéaire au vecteur des résidus de la régression de s sur Cs;

– et plus généralement w_h^* appartient à $\mathcal{L}\{s,\ Cs,\ C^2s, \ldots, C^{h-1}\}$ et est orthogonal à l'espace $\mathcal{L}\{Cs,\ C^2s, \ldots, C^{h-1}s\}$. On en déduit que le vecteur w_h^* est colinéaire au vecteur des résidus de la régression de s sur $Cs,\ C^2s, \ldots, C^{h-1}s$.

Démonstration de (e)

Le résidu ε_j de la régression de s sur $Cs, \ldots, C^{j-1}s$ est égal au résidu de la régression de s sur $v_1, \ldots, v_{j-1}$. Les vecteurs $v_1, \ldots, v_{j-1}$ étant orthogonaux, ε_j est aussi égal au résidu de la régression de ε_{j-1} sur v_{j-1}. Les vecteurs w_j^* étant colinéaires aux résidus ε_j, on en déduit le résultat.

8.6 Propriétés des vecteurs issus de la régression PLS1

Les propriétés des suites de vecteurs calculés en régression PLS1 démontrées dans la section précédente permettent d'obtenir des propriétés d'orthogonalité plus fines que dans la Proposition 1. Elles sont énoncées dans la proposition suivante qui reprend des résultats de Manne (1987) et de Jong (1993a).

Proposition 4 *On a les propriétés suivantes :*

(*a*) $P_h'P_h$ *est tridiagonale.*

(*b*) $P_h'W_h^* = I$.

(*c*) $P_h'W_h$ *est bidiagonale à droite.*

(*d*) $P_h'V_h$ *est bidiagonale à gauche, où* V_h *est la matrice des vecteurs* $\{v_1, \ldots, v_h\}$.

Preuve

***Démonstration de* (a)**

On a

$$\begin{aligned} p_a'p_b &= p_b'p_a \\ &= t_b'Xp_a/t_b't_b \\ &= w_b^{*\prime}X'Xp_a/t_b't_b \\ &= w_b^{*\prime}Cp_a/t_b't_b \end{aligned}$$

Or w_b^* est orthogonal à $\{Cs, \ldots, C^{b-1}s\}$ et Cp_a appartient à $\mathcal{L}\{C^2s, \ldots, C^{a+1}s\}$. Donc $w_b^{*\prime}Cp_a = 0$, pour $b - 1 \geqslant a + 1$, soit $b \geqslant a + 2$. Par symétrie on a aussi $w_a^{*\prime}Cp_b = 0$, pour $a \geqslant b + 2$. D'où

$$w_a^{*\prime}Cp_b = 0, \text{ pour } |a - b| \geqslant 2$$

Et par conséquent

$$p_a'p_b = 0, \text{ pour } |a - b| \geqslant 2$$

Nous en concluons que la matrice $P_h'P_h$ est tridiagonale : seuls les termes $p_a'p_{a-1}$, $p_a'p_a$, $p_a'p_{a+1}$, $a = 1, \ldots, h$, de la matrice $P_h'P_h$ peuvent être différents de zéro.

***Démonstration de* (b)**

Ce résultat correspond à la formule (72).

***Démonstration de* (c)**

On a

$$p_a'w_b = 0, \text{ pour } a \leqslant b - 2$$

puisque le vecteur w_b est orthogonal aux vecteurs $\{s, Cs, \ldots, C^{b-2}s\}$ et que p_a appartient à l'espace $\mathcal{L}\{Cs, \ldots, C^as\}$. Le résultat (*d*) de la Proposition 1 implique également

$$p_a'w_b = 0, \text{ pour } a > b$$

D'où le résultat : seuls les termes $p_{a-1}'w_a$ et $p_a'w_a$ peuvent être différents de zéro et par conséquent la matrice $P_h'W_h$ est bidiagonale à droite.

***Démonstration de* (d)**

On a

$$p'_a v_b = 0, \text{ pour } a < b$$

puisque v_b est orthogonal à $\{p_1, \dots, p_{b-1}\}$ par construction. Et

$$p'_a v_b = 0, \text{ pour } a > b + 1$$

car $p'_a p_b = 0$, pour $|a - b| \geqslant 2$ et v_b appartient à $\mathcal{L}\{p_1, \dots, p_b\}$. D'où le résultat : seuls les termes $p'_a v_a$ et $p'_{a+1} v_a$ peuvent être différents de zéro et par conséquent la matrice $P'_h V_h$ est bidiagonale à gauche.

Corollaire

(a) *Les vecteurs w^*_h définis par la relation (65) vérifient l'équation de récurrence*

$$w^*_h = w_h - w^*_{h-1} p'_h w_h$$

avec $w^*_1 = w_1$.

(b) *La matrice $W^*_h = [w^*_1, \dots, w^*_h]$ formée des vecteurs w^*_h définis par la relation (65) vérifie l'équation*

$$W^*_h = W_h (P_h W'_h)^{-1}$$

Preuve

Montrons (a) :
On déduit de (65) et du résultat (c) de la Proposition 4

$$\begin{aligned}
w^*_h &= \prod_{j=1}^{h-1} (I - w_j p'_j) w_h \\
&= \prod_{j=1}^{h-2} (I - w_j p'_j)(I - w_{h-1} p'_{h-1}) w_h \\
&= \prod_{j=1}^{h-2} (I - w_j p'_j)(w_h - w_{h-1} p'_{h-1} w_h) \\
&= w_h - \prod_{j=1}^{h-2} (I - w_j p'_j) w_{h-1} p'_{h-1} w_h \\
&= w_h - w^*_{h-1} p'_{h-1} w_h
\end{aligned}$$

La matrice $P'_h W_h$ étant bidiagonale à droite, on a en effet $p'_j w_h = 0$, pour $j \leqslant h - 2$.

Montrons (b) :

La matrice $P'_h W_h$ étant bidiagonale à droite et les termes diagonaux $p'_j w_j$ étant égaux à 1, on peut poser

$$P'_h W_h = \begin{bmatrix} 1 & p'_1 w_2 & 0 & \cdots & 0 & 0 \\ 0 & 1 & p'_2 w_3 & \cdots & 0 & 0 \\ \vdots & \vdots & \vdots & \vdots & \vdots & \vdots \\ 0 & 0 & 0 & \cdots & 1 & p'_{h-1} w_h \\ 0 & 0 & 0 & \cdots & 0 & 1 \end{bmatrix}$$

De l'équation

$$w^*_h + w^*_{h-1} p'_{h-1} w_h = w_h$$

on déduit donc

$$W^*_h P'_h W_h = W_h$$

et par conséquent

$$W^*_h = W_h (P'_h W_h)^{-1}$$

8.7 Étude de l'équation de régression PLS

On peut écrire facilement la formule de régression de y sur les composantes $t_1, \ldots, t_h$ en fonction des variables X. Notons $\mathbf{c}_h = (c_1, \ldots, c_h)'$ le vecteur des coefficients de régression dans la régression de y sur $t_1, \ldots, t_h$. Avec les notations ci-dessus la régression de y sur $t_1, \ldots, t_h$ s'écrit :

$$\begin{aligned} \widehat{y} &= T_h \mathbf{c}_h \\ &= X W^*_h \mathbf{c}_h \\ &= X W_h (P'_h W_h)^{-1} \mathbf{c}_h \end{aligned} \tag{74}$$

On note

$$\begin{aligned} b_h &= W^*_h \mathbf{c}_h \\ &= W_h (P'_h W_h)^{-1} \mathbf{c}_h \end{aligned} \tag{75}$$

le vecteur des coefficients de régression dans la régression PLS de y sur X en utilisant h composantes PLS.

L'approche de Martens conduit à une autre formule utile de b_h. On a, en utilisant (68),

$$\begin{aligned} \widetilde{c}_h &= \widetilde{N}_h (W'_h X' X W_h)^{-1} W'_h X' y \\ &= \widetilde{N}_h (W'_h C W_h)^{-1} W'_h s \end{aligned} \tag{76}$$

En utilisant les résultats de la Proposition 2 et les relations (68) et (76) on obtient

$$\begin{aligned} \widehat{y} &= \widetilde{T}_h \widetilde{c}_h \\ &= X W_h (W_h' C W_h)^{-1} W_h' s \end{aligned} \tag{77}$$

D'où

$$b_h = W_h (W_h' C W_h)^{-1} W_h' s \tag{78}$$

On peut aussi écrire que

$$\begin{aligned} b_h &= W_h (W_h' C W_h)^{-1} W_h' C C^{-1} s \\ &= W_h (W_h' C W_h)^{-1} W_h' C \widehat{\beta} \end{aligned}$$

où $\widehat{\beta} = C^{-1}s = (X'X)^{-1}X'y$ est le vecteur des coefficients de régression de la régression multiple de y sur X. La matrice $W_h(W_h'CW_h)^{-1}W_h'C$ représente l'opérateur de projection C-orthogonale sur l'espace engendré par $w_1, \ldots, w_h$ et le vecteur b_h est la projection de $\widehat{\beta}$ obtenue en utilisant cet opérateur. Notons S_h la matrice formée des vecteurs colonnes $s, Cs, \ldots, C^{h-1}s$. D'après la Proposition 3, les colonnes des matrices W_h et S_h engendrent le même espace. D'où une nouvelle expression de b_h en fonction de s et C :

$$\begin{aligned} b_h &= S_h (S_h' C S_h)^{-1} S_h' C \widehat{\beta} \\ &= S_h (S_h' C S_h)^{-1} S_h' s \end{aligned}$$

Et finalement b_h est la projection C-orthogonale de $\widehat{\beta}$ sur l'espace engendré par les vecteurs $s, Cs, \ldots, C^{h-1}s$. En fait toute base de l'espace engendré par les vecteurs $s, Cs, \ldots, C^{h-1}s$ peut être utilisée pour définir le vecteur b_h.

On obtient aussi une approximation de la matrice variances-covariances du vecteur des coefficients de régression b_h. On utilise le fait que

$$\begin{aligned} Var(\widehat{\beta}) &= \sigma^2 (X'X)^{-1} \\ &= \sigma^2 C^{-1} \end{aligned}$$

et on fixe la matrice S_h, qui dépend en fait de y. D'où

$$Var(b_h) \approx \sigma^2 S_h (S_h' C S_h)^{-1} S_h'$$

On trouvera sur ce sujet des résultats plus élaborés dans Phatak, Reilly & Penlidis (1993).

8.8 Liaison entre l'analyse en composantes principales de X et la régression PLS de y sur X

Nous allons présenter dans cette section les résultats de De Jong (1993b) concernant la relation entre les vecteurs issus de la régression PLS de y sur X et ceux issus de l'analyse en composantes principales de X. Pour simplifier l'exposé, nous supposons que la matrice X est de rang p. La présentation de De Jong s'applique au cas plus général d'une matrice de rang non plein.

La décomposition en valeurs singulières de X restitue de la manière la plus concise les résultats de l'analyse en composantes principales utiles à cet exposé. La matrice X peut s'écrire

$$X = U\Lambda^{1/2}V'$$

où U est une matrice unitaire, V une matrice orthogonale ($U'U = V'V = VV' = I$) et Λ une matrice diagonale. Les matrices U et V sont formées respectivement des p vecteurs propres normés des matrices XX' et $X'X$ associés aux valeurs propres non nulles rangées par valeur décroissante. La matrice diagonale Λ est formée des p valeurs propres strictement positives de $X'X$ rangées par valeur décroissante.

Posons

$$r = U'y$$

$$T = T_p$$

$$P = P_p$$

$$W^* = W_p^*$$

Notons $\theta_h = \|t_h\|^2$, $\Theta_h = (T_h'T_h)$ la matrice diagonale formée des valeurs $\theta_1, \ldots, \theta_h$, et $\Theta = \Theta_p$. Notons $Z_h = GS\{\Lambda r, \Lambda^2 r, \ldots, \Lambda^h r\}$ la matrice construite en utilisant la procédure d'orthogonalisation de Gram-Schmidt sur la suite de Krylov $\{\Lambda r, \Lambda^2 r, \ldots, \Lambda^h r\}$ et posons $Z = Z_p$.

La liaison entre la régression PLS de y sur X et l'analyse en composantes principales de X est résumée dans la proposition suivante.

Proposition 5 *Les matrices T, P et W^* issues de la régression PLS de y sur X sont reliées aux matrices U, V, Λ de la décomposition en valeurs singulières de X et à la matrice $Z = GS\{\Lambda r, \Lambda^2 r, \ldots, \Lambda^p r\}$ à l'aide des formules suivantes :*

$(a): \quad T = UZ\Theta^{1/2}$

$(b): \quad P = V\Lambda^{1/2}Z\Theta^{-1/2}$

$(c): \quad W^* = V\Lambda^{-1/2}Z\Theta^{1/2}$

Preuve

Le résultat (c) de la Proposition 3 peut s'écrire

$$T\Theta^{-1/2} = GS(Dy, D^2y, \ldots, D^py)$$

qui se lit : "la matrice $T\Theta^{-1/2}$ est obtenue en utilisant la procédure de Gram-Schmidt sur la suite de Krylov $\{Dy, D^2y, \ldots, D^py\}$". Utilisant les formules $t = Xs = Dy$ et $D = XX' = U\Lambda U'$, on obtient

$$\begin{aligned} T\Theta^{-1/2} &= GS(U\Lambda U'y, U\Lambda^2U'y, \ldots, U\Lambda^pU'y) \\ &= GS(U \cdot [\Lambda U'y, \Lambda^2U'y, \ldots, \Lambda^pU'y]) \\ &= U \cdot GS(\Lambda r, \Lambda^2 r, \ldots, \Lambda^p r) \\ &= UZ \end{aligned}$$

D'où le résultat (a).

La matrice carrée Z est orthogonale par construction et on déduit de (a) :

$$Z = U'T\Theta^{-1/2}$$

Montrons (b) :

$$\begin{aligned} P &= X'T(T'T)^{-1} \\ &= V\Lambda^{1/2}U'UZ\Theta^{1/2}\Theta^{-1} \\ &= V\Lambda^{1/2}Z\Theta^{-1/2} \end{aligned}$$

Montrons (c) :

$$\begin{aligned} T &= XW^* \\ &= U\Lambda^{1/2}V'W^* \\ &= UZ\Theta^{1/2} \end{aligned}$$

D'où la formule :

$$W^* = V\Lambda^{-1/2}Z\Theta^{1/2}$$

8.9 Formules de décomposition

La régression PLS de y sur X conduit à des formules de décomposition très utiles (Höskuldsson (1996) et de Jong (1995)). On peut décomposer X, $X'X$, $(X'X)^{-1}$, l'inverse de Moore-Penrose $X^+ = (X'X)^{-1}X'$, $\widehat{\beta} = X^+y$ et $\widehat{y} = X\widehat{\beta}$ en fonction des résultats issus de la régression PLS.

La décomposition de X en valeurs singulières permet d'obtenir les inverses de X et $X'X$. On a :

$$X'X = V\Lambda V'$$
$$(X'X)^{-1} = V\Lambda^{-1}V'$$
$$X^+ = (X'X)^{-1}X' = V\Lambda^{-1/2}U'$$

On obtient les décompositions suivantes en fonction des résultats des différentes étapes de la régression PLS.

Décomposition de X

Le tableau X peut se décomposer en fonction des composantes PLS t_h :

$$\begin{aligned} X &= \sum_{h=1}^{p} t_h p'_h \\ &= TP' \end{aligned}$$

Décomposition de $X'X$

On a

$$\begin{aligned} X'X &= PT'TP' \\ &= P\Theta P' \\ &= \sum_{h=1}^{p} \theta_h p_h p'_h \end{aligned}$$

Décomposition de $(X'X)^{-1}$

L'hypothèse de rang plein sur X implique, en utilisant le résultat (*b*) de la Proposition 4 pour $h = p$,

$$(P')^{-1} = W^*$$

L'inverse de la matrice $X'X$ s'écrit donc

$$\begin{aligned} (X'X)^{-1} &= (P\Theta P')^{-1} \\ &= W^*\Theta^{-1}W^{*\prime} \end{aligned}$$

On obtient ainsi la décomposition de l'inverse $(X'X)^{-1}$:

$$(X'X)^{-1} = \sum_{h=1}^{p} \theta_h^{-1} w_h^* w_h^{*\prime}$$

Décomposition de $X^+ = (X'X)^{-1}X'$

La matrice X^+ peut s'écrire :

$$\begin{aligned} X^+ &= W^*\Theta^{-1}W^{*\prime}PT' \\ &= W^*\Theta^{-1}T' \\ &= \sum_{h=1}^{p} \theta_h^{-1} w_h^* t_h' \end{aligned}$$

Décomposition de $\widehat{y}$ ***et de*** $\|\widehat{y}\|^2$

La prévision $\widehat{y} = X\widehat{\beta}$ de y obtenue par régression multiple de la variable y sur les variables X est aussi obtenue par régression de y sur les composantes PLS $t_1, \ldots, t_p$ et s'écrit :

$$\widehat{y} = \sum_{l=1}^{p} c_l t_l$$

La prévision $\widehat{y}_h$ de y obtenue par régression PLS d'ordre h est obtenue par régression de la variable y sur les composantes PLS $t_1, \ldots, t_h$:

$$\widehat{y}_h = \sum_{l=1}^{h} c_l t_l$$

L'orthogonalité des composantes PLS conduit donc à la décomposition

$$\|\widehat{y}\|^2 = \|\widehat{y}_h\|^2 + \|\widehat{y} - \widehat{y}_h\|^2$$

où

$$\|\widehat{y}\|^2 = \sum_{l=1}^{p} c_l^2 \|t_l\|^2$$

$$\|\widehat{y}_h\|^2 = \sum_{l=1}^{h} c_l^2 \|t_l\|^2$$

$$\|\widehat{y} - \widehat{y}_h\|^2 = \sum_{l=h+1}^{p} c_l^2 \|t_l\|^2$$

La norme de $\widehat{y}_h$ croît avec l'indice h, est bornée par la norme de $\widehat{y} = \widehat{y}_p$ et $\|\widehat{y} - \widehat{y}_h\|^2$ décroît avec l'indice h. La décroissance de $\|\widehat{y} - \widehat{y}_h\|^2$ donne des indications sur le nombre de composantes PLS t_h à retenir.

Décomposition de $\widehat{\beta} = (X'X)^{-1}X'y$ et $\left\|\widehat{\beta}\right\|$

La régression PLS permet d'obtenir une décomposition du vecteur $\widehat{\beta} = (X'X)^{-1}X'y$ solution des équations normales de la régression multiple :

$$\begin{aligned}\widehat{\beta} &= (X'X)^{-1}X'y \\ &= X^{+}y \\ &= \sum_{h=1}^{p} \theta_h^{-1} w_h^* t_h' y \\ &= \sum_{h=1}^{p} c_h w_h^*\end{aligned}$$

Ainsi la solution $b_h = \sum_{l=1}^{h} c_l w_l^*$ de la régression PLS à l'ordre h tend vers la solution $\widehat{\beta}$ et l'atteint pour $h = p$. Il est intéressant de visualiser l'évolution des coefficients de régression b_{hj} vers $\widehat{\beta}_j$ en fonction de h, comme on le fait en régression pseudo-orthogonalisée (*Ridge Regression*) en fonction d'un paramètre k.

Montrons maintenant que la norme de b_h croît avec l'indice h et est donc bornée par la norme de $\widehat{\beta} = b_p$. Nous allons présenter la démonstration de De Jong (1995) légèrement simplifiée car nous nous limitons au cas où la matrice X est de rang plein. La démonstration d'origine de l'article de De Jong inclut le cas où la matrice X est de rang non plein. D'après la Proposition 5 le vecteur w_h^* s'écrit

$$w_h^* = V\Lambda^{-1/2} z_h \theta_h^{1/2}$$

et par conséquent

$$\begin{aligned}b_h &= \sum_{l=1}^{h} \theta_l^{1/2} c_l V\Lambda^{-1/2} z_l \\ &= \sum_{l=1}^{h} \delta_l\end{aligned}$$

où $\delta_l = \theta_l^{1/2} c_l V\Lambda^{-1/2} z_l$. De $b_{h+1} = b_h + \delta_{h+1}$ on déduit

$$\|b_{h+1}\|^2 = \|b_h\|^2 + \|\delta_{h+1}\|^2 + 2b_h'\delta_{h+1}$$

Pour montrer la croissance de la norme de b_h avec l'indice h, il suffit maintenant de vérifier la positivité du produit scalaire $b_h'\delta_{h+1}$. On a

$$\begin{aligned} b'_h \delta_{h+1} &= \theta_{h+1}^{1/2} c_{h+1} \sum_{l=1}^{h} \theta_l^{1/2} c_l z'_l \Lambda^{-1/2} V' V \Lambda^{-1/2} z_{h+1} \\ &= \theta_{h+1}^{1/2} c_{h+1} \sum_{l=1}^{h} \theta_l^{1/2} c_l z'_l \Lambda^{-1} z_{h+1} \end{aligned}$$

Le vecteur z_l appartenant à $GS(\Lambda r, \ldots, \Lambda^l r)$, on en déduit que z_l peut s'écrire

$$z_l = \alpha_{l1} \Lambda r + \ldots + \alpha_{ll} \Lambda^l r$$

et par conséquent

$$\Lambda^{-1} z_l = \alpha_{l1} r + \alpha_{l2} \Lambda r \ldots + \alpha_{ll} \Lambda^{l-1} r$$

Comme z_a est orthogonal à $GS(\Lambda r, \ldots, \Lambda^b r)$ pour $a > b$ par construction, on en déduit que, pour $l \leqslant k$,

$$\begin{aligned} z'_l \Lambda^{-1} z_k &= (\alpha_{l1} r + \alpha_{l2} \Lambda r \ldots + \alpha_{ll} \Lambda^{l-1} r)' z_k \\ &= \alpha_{l1} r' z_k \\ &= \alpha_{l1} y' U z_k \\ &= \alpha_{l1} y' t_k \theta_k^{-1/2} \\ &= \alpha_{l1} c_k \end{aligned}$$

D'où

$$\begin{aligned} b'_h \delta_{h+1} &= \theta_{h+1}^{1/2} c_{h+1} \sum_{l=1}^{h} \theta_l^{1/2} c_l z'_l \Lambda^{-1} z_{h+1} \\ &= \theta_{h+1}^{1/2} c_{h+1} \sum_{l=1}^{h} \theta_l^{1/2} c_l \alpha_{l1} c_{h+1} \\ &= \theta_{h+1}^{1/2} c_{h+1}^2 \sum_{l=1}^{h} \theta_l^{1/2} z'_l \Lambda^{-1} z_l \end{aligned}$$

et le résultat puisque la matrice diagonale Λ est formée de termes tous positifs.

8.10 Étude du cas où la matrice X est de rang non plein

Notons a le rang de la matrice X. On suppose que ce rang a est strictement inférieur à p. Cette situation est fréquente dans les utilisations de la régression PLS puisque le nombre de variables explicatives est souvent très supérieur au nombre d'observations. Nous allons montrer dans cette section le résultat suivant (de Jong, 1995) : la régression PLS de y sur X réalisée en utilisant les a composantes PLS conduit à la solution suivante :

$$b_a = (X'X)^{+} X' y$$

où $(X'X)^+$ est l'inverse de Moore-Penrose de $X'X$. La démonstration de ce résultat nous a été communiquée par Sijmen de Jong et nous tenons à le remercier ici très chaleureusement. Voici l'adaptation que nous en avons réalisée.

De Jong utilise le résultat suivant : si le vecteur b est solution des équations normales $X'Xb = X'y$, alors sa projection $P_{\mathcal{L}(X')}(b)$ sur l'espace engendré par les colonnes de la matrice X' est égale à la solution particulière $b^* = (X'X)^+X'y$. On retrouve ainsi que cette solution b^* correspond bien à la solution des équations normales de longueur minimum.

Montrons ce résultat. Toute solution b des équations normales s'écrit

$$b = (X'X)^- X'y$$

où $(X'X)^-$ est un inverse généralisé de $X'X$. Calculons $P_{\mathcal{L}(X')}(b)$:

$$\begin{aligned} P_{\mathcal{L}(X')}(b) &= X'(XX')^+Xb \\ &= X'(XX')^+X(X'X)^-X'y \end{aligned}$$

On utilise ensuite les résultats suivants :

1) l'opérateur de projection $X(X'X)^-X'$sur $\mathcal{L}(X)$ s'écrit aussi $X(X'X)^+X'$,

2) la décomposition en valeurs singulières de X s'écrit :

$$X = U\Lambda^{1/2}V'$$

où la matrice U, d'ordre $n \times a$, vérifie $U'U = I$, la matrice V, d'ordre $p \times a$, vérifie $V'V = I$ et la diagonale de la matrice diagonale Λ est formée de a termes strictement positifs,

3) les inverses de Moore-Penrose de $X'X$ et XX' s'écrivent respectivement

$$\begin{aligned} (X'X)^+ &= V\Lambda^{-1}V' \\ (XX')^+ &= U\Lambda^{-1}U' \end{aligned}$$

D'où nous déduisons

$$\begin{aligned} P_{\mathcal{L}(X')}(b) &= X'(XX')^+X(X'X)^+X'y \\ &= V\Lambda^{1/2}U'U\Lambda^{-1}U'U\Lambda^{1/2}V'V\Lambda^{-1}V'V\Lambda^{1/2}U'y \\ &= V\Lambda^{-1}V'V\Lambda^{1/2}U'y \\ &= (X'X)^+X'y \\ &= b^* \end{aligned}$$

Ainsi toute solution b des équations normales appartenant à $\mathcal{L}(X')$ est automatiquement égale à b^*.

Nous pouvons maintenant montrer que le vecteur b_a est égal à b^*. La prévision $\widehat{y}_a$ de y obtenue par régression PLS d'ordre a est obtenue par régression de la variable y sur les composantes PLS $t_1, \ldots, t_a$. La matrice X étant de rang a, on a $\mathcal{L}(X) = \mathcal{L}(t_1, \ldots, t_a)$ et par conséquent

$$\widehat{y}_a = Xb_a = P_{\mathcal{L}(X)}(y)$$

d'où nous déduisons que le vecteur b_a vérifie les équations normales $X'Xb_a = X'y$. Par ailleurs, utilisant (75), le vecteur b_a s'écrit aussi

$$b_a = W_a^* c_a$$

D'après le résultat (a.2) de la Proposition 3, chaque colonne de W_a^* appartient à $\mathcal{L}(X')$. Nous en déduisons que le vecteur b_a appartient lui aussi à $\mathcal{L}(X')$. D'où le résultat annoncé.

Ainsi, lorsque la matrice X n'est pas de rang plein, la régression PLS de y sur X, réalisée sur l'ensemble des composantes PLS disponibles, conduit à la solution des équations normales $X'Xb = X'y$ de norme minimum.

8.11 Équivalence entre la régression PLS1 et l'algorithme SIMPLS

Lorsqu'il n'y a qu'une seule variable à expliquer y, les formules de l'algorithme SIMPLS se simplifient. Tout en décrivant les étapes simplifiées de cet algorithme, nous allons montrer que les composantes issues de cette méthode et de la régression PLS1 sont colinéaires. Ce résultat est dû à de Jong (1993a).

Les formules du paragraphe 5.2 se simplifient puisque les matrices $\frac{1}{n}X_h'Y$ deviennent les vecteurs $\frac{1}{n}X_h'y$.

À la première étape de l'algorithme SIMPLS la composante, notée dans cette section t_1^*, est égale à Xa_1, où a_1 est le vecteur propre normé associé à la plus grande valeur propre de la matrice $\frac{1}{n^2}X'yy'X$. D'où

$$a_1 = X'y/\left\|X'y\right\| = w_1$$

Nous en déduisons que

$$t_1^* = Xw_1 = t_1$$

Et par conséquent la première composante de la régression PLS1 de y sur X et celle de SIMPLS sont égales.

À la deuxième étape de l'algorithme SIMPLS on commence par calculer le résidu, noté maintenant $X_1^{*\prime}$, de la régression de X' sur $X't_1$. La deuxième composante $t_2^* = Xa_2$ de SIMPLS est obtenue pour

$$a_2 = X_1^{*\prime}y/\left\|X_1^{*\prime}y\right\|$$

Mais le vecteur $X_1^{*\prime}y$ est aussi le résidu de la régression de $X'y = s$ sur $X't_1$. On utilise ensuite le résultat (e) de la Proposition 3. Comme s est colinéaire à w_1^* et $X't_1$ à v_1, on en déduit que $X_1^{*\prime}y$ est colinéaire au résidu de la régression de w_1^* sur v_1. On déduit de la Proposition 3, résultat (e), que $X_1^{*\prime}y$ est colinéaire à w_2^*. D'où

$$a_2 = w_2^*/\left\|w_2^*\right\|$$

Nous en déduisons que la deuxième composante t_2^* de SIMPLS est colinéaire à la deuxième composante t_2 de la régression PLS1 :

$$\begin{aligned} t_2^* &= Xa_2 \\ &= Xw_2^* / \|w_2^*\| \\ &= t_2 / \|w_2^*\| \end{aligned}$$

Montrons maintenant par récurrence que les composantes t_h^* de SIMPLS et les composantes t_h de la régression PLS1 sont colinéaires

Supposons le résultat vrai jusqu'à l'ordre h.

Décrivons l'étape $h+1$ de SIMPLS.

On construit tout d'abord le résidu $X_h^{*\prime}$ de la régression de X' sur $X't_1^*, \ldots, X't_h^*$. L'hypothèse de récurrence implique que $X_h^{*\prime}$ est aussi le résidu de la régression de X' sur $X't_1, \ldots, X't_h$. La $h+1$-ième composante $t_{h+1}^* = Xa_{h+1}$ est obtenue pour

$$a_{h+1} = X_h^{*\prime} y / \|X_h^{*\prime} y\|$$

On retrouve que $X_h^{*\prime} y$ est aussi le résidu de la régression de $X'y$ sur $X't_1, \ldots, X't_h$. Or w_1^* est colinéaire à $s = X'y$, et les vecteurs $v_1, \ldots, v_h$ engendrent le même espace que $X't_1, \ldots, X't_h$. Donc ce résidu $X_h^{*\prime} y$ est aussi colinéaire au résidu de la régression de w_1^* sur $v_1, \ldots, v_h$, et par conséquent à w_{h+1}^* (résultat (e) de la Proposition 3). D'où

$$a_{h+1} = w_{h+1}^* / \left\|w_{h+1}^*\right\|$$

Nous en déduisons que la $h+1$-ième composante t_{h+1}^* de SIMPLS est colinéaire à la $h+1$-ième composante t_{h+1} de la régression PLS1 :

$$\begin{aligned} t_{h+1}^* &= Xa_{h+1} \\ &= Xw_{h+1}^* / \left\|w_{h+1}^*\right\| \\ &= t_{h+1} / \left\|w_{h+1}^*\right\| \end{aligned}$$

D'où l'équivalence entre la régression PLS1 et SIMPLS dans le sens suivant : les deux méthodes produisent des composantes t_h et t_h^* colinéaires.

Chapitre 9

La régression PLS multivariée (PLS2)

Nous notons Y la matrice des variables dépendantes $y_1, \ldots, y_q$ centrées-réduites et X la matrice des variables indépendantes $x_1, \ldots, x_p$ centrées-réduites. La matrice X est de rang a. L'algorithme de régression PLS1 décrit dans le paragraphe 8.1 peut être généralisé à cette nouvelle situation. Nous allons présenter ce nouvel algorithme, décrire ses propriétés mathématiques, puis présenter son application aux données Linnerud à l'aide du logiciel SIMCA-P.

9.1 L'algorithme de régression PLS2

Nous allons décrire dans cette section l'algorithme de régression PLS2 classique prenant en compte les données manquantes et ses propriétés d'optimalité. Puis nous présenterons une modification de la régression PLS2 permettant une interprétation des composantes construites sur les Y. Lorsqu'il n'y a pas de données manquantes la régression PLS2 classique et la version modifiée conduisent aux mêmes résultats.

9.1.1 L'algorithme de régression PLS2 classique

Il y a de nombreuses présentations de l'algorithme de régression PLS2. Elles diffèrent au niveau des normalisations choisies. On trouvera des présentations approfondies de la régression PLS dans les livres de Esbensen, Schönkopf et Midtgaard (1994), Höskuldsson (1996) et Martens et Næs (1989). Nous avons choisi ici une présentation prenant en compte la gestion des données manquantes selon les principes de NIPALS (Lindgren, Geladi et Wold, 1993). Elle conduit aux résultats de SIMCA-P.

L'algorithme de régression PLS2 "classique" peut s'écrire comme suit.

Algorithme de régression PLS2 classique

Étape 1 : $X_0 = X$; $Y_0 = Y$
Étape 2 : Pour $h = 1, 2, \ldots, a$:
Étape 2.1 : $u_h =$ première colonne de Y_{h-1}
Étape 2.2 : Répéter jusqu'à convergence de w_h :
Étape 2.2.1 : $w_h = X'_{h-1}u_h/u'_h u_h$
Étape 2.2.2 : Normer w_h à 1.
Étape 2.2.3 : $t_h = X_{h-1}w_h/w'_h w_h$
Étape 2.2.4 : $c_h = Y'_{h-1}t_h/t'_h t_h$
Étape 2.2.5 : $u_h = Y_{h-1}c_h/c'_h c_h$
Étape 2.3 : $p_h = X'_{h-1}t_h/t'_h t_h$
Étape 2.4 : $X_h = X_{h-1} - t_h p'_h$
Étape 2.5 : $Y_h = Y_{h-1} - t_h c'_h$

Commentons cet algorithme. On peut tout d'abord remarquer que, lorsque Y se limite à une seule variable, on retrouve l'algorithme de régression PLS1. Lorsqu'il y a des données manquantes on applique les principes de l'algorithme NIPALS : les coordonnées des vecteurs w_h, t_h, c_h, u_h et p_h sont calculées comme des pentes de droites des moindres carrés passant par l'origine, sur les seules données disponibles. L'algorithme de régression PLS2 est résumé d'une manière plus visuelle dans l'encadré 2. Nous nous plaçons maintenant dans le cas où il n'y a pas de donnée manquante.

Propriétés des vecteurs issus de la régression PLS2

On peut préciser la convergence de l'étape 2.2. Les relations cycliques de cette étape montrent, qu'à la limite, les vecteurs w_h, t_h, c_h et u_h vérifient les équations suivantes :

$$(\frac{1}{n-1}X'_{h-1}Y_{h-1})(\frac{1}{n-1}Y'_{h-1}X_{h-1})w_h = \lambda_h w_h$$

$$(\frac{1}{n-1}X_{h-1}X'_{h-1})(\frac{1}{n-1}Y_{h-1}Y'_{h-1})t_h = \lambda_h t_h$$

$$(\frac{1}{n-1}Y'_{h-1}X_{h-1})(\frac{1}{n-1}X'_{h-1}Y_{h-1})c_h = \lambda_h c_h$$

$$(\frac{1}{n-1}Y_{h-1}Y'_{h-1})(\frac{1}{n-1}X_{h-1}X'_{h-1})u_h = \lambda_h u_h$$

où λ_h est la plus grande valeur propre commune à ces matrices. Les divisions par $n-1$ permettent de retrouver les valeurs propres calculées dans SIMCA-P. L'étape 2.2 correspond donc à une application de la méthode de la puissance itérée pour le calcul du vecteur propre d'une matrice associé à la plus grande valeur propre (Hotelling (1936b), Anderson (1958)).

Ainsi le principe de l'algorithme de régression PLS2 peut se résumer très simplement lorsqu'il n'y a pas de données manquantes. On obtient les

Encadré 2

ALGORITHME PLS2

Objectif :
Décomposition du tableau X orientée vers l'explication du tableau Y

$$X = \sum_{h=1}^{a} t_h \, p'_h$$

→ Décomposition de la variable X_j : $X_j = \sum_{h=1}^{a} p_{hj} \, t_h$

→ Décomposition de l'observation x_i : $x_i = \sum_{h=1}^{a} t_{hi} \, p_h$

Description de l'étape h

1 Calcul des résidus $X_{h-1,j}$ et $Y_{h-1,k}$

$$X_{h-1,j} = X_j - \sum_{l=1}^{h-1} p_{lj} \, t_l$$

$$Y_{h-1,k} = Y_k - \sum_{l=1}^{h-1} c_{lk} \, t_l$$

2 Initialisation de u_h

$$u_h = Y_{h-1,1}$$

3 Régression de $X_{h-1,j}$ sur u_h

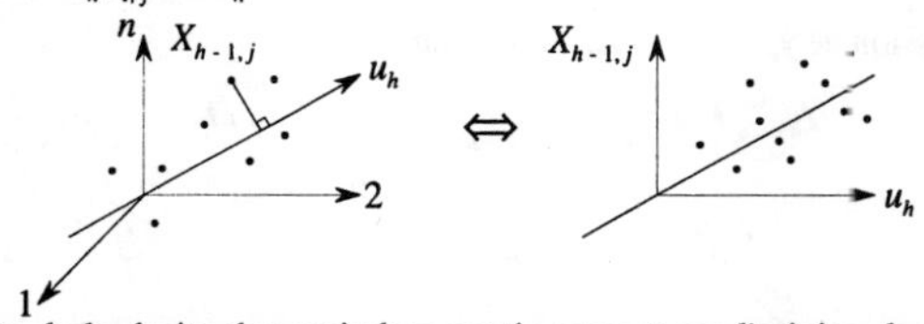

w_{hj} = pente de la droite des moindres carrés passant par l'origine de $(u_h, X_{h-1,j})$ calculée sur les données disponibles

$= X'_{h-1,j} \, u_h \, / \, u'_h u_h$, si données complètes

$w_h = (w_{h1}, \ldots, w_{hp})'$; w_h est normé à 1

4 Régression de $x_{h-1,i} = x_i - \sum_{l=1}^{h-1} t_{li} \, p_l$ sur w_h

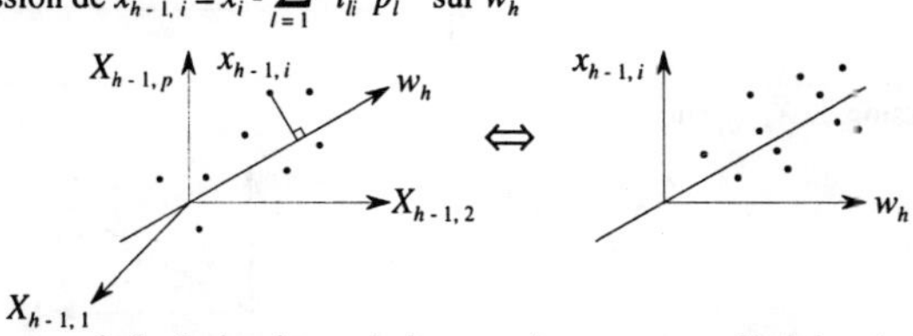

t_{hi} = pente de la droite des moindres carrés passant par l'origine de $(w_h, x_{h-1,i})$ calculée sur les données disponibles

$= x'_{h-1,i} \, w_h \, / \, w'_h w_h$, si données complètes

$t_h = (t_{h1}, \ldots, t_{hn})'$

vers 5

Encadré 2 (suite et fin)

ALGORITHME PLS2

depuis 4

5 Régression de $Y_{h-1,k}$ sur t_h

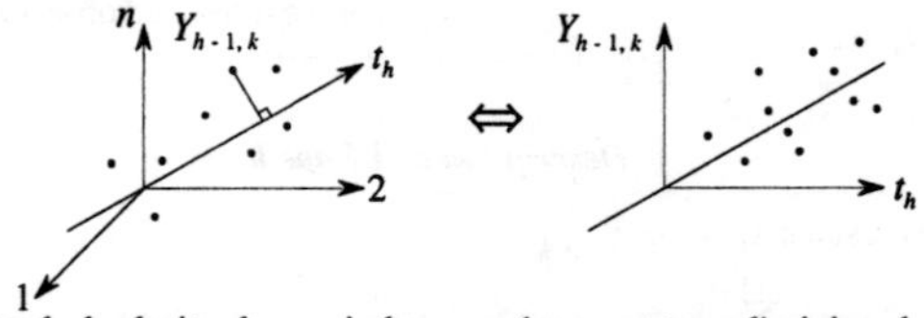

$c_{hk} =$ pente de la droite des moindres carrés passant par l'origine de $(t_h, Y_{h-1,k})$ calculée sur les données disponibles

$= Y'_{h-1,k}\, t_h / t'_h t_h$, si données complètes

$c_h = (c_{h1}, \ldots, c_{hq})'$

6 Régression de $y_{h-1,i} = y_i - \sum_{l=1}^{h-1} t_{li}\, c_l$ sur c_h

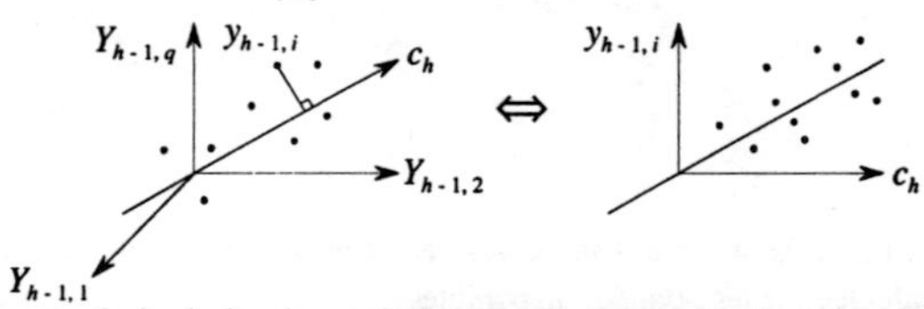

$u_{hi} =$ pente de la droite des moindres carrés passant par l'origine de $(c_h, y_{h-1,i})$ calculée sur les données disponibles

$= y'_{h-1,i}\, c_h / c'_h c_h$, si données complètes

$u_h = (u_{h1}, \ldots, u_{hn})'$

7 Répéter les sous-étapes **3** à **6** jusqu'à convergence de w_h

8 Régression de $X_{h-1,j}$ sur t_h

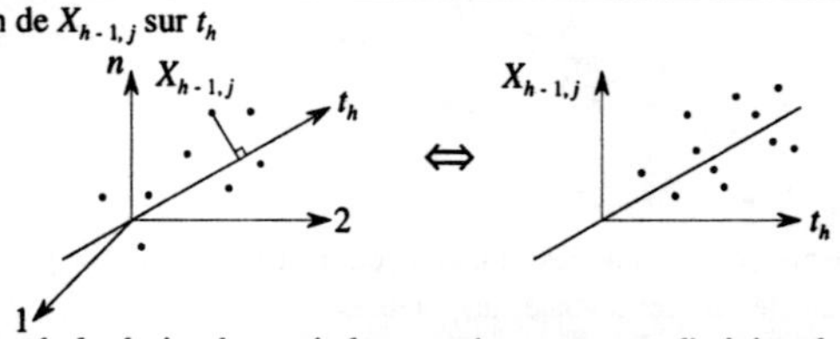

$p_{hj} =$ pente de la droite des moindres carrés passant par l'origine de $(t_h, X_{h-1,j})$ calculée sur les données disponibles

$= X'_{h-1,j}\, t_h / t'_h t_h$, si données complètes

$p_h = (p_{h1}, \ldots, p_{hp})'$

composantes $t_h = X_{h-1}w_h/w_h'w_h$ et $u_h = Y_{h-1}c_h/c_h'c_h$ de l'étape h à partir de la première étape de l'analyse factorielle inter-batteries de Tucker des tableaux X_{h-1} et Y_{h-1}. À chaque étape on recherche donc des vecteurs normés w_h et c_h^* maximisant le critère $cov(X_{h-1}w_h, Y_{h-1}c_h^*)$. Le vecteur c_h est colinéaire au vecteur c_h^*. On construit ensuite les tableaux X_h et Y_h des étapes 2.4 et 2.5 comme résidus des régressions des tableaux X_{h-1} et Y_{h-1} sur la composante t_h.

On peut remarquer que la Proposition 1 reste vraie. Elle peut être reprise entièrement à l'identique sur ce nouvel algorithme. On en déduit en particulier l'orthogonalité des composantes PLS t_h. Cette orthogonalité découle aussi directement de la construction de l'algorithme de régression PLS2 comme on peut le voir en utilisant la Proposition 6. Nous avons tenu à présenter cette proposition non pour son intérêt immédiat, mais parce qu'elle est d'une très large utilisation implicite en analyse des données et que nous y faisons souvent référence dans ce livre.

Proposition 6 *Soit $t_1 = Xa_1, \ldots, t_h = Xa_h$ un ensemble de composantes orthogonales et X_h le résidu de la régression de X sur $t_1, \ldots, t_h$. Alors l'ensemble des combinaisons linéaires des colonnes de X orthogonales aux composantes $t_1, \ldots, t_h$ est égal à l'ensemble des combinaisons linéaires des colonnes de X_h.*

Preuve

Tout d'abord l'équation de régression de X sur les composantes orthogonales $t_1, \ldots, t_h$ s'écrit

$$X = t_1p_1' + \ldots + t_hp_h' + X_h$$

avec $p_k' = (t_k't_k)^{-1}t_k'X$.

On définit ensuite les deux ensembles $A = \{x \mid x = Xc \text{ et } x'(t_1, \ldots, t_h) = 0\}$ et $B = \{x \mid x = X_hc\}$.

Il s'agit de montrer que $A = B$.

1) $A \subset B$

Si $x \in A$ on obtient :

$$x = Xa = (t_1p_1' + \ldots + t_hp_h' + X_h)a = X_ha$$

puisque

$$p_k'a = (t_k't_k)^{-1}t_k'Xa = (t_k't_k)^{-1}t_k'x = 0, k = 1, \ldots, h$$

d'après la définition de A. Donc $x \in B$.

2) $B \subset A$

Si $x \in B$ on obtient d'une part :

$$\begin{aligned} x &= X_hc \\ &= (X - t_1p_1' - \ldots - t_hp_h')c \\ &= X(I - a_1p_1' - \ldots - a_hp_h')c \\ &= Xa \end{aligned}$$

où $a = (I - a_1 p'_1 - \ldots - a_h p'_h)c$, et d'autre part :

$$x' t_k = c' X'_h t_k = 0, \text{ pour } k = 1, \ldots, h$$

puisque X_h est le résidu de la régression de X sur $t_1, \ldots, t_h$. Et par conséquent $x \in A$.

9.1.2 Version modifiée de l'algorithme de régression PLS2

L'orthogonalité des composantes PLS t_h implique que les matrices X_h et Y_h sont aussi les résidus respectifs des régressions de X et Y sur les composantes $t_1, \ldots, t_h$. Notons $\mathcal{P}_h$ l'opérateur de projection orthogonale sur l'espace engendré par les composantes $t_1, \ldots, t_h$. On déduit alors de

$$X_h = (I - \mathcal{P}_h)X$$
$$Y_h = (I - \mathcal{P}_h)Y$$

les relations

$$X'_h Y_h = X'(I - \mathcal{P}_h)(I - \mathcal{P}_h)Y = X'_h Y$$
$$X'_h X_h = X' X_h$$

D'où des modifications possibles dans l'algorithme de régression PLS2 :

$$w_h = X'_{h-1} Y c_h / \left\| X'_{h-1} Y c_h \right\|$$
$$c_h = Y' t_h / t'_h t_h$$
$$p_h = X' t_h / t'_h t_h$$

Le calcul des résidus Y_h est tout à fait inutile pour la détermination des composantes PLS $t_1, \ldots, t_h$. Par contre ces résidus sont utilisés pour le choix du nombre de composantes.

Donnons donc une version modifiée de l'algorithme de régression PLS2 conduisant aux mêmes vecteurs w_h, t_h, c_h et p_h que l'algorithme classique *lorsqu'il n'y a pas de donnée manquante*. La composante $u_h = Y_{h-1} c_h / c'_h c_h$ est remplacée par la composante $\widetilde{u}_h = Y c_h / c'_h c_h$.

Algorithme de régression PLS2 modifié

Étape 1 : $X_0 = X$; $Y_0 = Y$

Étape 2 : Pour $h = 1, 2, \ldots, a$:

Étape 2.1 : $\widetilde{u}_h =$ première colonne de Y

Étape 2.2 : Répéter jusqu'à convergence de w_h :

Étape 2.2.1 : $w_h = X'_{h-1} \widetilde{u}_h / \widetilde{u}'_h \widetilde{u}_h$

Étape 2.2.2 : Normer le vecteur w_h à 1.

Étape 2.2.3 : $t_h = X_{h-1}w_h / w'_h w_h$
Étape 2.2.4 : $c_h = Y' t_h / t'_h t_h$
Étape 2.2.5 : $\widetilde{u}_h = Y c_h / c'_h c_h$
Étape 2.3 : $p_h = X' t_h / t'_h t_h$
Étape 2.4 : $X_h = X_{h-1} - t_h p'_h$
Étape 2.5 : $Y_h = Y_{h-1} - t_h c'_h$

Les relations cycliques de l'étape 2.2 de l'algorithme de régression PLS2 modifié conduisent, à chaque étape h, aux équations suivantes :

$$(\frac{1}{n-1}X'_{h-1}Y)(\frac{1}{n-1}Y'X_{h-1})w_h = \lambda_h w_h$$

$$(\frac{1}{n-1}X_{h-1}X'_{h-1})(\frac{1}{n-1}YY')t_h = \lambda_h t_h$$

$$(\frac{1}{n-1}Y'X_{h-1})(\frac{1}{n-1}X'_{h-1}Y)c_h = \lambda_h c_h$$

$$(\frac{1}{n-1}YY')(\frac{1}{n-1}X_{h-1}X'_{h-1})\widetilde{u}_h = \lambda_h \widetilde{u}_h$$

où λ_h est la plus grande valeur propre commune à ces matrices.

Ainsi chaque étape de l'algorithme de régression PLS2 modifié se ramène à la première étape de l'analyse factorielle inter-batteries de Tucker des tableaux X_{h-1} et Y. À chaque étape on obtient les composantes $t_h = X_{h-1}w_h / w'_h w_h$ et $\widetilde{u}_h = Y c_h / c'_h c_h$ en recherchant des vecteurs normés w_h et c^*_h maximisant le critère $cov(X_{h-1}w_h, Y c^*_h)$. Comme précédemment c_h est colinéaire à c^*_h. Et on passe à l'étape suivante en construisant le résidu X_h de la régression de X_{h-1} sur t_h.

En utilisant les principes de NIPALS l'algorithme de régression PLS2 modifié peut aussi fonctionner avec des données manquantes. Mais l'algorithme classique et l'algorithme modifié ne sont plus équivalents car les composantes PLS t_h ne sont plus alors nécessairement orthogonales.

9.2 Étude des composantes PLS t_h, u_h, $\widetilde{u}_h$

Étude des composantes t_h

Continuons à noter

$$T_h = [t_1, \ldots, t_h]$$

$$W_h = [w_1, \ldots, w_h]$$

$$P_h = [p_1, \ldots, p_h]$$

$$W^*_h = [w^*_1, \ldots, w^*_h]$$

On a encore en régression PLS2

$$T_h = XW_h^*$$

avec

$$W_h^* = W_h(P_h'W_h)^{-1}$$

Montrons ce résultat plus directement (mais d'une manière un peu plus compliquée) que pour la régression PLS1. Normons tout d'abord les composantes PLS. Posons

$$t_l^* = \frac{t_l}{\|t_l\|}$$

Notons N_h la matrice diagonale des normes $\|t_l\|$. On a donc

$$\begin{aligned} T_h^* &= [t_1^*, \ldots, t_h^*] \\ &= T_h N_h^{-1} \end{aligned}$$

et

$$P_h = X'T_h N_h^{-2}$$

L'orthogonalité de T_h^* et W_h s'écrit

$$T_h^{*\prime}T_h^* = W_h'W_h = I$$

D'après la Proposition 1, les composantes t_l^* appartiennent à $\mathcal{L}(X)$ et les vecteurs w_l à $\mathcal{L}(X')$. La matrice X étant de rang a, il existe des matrices de passage Γ et Λ de dimensions respectives $a \times p$ et $a \times n$ tel que

$$X = T_a^*\Gamma \text{ et } X' = W_a\Lambda$$

D'où

$$T_a^*\Gamma = \Lambda' W_a'$$

De

$$\Gamma = T_a^{*\prime}X$$

on déduit

$$\Lambda' = T_a^* T_a^{*\prime} X W_a$$

et finalement

$$\begin{aligned} XW_a &= \Lambda' \\ &= T_a^* T_a^{*\prime} X W_a \end{aligned}$$

On obtient, en revenant à T_a,

$$\begin{aligned} XW_a &= T_a N_a^{-2} T_a' X W_a \\ &= T_a P_a' W_a \end{aligned}$$

D'où

$$T_a = XW_a (P_a' W_a)^{-1}$$

Mais comme la Proposition 1 nous indique que la matrice $P_a' W_a$ est triangulaire supérieure, alors on a aussi pour tout $h \leqslant a$

$$T_h = XW_h (P_h' W_h)^{-1}$$

D'où le résultat.

Étude des composantes u_h et $\widetilde{u}_h$

L'algorithme de régression PLS2 classique fournit les composantes $u_h = Y_{h-1} c_h / c_h' c_h$ et l'algorithme modifié les composantes $\widetilde{u}_h = Y c_h / c_h' c_h$. La composante u_h est difficile à interpréter puisque, sauf pour u_1, elle n'appartient pas à l'espace des Y. Par contre $\widetilde{u}_h$ est une combinaison linéaire des Y, et par conséquent de nature plus interprétable.

La division par $c_h' c_h$ provient de la formulation de l'algorithme selon l'approche NIPALS afin de pouvoir prendre en compte les données manquantes. Elle permet aussi d'obtenir la première bissectrice comme droite des moindres carrés des nuages de points (t_h, u_h) et $(t_h, \widetilde{u}_h)$. Vérifions ce résultat. Le coefficient de régression de t_h dans la régression de u_h sur t_h s'écrit

$$\frac{u_h' t_h}{t_h' t_h} = \frac{c_h' Y_{h-1}' t_h}{t_h' t_h c_h' c_h} = 1$$

et de même le coefficient de régression de t_h dans la régression de $\widetilde{u}_h$ sur t_h vaut 1 puisque

$$\frac{\widetilde{u}_h' t_h}{t_h' t_h} = \frac{c_h' Y' t_h}{t_h' t_h c_h' c_h} = 1$$

De la formule de régression de Y sur $t_1, \ldots, t_{h-1}$

$$Y = t_1 c'_1 + t_2 c'_2 + \ldots + t_{h-1} c'_{h-1} + Y_{h-1}$$

on déduit aussi que u_h est le résidu de la régression de $\widetilde{u}_h$ sur $t_1, \ldots, t_{h-1}$. L'orthogonalité des composantes t_j permet de relier les corrélations de u_h et $\widetilde{u}_h$ avec t_h. On a en effet

$$cor(\widetilde{u}_h, t_h) = cor(u_h, t_h)\sqrt{1 - R^2(\widetilde{u}_h; t_1, \ldots, t_{h-1})}$$

puisque

$$\frac{cor(\widetilde{u}_h, t_h)}{cor(u_h, t_h)} = \frac{\|u_h\|}{\|\widetilde{u}_h\|} = \sqrt{1 - R^2(\widetilde{u}_h; t_1, \ldots, t_{h-1})}$$

Ainsi la corrélation de la composante t_h avec la composante $\widetilde{u}_h$ est nécessairement inférieure à sa corrélation avec la composante u_h. Les composantes $\widetilde{u}_h = Yc_h/c'_h c_h$ sont directement reliées aux variables dépendantes Y et peuvent donc être interprétées. Les composantes $u_h = Y_{h-1}c_h/c'_h c_h$ construites sur les résidus Y_{h-1} sont mieux corrélées aux variables t_h mais ne peuvent s'interpréter.

Interprétation des composantes t_h et $\widetilde{u}_h$

Les composantes t_h et $\widetilde{u}_h$ s'expriment en fonction des variables d'origine :

$$t_h = w^*_{h1} x_1 + \ldots + w^*_{hp} x_p$$
$$\widetilde{u}_h = (c_{h1} y_1 + \ldots + c_{hq} y_q)/c'_h c_h$$

Les corrélations des variables x_j et y_k avec les composantes t_h sont liées aux vecteurs p_h et c_h. On a en effet :

$$cor(x_j, t_h) = \frac{x'_j t_h}{\|x_j\| \times \|t_h\|} = \frac{x'_j t_h}{\sqrt{n-1} \times \sqrt{t'_h t_h}}$$
$$= s_{t_h} \times p_{hj}$$

où s_{t_h} est l'écart-type de la composante t_h. Et de même

$$cor(y_k, t_h) = \frac{y'_k t_h}{\|y_k\| \times \|t_h\|}$$
$$= s_{t_h} \times c_{hk}$$

Ainsi les vecteurs des corrélations des variables x_j et des variables y_k avec la composante t_h sont respectivement proportionnels aux vecteurs p_h et c_h.

L'interprétation "multivariée" des composantes PLS t_h et $\widetilde{u}_h$ utilise les vecteurs w^*_h et c_h. La construction de la carte superposant (w^*_1, w^*_2) et (c_1, c_2) permet d'interpréter visuellement les deux premières composantes de la régression PLS. Cette carte mélange plusieurs points de vue :

– les points correspondant aux variables x_j décrivent la construction des composantes t_h;

– les points correspondant aux variables y_k expriment à la fois la construction des composantes $\widetilde{u}_h$ et la corrélation entre les variables y_k et les composantes t_h.

La carte des corrélations des variables x_j et y_k avec les composantes (t_1, t_2) fournit une interprétation "univariée" de ces composantes. Aux facteurs d'échelle s_{t_1} et s_{t_2} près, cette carte correspond à la superposition de (p_1, p_2) et (c_1, c_2).

9.3 Étude de l'équation de régression PLS

Il s'agit d'exprimer la régression de Y sur les composantes PLS $t_1, \ldots, t_H$ en fonction des variables X. On a

$$Y = t_1 c_1' + t_2 c_2' + \ldots + t_H c_H' + Y_H \tag{79}$$

Posant

$$C_H = [c_1, \ldots, c_H]$$

l'équation de régression (79) devient

$$\begin{aligned} Y &= T_H C_H' + Y_H \\ &= X W_H^* C_H' + Y_H \\ &= X W_H (P_H' W_H)^{-1} C_H' + Y_H \end{aligned}$$

Nous en déduisons que la matrice B des coefficients de régression de X dans la régression PLS de Y sur X réalisée en utilisant H composantes $t_1, \ldots, t_H$ et exprimée en fonction de X s'écrit

$$\begin{aligned} B &= \sum_{h=1}^{H} w_h^* c_h' \\ &= W_H (P_H' W_H)^{-1} C_H' \end{aligned}$$

La Proposition 1 fournit une expression très simple de w_h^* pour $h > 1$

$$w_h^* = \prod_{l=1}^{h-1} (I - w_l p_l') w_h$$

Lorsque $H = 2$ conduit à une solution acceptable, l'équation de régression PLS s'écrit pour chaque variable y_k:

$$\begin{aligned} y_k &\approx c_{1k} t_1 + c_{2k} t_2 \\ &\approx (c_{1k} w_{11}^* + c_{2k} w_{21}^*) x_1 + \ldots + (c_{1k} w_{1p}^* + c_{2k} w_{2p}^*) x_p \\ &\approx b_{k1} x_1 + \ldots + b_{kp} x_p \end{aligned}$$

Par conséquent la carte superposant (w_1^*, w_2^*) et (c_1, c_2) fournit des indications sur les coefficients de régression b_{kj}. Ceux-ci sont positifs, nuls ou négatifs selon que les vecteurs x_j et y_k forment un angle aigu, droit ou obtus.

9.4 La validation croisée

On définit comme en régression PLS1, pour chaque variable y_k, les quantités $PRESS_{kh}$ et RSS_{kh}. On calcule pour chaque variable y_k l'indice

$$Q^2_{kh} = 1 - \frac{PRESS_{kh}}{RSS_{k(h-1)}}$$

Globalement, sur l'ensemble des variables Y, on calcule

$$Q^2_h = 1 - \frac{\sum_{k=1}^{q} PRESS_{kh}}{\sum_{k=1}^{q} RSS_{k(h-1)}}$$

Ces indices mesurent l'apport marginal de chaque composante PLS t_h au pouvoir prédictif du modèle.

On peut aussi mesurer l'apport global de l'ensemble des h premières composantes PLS. On trouve dans SIMCA-P les quantités suivantes

$$(Q^2_{cum})_{kh} = 1 - \prod_{j=1}^{h} \frac{PRESS_{kj}}{RSS_{k(j-1)}}$$

et

$$(Q^2_{cum})_h = 1 - \prod_{j=1}^{h} \frac{\sum_{k=1}^{q} PRESS_{kj}}{\sum_{k=1}^{q} RSS_{k(j-1)}}$$

Dans SIMCA-P, il y a deux règles qui permettent de décider si l'apport d'une composante t_h est significatif.

Règle 1 : On décide que l'apport de la composante t_h est significatif selon la règle 1 si :

$$Q^2_h \geqslant (1 - 0.95^2) = 0.0975$$

Règle 2 : On décide que l'apport de la composante t_h est significatif selon la règle 2 si :

$$\text{au moins un } Q^2_{hk} \geqslant 0.0975$$

Par ailleurs, une réponse y_k est considérée comme bien modélisée par h composantes $t_1, \ldots, t_h$ si

$$(Q^2_{cum})_{kh} \geqslant 0.5$$

Les limites mentionnées sont tout à fait arbitraires, mais correspondent à un ordre de grandeur issu de l'expérience de Svante Wold.

9.5 Aide à l'interprétation

Toutes les aides à l'interprétation présentées en régression PLS1 restent valables en ce qui concerne les X. Nous complètons ici l'exposé en ce qui concerne l'étude des Y.

Pouvoir explicatif d'une variable $\mathbf{x}_j$ sur l'ensemble des Y (VIP = Variable Importance in the Projection)

Dans SIMCA-P le VIP_{hj} est défini par

$$VIP_{hj} = \sqrt{\frac{p}{Rd(Y;t_1,\ldots,t_h)}\sum_{l=1}^{h} Rd(Y;t_l)w_{lj}^2}$$

On a

$$\sum_{j=1}^{p} VIP_{hj}^2 = p$$

La contribution d'une variable x_j à la construction de la composante t_l est mesurée par le poids w_{lj}^2. Pour chaque l la somme de ces poids sur l'ensemble des p variables x_j vaut 1. Pour mesurer la contribution de la variable x_j à la construction de Y à travers les composantes t_l, il faut prendre en compte le pouvoir explicatif de la composante t_l, mesuré par la redondance $Rd(Y;t_l)$. Un même poids w_{lj}^2 indique un pouvoir explicatif de la variable x_j sur l'ensemble des variables Y d'autant plus important que la redondance $Rd(Y;t_l)$ est élevée. D'où la formule du *VIP* utilisée. Le *VIP* permet de classer les variables x_j en fonction de leur pouvoir explicatif de Y. Les variables ayant un fort *VIP* (> 1) sont les plus importantes dans la construction de Y.

Qualité de représentation des données à l'aide des composantes *PLS* t_h (*DModX*, *DModY*)

Il s'agit d'étudier les résidus e_{ji} et f_{ki} des régressions de x_j et y_k sur les composantes $t_1,\ldots,t_H$. Pour chaque individu i ayant participé à la construction du modèle on note :

$$DModX_i = \sqrt{\frac{\sum_{j=1}^{p} e_{ji}^2}{p-H}} \times \sqrt{\frac{n}{n-H-1}}$$

et

$$DModY_i = \sqrt{\frac{\sum_{k=1}^{q} f_{ki}^2}{q-H}}$$

Ces quantités mesurent la distance au modèle de l'individu i dans l'espace des X et des Y. Le terme correctif $\sqrt{n/(n-H-1)}$ corrige en quelque sorte le trop bon ajustement de la régression de X sur des composantes formées elles-même à partir des X.

On calcule ensuite des écarts-types de ces résidus :

$$s_X = \sqrt{\frac{\sum_{i=1}^{n}\sum_{j=1}^{p} e_{ji}^2}{(n-H-1)\times(p-H)}}$$

$$s_Y = \sqrt{\frac{\sum_{i=1}^{n}\sum_{k=1}^{q} f_{ji}^2}{(n-H-1)\times(q-H)}}$$

Puis on construit les distances normalisées

$$DModX, N_i = \frac{DModX_i}{s_X}$$

$$DModY, N_i = \frac{DModY_i}{s_Y}$$

Dans SIMCA-P la distance normalisée $DModX, N_i$ est considérée comme significative si elle dépasse le seuil $DCrit = \sqrt{F_{0.95}(k_1, k_2)}$ où les degrés de liberté k_1, k_2 sont définis comme en régression PLS1.

9.6 Seconde synthèse de Burnham, Viveros et MacGregor

Burnham, Viveros et MacGregor (1996) ont construit dans leur "Framework 3" une présentation unifiée de l'analyse canonique, de l'analyse des redondances, de SIMPLS et de la régression PLS. Nous présentons leur seconde synthèse dans cette section.

La solution de l'algorithme de la régression PLS se déduit directement à chaque étape h du problème d'optimisation suivant :

$$\max_{a_h, b_h} cov(X_{h-1}a_h, Yb_h)$$

sous les contraintes

$$a'_h a_h = 1 \text{ et } b'_h b_h = 1$$

Ce problème d'optimisation peut s'exprimer en fonction des données d'origine X. Le résidu X_{h-1} de l'étape h peut s'écrire

$$X_{h-1} = X - \sum_{j=1}^{h-1} \frac{t_j t'_j}{t'_j t_j} X$$

$$= (I - \mathcal{P}_{h-1})X$$

avec $t_j = X_{j-1}a_j$ et $\mathcal{P}_{h-1}$ opérateur de projection orthogonale sur l'espace engendré par les composantes $t_1, \ldots, t_{h-1}$.

Le corollaire de la Proposition 2 nous indique que l'espace engendré par les composantes $t_1 = Xa_1, \ldots, t_h = X_{h-1}a_h$ est égal à l'espace engendré par les composantes $Xa_1, \ldots, Xa_h$. Et par conséquent l'opérateur de projection $\mathcal{P}_h$ représente également l'opérateur de projection orthogonale sur l'espace engendré par les composantes $Xa_1, \ldots, Xa_h$.

La solution de l'algorithme de régression PLS se déduit donc, à chaque étape h, du problème d'optimisation suivant, écrit en fonction des données d'origine :

$$\max_{a_h, b_h} cov((I - \mathcal{P}_{h-1})Xa_h, Yb_h)$$

sous les contraintes

$$a'_h a_h = 1 \text{ et } b'_h b_h = 1$$

où $\mathcal{P}_{h-1}$ est maintenant l'opérateur de projection orthogonale sur l'espace engendré par les composantes $Xa_1, \ldots, Xa_{h-1}$.

On peut maintenant reprendre le problème d'optimisation de la section 5.6 en remplaçant le critère $cov(Xa_h, Yb_h)$ par le critère $cov((I - \mathcal{P}_{h-1})Xa_h, Yb_h)$.

L'analyse canonique, l'analyse des redondances, l'algorithme SIMPLS *et la régression PLS* sont obtenus comme solution du problème d'optimisation :

$$\max_{a_h, b_h} cov((I - \mathcal{P}_{h-1})Xa_h, Yb_h)$$

sous les contraintes

$$a'_h M_1 a_h = 1,\ b'_h M_2 b_h = 1,\ a'_g M_3 a_h = 0,\ g < h$$

où les matrices M_1, M_2 et M_3 sont définies dans le tableau suivant :

	Analyse canonique	Analyse des redondances	Algorithme SIMPLS	Régression PLS
M_1	$\frac{1}{n}X'X$	$\frac{1}{n}X'X$	I	I
M_2	$\frac{1}{n}Y'Y$	I	I	I
M_3	$\frac{1}{n}X'X$	$\frac{1}{n}X'X$	$\frac{1}{n}X'X$	I

On retrouve le critère $cov(Xa_h, Yb_h)$ pour les trois premières méthodes, puisque les contraintes d'orthogonalité des composantes ($\frac{1}{n}a'_g X'Xa_h, = 0, g < h$) impliquent $\mathcal{P}_{h-1}Xa_h = 0$. On retrouve également la régression PLS puisque l'une des propriétés de cette méthode est l'orthogonalité des poids $a_1, \ldots, a_h$.

9.7 Étude des données de Linnerud

Nous avons utilisé SIMCA-P sur les données de Linnerud. Certains résultats complémentaires non disponibles dans SIMCA-P ont été obtenus à l'aide d'une macro SAS de régression PLS. Nous allons commenter les différents résultats obtenus.

Première valeur propre λ_h ***de*** $(\frac{1}{n-1}X'_{h-1}Y)(\frac{1}{n-1}Y'X_{h-1})$, ***variances*** $s^2_{t_h}$ ***et*** $s^2_{u^*_h}$ ***des composantes*** $t_h = X_{h-1}w_h$ ***et*** $u^*_h = Yc^*_h$ ***et*** $cor^2(t_h, u^*_h)$

h	λ_h	$s^2_{t_h}$	$s^2_{u^*_h}$	$cor^2(t_h, u^*_h)$
1	1.272426	2.0252	2.0503	0.3066
2	0.038763	0.4381	1.9071	0.0464
3	0.026655	0.2355	1.1505	0.0983

Résultat de la validation croisée

		Q2	Q2(cum)
Total	Comp 1	**0.1231**	0.1231
	Comp 2	-0.0671	0.1231
	Comp 3	-0.0430	0.1231
Traction	Comp 1	**0.1386**	0.1386
	Comp 2	-0.0641	0.1386
	Comp 3	0.0254	0.1605
Flexion	Comp 1	**0.2643**	0.2643
	Comp 2	-0.0592	0.2643
	Comp 3	-0.0312	0.2643
Sauts	Comp 1	-0.0334	0.0000
	Comp 2	-0.0747	0.0000
	Comp 3	-0.1017	0.0000

Tableau des vecteurs w_h ***et des*** w^*_h

	w_1	w_2	w_3	w^*_1	w^*_2	w^*_3
Poids	-0.58989	0.46879	-0.65747	-0.58989	0.36793	-0.93459
Tour de taille	-0.77134	-0.56801	0.28706	-0.77134	-0.69989	0.80231
Pouls	0.23888	-0.67647	-0.69666	0.23888	-0.63562	-0.22282

Tableau des vecteurs c_h

	c_1	c_2	c_3
Tractions	0.3416	0.3363	0.4772
Flexions	0.4160	0.2907	0.4554
Sauts	0.1429	0.0651	-0.2125

Tableau des vecteurs p_h

	p_1	p_2	p_3
Poids	-0.6659	-0.0197	-0.6574
Tour de taille	-0.6760	-0.3546	0.2870
Pouls	0.3589	-1.1942	-0.6966

Tableau des composantes t_h

N°	t_1	t_2	t_3
1	-0.643	0.591	-0.131
2	-0.770	0.167	0.134
3	-0.907	-0.521	0.048
4	0.688	-0.680	0.346
5	-0.487	1.133	-0.182
6	-0.229	-0.072	0.025
7	-1.404	-0.077	-0.572
8	0.744	-0.211	-0.032
9	1.715	-0.655	-1.557
10	1.163	0.167	0.333
11	0.365	0.701	0.201
12	0.743	0.698	0.002
13	1.187	-0.757	0.336
14	-4.390	-0.760	0.255
15	-0.823	0.974	-0.083
16	-0.749	-0.521	-0.667
17	-0.393	-0.203	0.564
18	1.199	0.783	0.092
19	1.048	0.373	0.319
20	1.942	-1.129	0.568

Tableau des composantes u_h, $\widetilde{u}_h$

N°	u_1	u_2	u_3	$\widetilde{u}_1$	$\widetilde{u}_2$	$\widetilde{u}_3$
1	-0.667	-0.308	-0.411	-0.667	-1.09	-0.50
2	-2.406	-2.296	-1.431	-2.406	-3.23	-1.85
3	-0.148	1.073	0.451	-0.148	-0.03	-0.46
4	-0.637	-1.175	0.086	-0.637	-0.34	0.15
5	0.831	1.850	0.585	0.831	1.26	0.92
6	-2.344	-2.643	-1.260	-2.344	-2.92	-1.46
7	-1.547	0.019	0.317	-1.547	-1.69	-0.67
8	-1.431	-2.654	-1.075	-1.431	-1.75	-0.70
9	2.051	0.728	1.360	2.051	2.81	2.13
10	5.447	4.526	0.590	5.447	5.94	1.47
11	0.735	1.145	0.659	0.735	1.59	1.31
12	2.523	1.981	0.354	2.523	2.88	1.26
13	2.748	1.810	1.252	2.748	3.25	1.61
14	-3.990	0.341	0.525	-3.990	-4.99	-2.86
15	-2.691	-2.074	-1.468	-2.691	-3.07	-1.46
16	2.359	3.509	1.832	2.359	2.60	1.03
17	-3.376	-3.494	-1.548	-3.376	-3.97	-1.93
18	2.220	1.037	0.228	2.220	2.49	1.49
19	2.883	2.321	1.304	2.883	3.59	2.23
20	-2.559	-5.696	-2.350	-2.559	-3.34	-1.70

Tableau des corrélations entre les variables et les composantes PLS

	t_1	t_2	t_3	$\widetilde{u}_1$	$\widetilde{u}_2$	$\widetilde{u}_3$
Poids	-0.948	-0.013	0.319	-0.465	-0.466	-0.488
Tour de taille	-0.962	-0.235	-0.139	-0.608	-0.622	-0.695
Pouls	0.511	-0.790	0.338	0.188	0.191	0.225
Tractions	0.486	0.223	0.231	0.880	0.920	0.927
Flexions	0.592	0.192	0.221	0.940	0.916	0.868
Sauts	0.203	0.043	-0.103	0.741	0.687	0.443

Tableau des corrélations entre les composantes

	t_1	t_2	t_3	$\widetilde{u}_1$	$\widetilde{u}_2$	$\widetilde{u}_3$
t_1	1.000	0.000	0.000	0.553	0.562	0.616
t_2		1.000	0.000	0.203	0.215	0.248
t_3			1.000	0.196	0.218	0.313
$\widetilde{u}_1$				1.000	0.995	0.929
$\widetilde{u}_2$					1.000	0.955
$\widetilde{u}_3$						1.000

Tableau des $R^2(x_j; t_h)$ et des redondances $Rd(X, t_h)$

	t_1	t_2	t_3
Poids	0.898	0.000	0.102
Tour de taille	0.926	0.055	0.019
Pouls	0.261	0.625	0.114
Redondance	0.695	0.227	0.078

Tableau des $R^2(x_j; t_{1,\dots,}t_h)$ et des redondances $Rd(X; t_1, \dots, t_h)$

h	1	2	3
Poids	0.898	0.898	1
Tour de taille	0.926	0.981	1
Pouls	0.261	0.886	1
Redondance	0.695	0.922	1

Tableau des $R^2(y_k; t_h)$ et des redondances $Rd(Y, t_h)$

	t_1	t_2	t_3
Tractions	0.236	0.049	0.053
Flexions	0.350	0.037	0.048
Sauts	0.041	0.002	0.011
Redondance	0.209	0.029	0.037

Tableau des $R^2(y_k; t_{1,\dots,}t_h)$ et des redondances $Rd(Y; t_1, \dots, t_h)$

h	1	2	3
Tractions	0.236	0.285	0.339
Flexions	0.350	0.387	0.436
Sauts	0.041	0.043	0.053
Redondance	0.209	0.238	0.276

Tableau des $R^2(y_k; \widetilde{u}_{1,\dots,}\widetilde{u}_h)$ et des redondances $Rd(Y; \widetilde{u}_1, \dots, \widetilde{u}_h)$

h	1	2	3
Tractions	0.775	0.975	1
Flexions	0.883	0.921	1
Sauts	0.549	0.804	1
Redondance	0.874	0.900	1

Tableau des VIP_h

h	1	2	3
Poids	1.0217	0.9982	1.0185
Tour de taille	1.3360	1.2977	1.2199
Pouls	0.4137	0.5652	0.6888

Commentaires

Les résultats de la validation croisée montrent qu'une seule composante est significative. Ils indiquent également que la variable Sauts ne peut être correctement prévue par les caractéristiques physiques. La première composante PLS t_1 est identique à la première composante obtenue en analyse factorielle inter-batteries et avec SIMPLS. Cet exemple ne servant qu'à illustrer la régression PLS, nous avons néanmoins conservé la deuxième composante afin d'avoir accès à une nouvelle méthode et de pouvoir présenter les graphiques associés. La première composante t_1 explique 69,5% des X et 20,9% des Y. La deuxième composante t_2 explique 22,7% des X et seulement 2,9% des Y.

La carte (t_1, t_2) de la figure 24 montre l'existence d'un point atypique : le sujet 14. On construit aussi la carte $(\widetilde{u}_1, \widetilde{u}_2)$ qui résume 90% des Y (figure 25). Cette carte confirme que la deuxième dimension apporte peu d'information nouvelle par rapport à la première dimension. La carte des variables usuelle en régression PLS est obtenue en superposant (w_1^*, w_2^*) et (c_1, c_2) et est donnée dans la figure 26. Elle permet d'interpréter les composantes t_1, t_2 d'une part au niveau de leur construction à l'aide des variables X et d'autre part au niveau de leur capacité à prédire Y. Cette carte permet également d'interpréter les composantes $\widetilde{u}_h = Yc_h/c_h'c_h$. C'est l'interprétation multivariée. Précisons ces interprétations

– la composante t_1, essentiellement construite à partir des variables Poids et Tour de taille, traduit un potentiel physique;

– la composante t_2 oppose Poids à Tour de taille et Pouls : elle permet de différencier un "grand maigre" d'un "petit gros" qui peuvent avoir le même poids;

– les composantes $\widetilde{u}_1$ et $\widetilde{u}_2$ ont la même signification : elles correspondent toutes les deux à un indice de performance.

En utilisant les corrélations des variables X et Y avec (t_1, t_2), on obtient une interprétation univariée des composantes PLS. Cette carte apparait dans la figure 27. Elle confirme le fait qu'une dimension suffit pour décrire la liaison entre X et Y. La variable Pouls est séparée des autres car peu corrélée aux autres X et peu explicative des Y. La variable Sauts étant peu corrélée aux variables X, il est naturel qu'elle apparaisse comme peu corrélée aux composantes PLS (t_1, t_2).

On visualise ensuite dans les figures 28 et 29 les liaisons entre $\widetilde{u}_1$ et t_1 d'une part et entre $\widetilde{u}_2$ et t_2 d'autre part.

La qualité de la reconstitution de chaque observation à l'aide des composantes PLS t_1, t_2 est mesurée à l'aide des indices *DModX* et *DModY*, et des indices normalisés *DModX, N* et *DModY, N*. Ils sont donnés dans le tableau ci-dessous et visualisés dans les figures 30 et 31. Une observation est mal reconstituée au niveau des X si l'indice normalisé *DModX, N* est supérieur au seuil $DCrit = \sqrt{F_{0.95}(k_1, k_2)} = 2.780$, et au niveau des Y si *DModY, N* est supérieur à 2. Le sujet 9 est mal reconstitué au niveau des X, et le sujet 10 mal reconstitué au niveau des Y.

Tableau des qualités de représentation des individus

N°	*DModX*	*DModX, N*	*DModY*	*DModY, N*
1	0.14157	0.27589	0.9848	0.56840
2	0.14529	0.28315	1.3477	0.77782
3	0.05172	0.10081	1.3509	0.77966
4	0.37506	0.73095	1.2196	0.70389
5	0.19716	0.38423	0.5624	0.32460
6	0.02682	0.05228	1.3205	0.76212
7	0.62025	1.20880	0.5363	0.30954
8	0.03496	0.06813	1.3276	0.76622
9	1.68910	3.29180	1.1972	0.69096
10	0.36107	0.70368	3.9633	2.28740
11	0.21812	0.42508	1.6283	0.93976
12	0.00246	0.00481	0.9820	0.56679
13	0.36469	0.71075	1.3342	0.77003
14	0.27706	0.53996	0.6637	0.38307
15	0.08960	0.17462	1.6500	0.95229
16	0.72363	1.41030	2.2485	1.29771
17	0.61198	1.19270	1.7687	1.02080
18	0.10020	0.19527	0.7923	0.45732
19	0.34599	0.67430	1.0066	0.58096
20	0.61574	1.20000	2.3027	1.32899

La formule de régression de y_k sur les composantes t_1, t_2 s'écrit

$$y_k \approx c_{1k}t_1 + c_{2k}t_2$$

Les composantes t_h peuvent s'écrire en fonction des variables x_k

$$t_h = w^*_{h1}x_1 + w^*_{h2}x_2 + w^*_{h3}x_3$$

D'où la formule de régression PLS calculée à partir de deux composantes

$$\begin{aligned} y_k &\approx c_{1k}(w^*_{11}x_1 + w^*_{12}x_2 + w^*_{13}x_3) + c_{2k}(w^*_{21}x_1 + w^*_{22}x_2 + w^*_{23}x_3) \\ &\approx (c_{1k}w^*_{11} + c_{2k}w^*_{21})x_1 + (c_{1k}w^*_{12} + c_{2k}w^*_{22})x_2 + (c_{1k}w^*_{13} + c_{2k}w^*_{23})x_3 \\ &\approx b_{k1}x_1 + b_{k2}x_2 + b_{k3}x_3 \end{aligned}$$

En données centrées-réduites, on obtient les trois régressions suivantes

$$\begin{aligned}
\text{Tractions}^* &\approx \text{ - } 0.077 \times \text{Poids}^* \text{ - } 0.499 \times \text{Tour de taille}^* \text{ - } 0.132 \times \text{Pouls}^* \\
\text{Flexions}^* &\approx \text{ - } 0.138 \times \text{Poids}^* \text{ - } 0.524 \times \text{Tour de taille}^* \text{ - } 0.085 \times \text{Pouls}^* \\
\text{Sauts}^* &\approx \text{ - } 0.060 \times \text{Poids}^* \text{ - } 0.156 \times \text{Tour de taille}^* \text{ - } 0.007 \times \text{Pouls}^*
\end{aligned}$$

et, en revenant aux données d'origine,

$$\begin{aligned}
\text{Tractions} &\approx 47.02 \text{ - } 0.0166 \times \text{Poids - } 0.824 \times \text{Tour de taille - } 0.097 \times \text{Pouls} \\
\text{Flexions} &\approx 612.57 \text{ - } 0.351 \times \text{Poids - } 10.25 \times \text{Tour de taille - } 0.741 \times \text{Pouls} \\
\text{Sauts} &\approx 183.98 \text{ - } 0.125 \times \text{Poids - } 2.497 \times \text{Tour de taille - } 0.052 \times \text{Pouls}
\end{aligned}$$

On aurait bien visualisé dans la figure 26 que tous les coefficients de régression PLS b_{kj} sont négatifs si les échelles des deux axes avaient été identiques. Telle quelle la carte montre néanmoins la liaison négative entre la réussite aux exercices et les variables Poids et Tour de taille, et le rôle secondaire de la variable Pouls. SIMCA-P fournit un graphique des coefficients de régression des variables explicatives centrées-réduites (figure 32) et un graphique des VIP qui permet de situer l'importance de chaque variable x_j dans l'explication de Y (figure 33). Par ailleurs la qualité de reconstitution des variables dépendantes y_k à l'aide des composantes PLS t_1, t_2 peut être visualisée à l'aide des graphiques reliant les valeurs observées aux valeurs prédites. Ces graphiques apparaissent pour chaque y_k dans les figures 34 à 36.

Nous allons terminer l'étude de la régression PLS2 en examinant le calcul de la prévision des performances d'un nouveau membre de ce club de gymnastique en fonction de ses caractéristiques physiques. Supposons les caractéristiques suivantes : Poids = 200, Tour de taille = 40, Pouls = 60. Calculons une prévision de ses performances en Tractions, Flexions, Sauts avec des intervalles de prévision à 80%. On calcule tout d'abord les valeurs de t_1 et t_2 pour ce nouvel individu :

$$\begin{aligned}
t_1 &= -0.58989 \times \frac{200 - 178.6}{24.69} - 0.77134 \times \frac{40 - 35.4}{3.20} + 0.23888 \times \frac{60 - 56.1}{7.21} \\
&= -1.491 \\
t_2 &= 0.36793 \times \frac{200 - 178.6}{24.69} - 0.69989 \times \frac{40 - 35.4}{3.20} - 0.63562 \times \frac{60 - 56.1}{7.21} \\
&= -1.031
\end{aligned}$$

On déduit prévision et intervalle de prévision pour une nouvelle observation i des régressions des variables y_k d'origine sur les composantes centrées et orthogonales t_1, t_2 :

$$\text{Prévision : } \widehat{y}_{ki} = \overline{y}_k + s_{y_k} \times (c_{1k}t_{1i} + c_{2k}t_{2i})$$

et

Intervalle de prévision à 80% : $\widehat{y}_{ki} \pm t_{0.90}(n-3) \times s_k \times \sqrt{1 + \frac{1}{n} + \frac{t_{1i}^2}{t_1't_1} + \frac{t_{2i}^2}{t_2't_2}}$

où s_k est l'écart-type du résidu de la régression de la variable d'origine y_k sur t_1, t_2.

Résultats

Prévision du score Tractions

$$\begin{aligned}\widehat{Tractions} &= 9.45 + 5.2863 \times (0.3416 \times (-1.491) + 0.3363 \times (-1.031)) \\ &= 4.9247\end{aligned}$$

En utilisant les valeurs $t_1't_1 = 38.48$, $t_2't_2 = 8.32$ et $s_1 = 4.72231$ on obtient l'intervalle de prévision à 80% du score Tractions de ce nouveau membre :

$$\begin{aligned}&4.9247 \pm 1.333 \times 4.72231 \times \sqrt{1 + \frac{1}{20} + \frac{1.491^2}{38.48} + \frac{1.031^2}{8.32}} \\ &= [-2.072, 11.922]\end{aligned}$$

Prévision du score Flexions

$$\begin{aligned}\widehat{Flexions} &= 145.55 + 62.567 \times (0.4160 \times (-1.491) + 0.2907 \times (-1.031)) \\ &= 88.00\end{aligned}$$

En utilisant l'écart-type $s_2 = 51.76$, on obtient l'intervalle de prévision à 80% du score Flexions :

$$\begin{aligned}&88 \pm 1.333 \times 51.76 \times \sqrt{1 + \frac{1}{20} + \frac{1.491^2}{38.48} + \frac{1.031^2}{8.32}} \\ &= [11.308, 164.69]\end{aligned}$$

Prévision du score Sauts

$$\begin{aligned}\widehat{Sauts} &= 70.30 + 51.2775 \times (0.1429 \times (-1.491) + 0.0651 \times (-1.031)) \\ &= 55.933\end{aligned}$$

Et l'écart-type $s_3 = 53.024$ permet d'obtenir l'intervalle de prévision à 80% du score Sauts :

$$\begin{aligned}&55.933 \pm 1.333 \times 53.024 \times \sqrt{1 + \frac{1}{20} + \frac{1.491^2}{38.48} + \frac{1.031^2}{8.32}} \\ &= [-22.6, 134.5]\end{aligned}$$

En conclusion, ces intervalles de prévision peuvent paraître larges, mais l'examen de leurs bornes supérieures n'est pas dénué d'intérêt. Elles peuvent servir à définir des objectifs "réalistes" au nouveau membre : 12 tractions, 165 flexions et 135 sauts. Bon courage !

Résultats graphiques

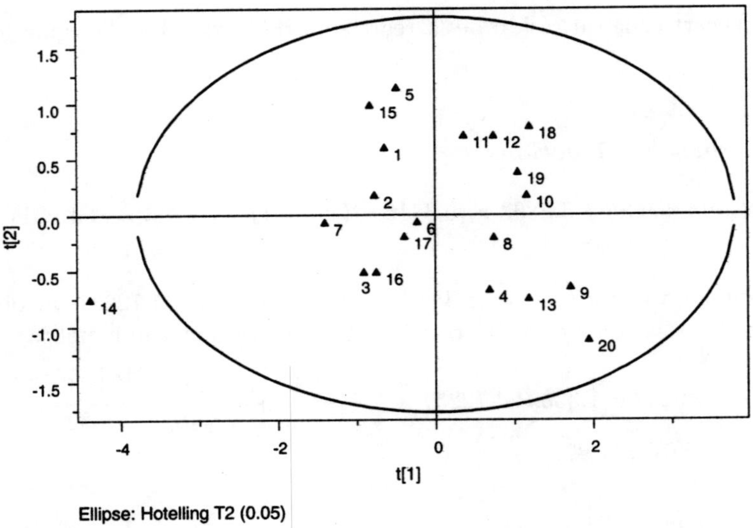

Figure 24 : Plan des composantes t_1 et t_2.

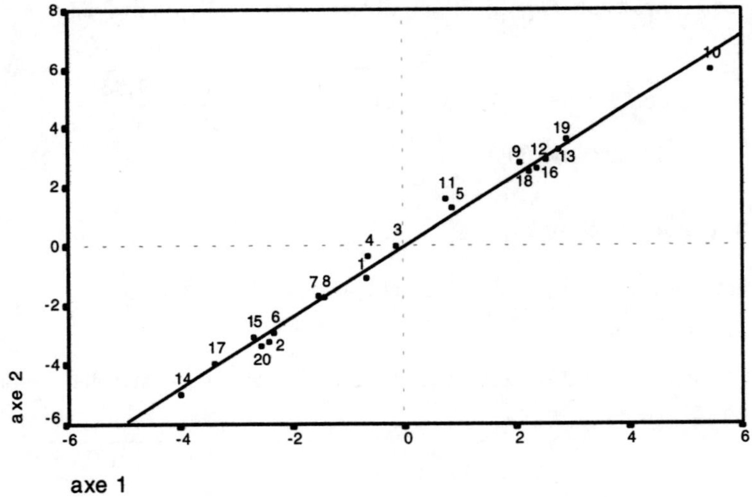

Figure 25 : Plan des composantes $\widetilde{u}_1$ et $\widetilde{u}_2$.

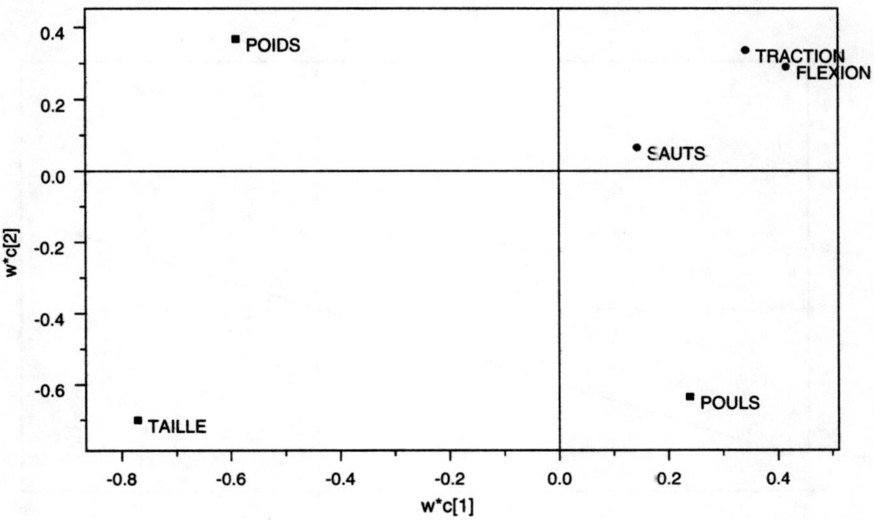

Figure 26 : Carte des variables: (w_1^*, w_2^*) et (c_1, c_2).

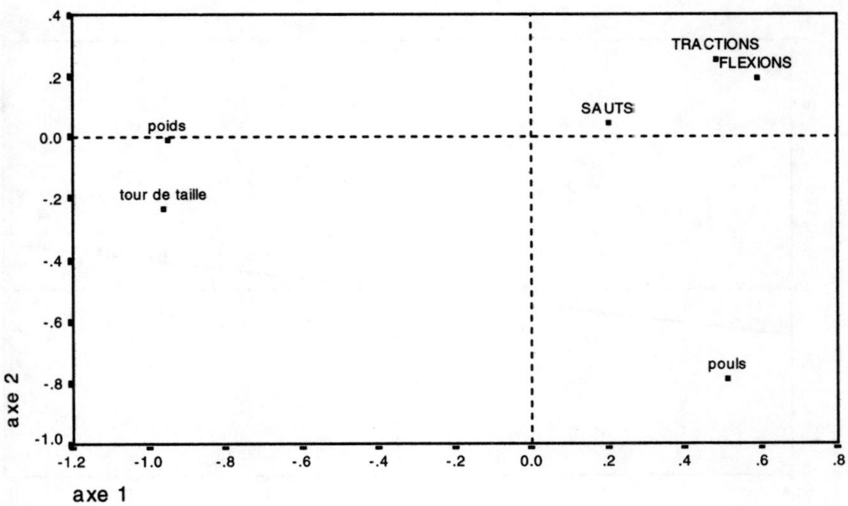

Figure 27 : Corrélations des variables avec (t_1, t_2).

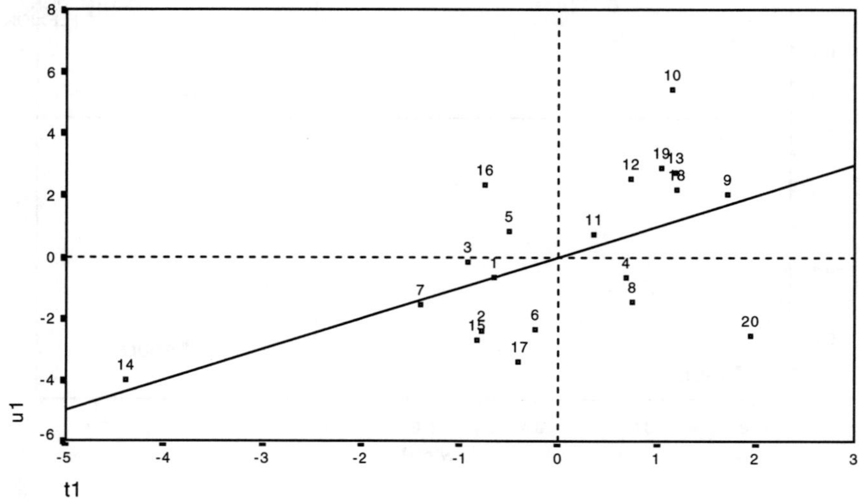

Figure 28 : Graphique des composantes t_1, u_1.

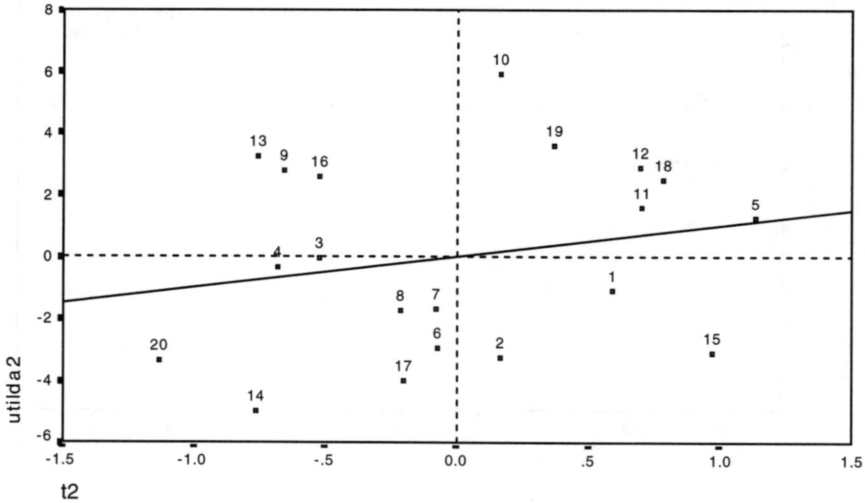

Figure 29 : Graphique des composantes $t_2, \widetilde{u}_2$.

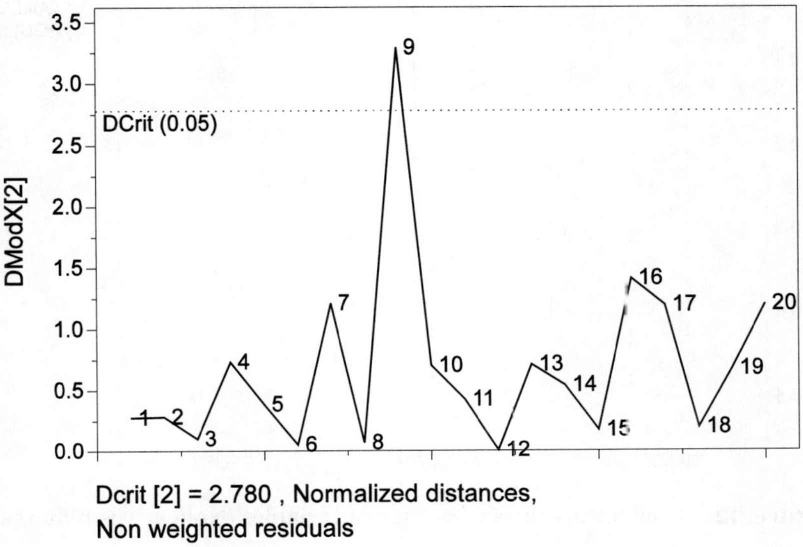

Figure 30 : Graphique des *DModX, N*.

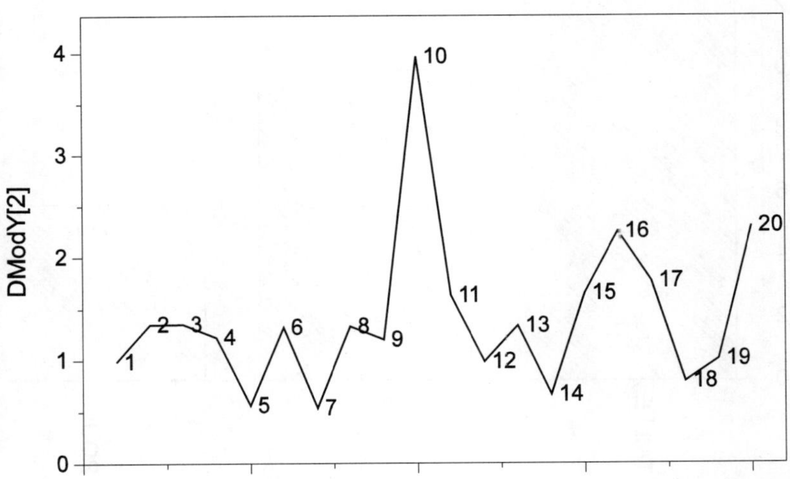

Figure 31 : Graphique des *DModY*.

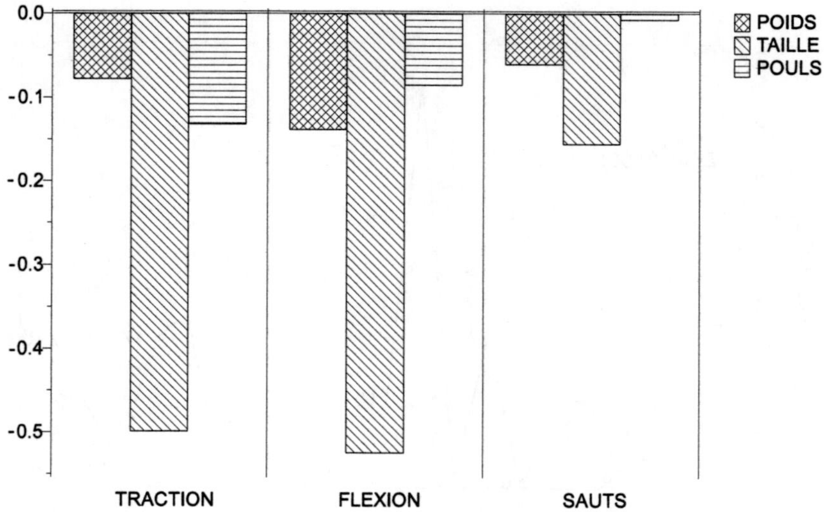

Figure 32 : Coefficients de régression des variables explicatives réduites.

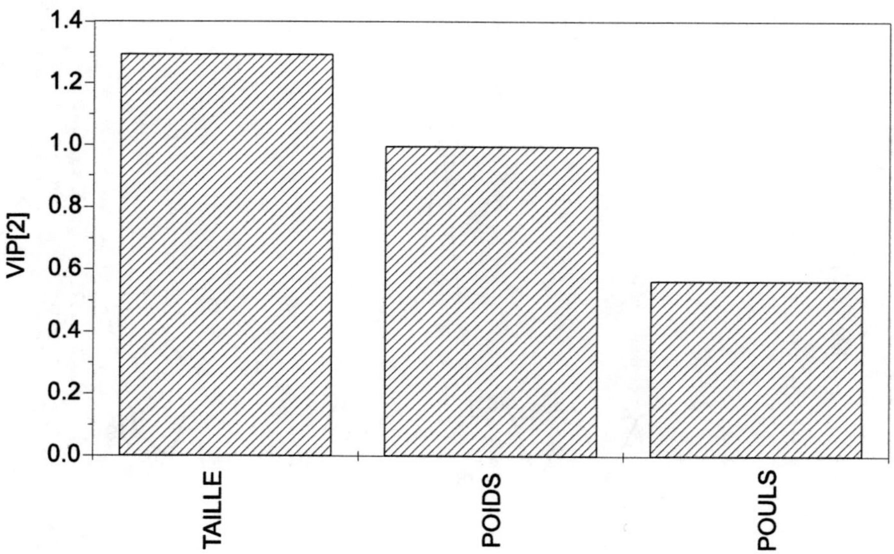

Figure 33 : Graphique des *VIP*.

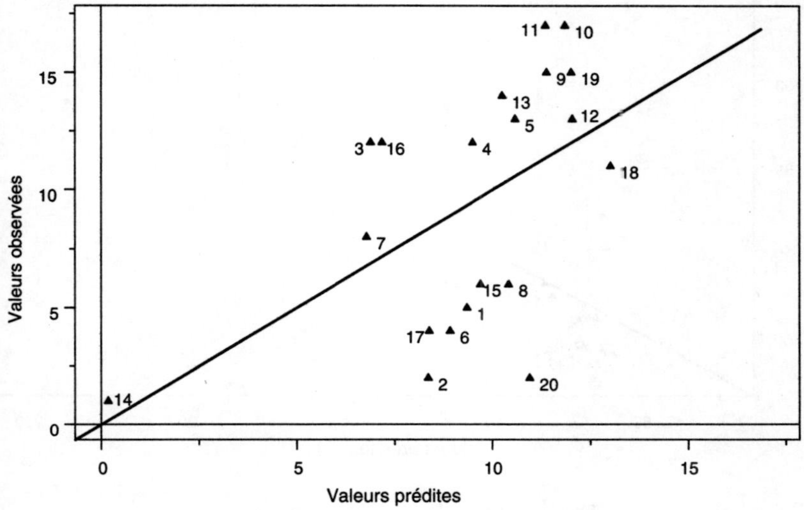

Figure 34 : Prévision de Traction.

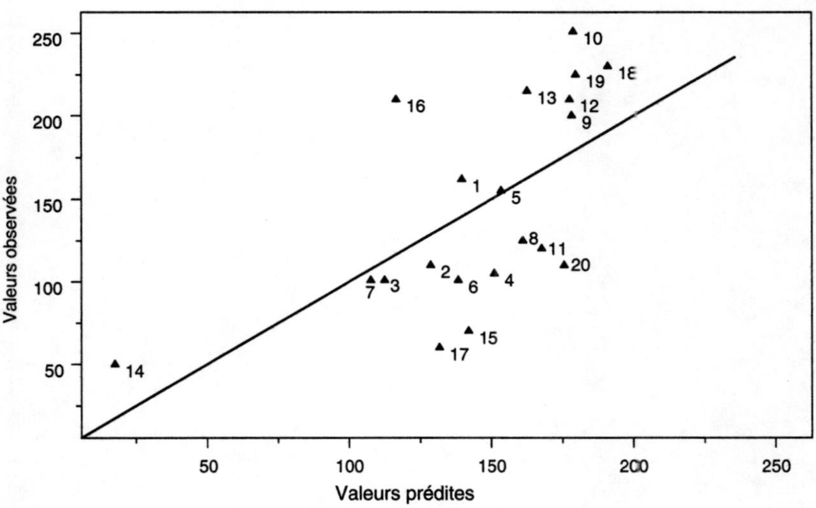

Figure 35 : Prévision de Flexion.

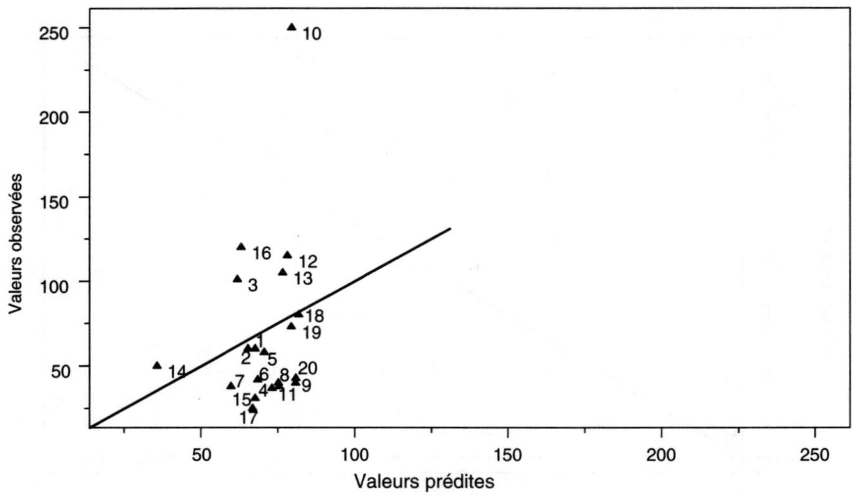

Figure 36 : Prévision de Sauts.

Chapitre 10

Applications de la régression PLS

Nous allons illustrer dans ce chapitre les possibilités de la régression PLS. Nous avons choisi cinq jeux de données. Les trois premiers ont déja été analysés dans la littérature par d'autres méthodes. Nous allons reprendre l'analyse de ces données en utilisant la régression PLS. Notre objectif est de montrer l'intérêt et l'apport de la régression PLS par rapport aux "anciennes" méthodes. Le quatrième jeu de données a déja été analysé par régression PLS avec succès. C'est un exemple médical particulièrement intéressant qui nous a été communiqué par Svante Wold. Enfin le dernier exemple illustre l'utilisation de la régression PLS en étalonnage multidimensionnel (*multivariate calibration*). Il provient du livre d'Esbensen, Schönkopf & Midtgaard (1994) et permet de montrer l'efficacité de la régression PLS sur des données de spectroscopie. Ces exemples nous permettront d'approfondir les règles d'interprétation et les possibilités graphiques de la régression PLS.

10.1 La processionnaire du pin

Cet exemple est traité en profondeur dans Tomassone, Lesquoy & Millier (1983) pour illustrer le problème de la multicolinéarité. Les auteurs présentent la régression sur composantes principales, puis la régression pseudo-orthogonalisée (*ridge regression*). Nous allons reprendre ces données avec la régression PLS.

Voici la description de l'étude telle qu'elle est présentée dans Tomassone et al., pages 139 à 141.

"Les expérimentateurs souhaitaient connaître l'influence de certaines caractéristiques de peuplements forestiers sur le développement de la processionnaire. L'unité, qui représente ici l'observation, est une parcelle forestière, c'est-à-dire une surface de 10 hectares d'un seul tenant. Cette parcelle est considérée comme homogène par rapport aux variables étudiées. Les valeurs de ces variables ont été obtenues comme des moyennes de valeurs mesurées sur des placettes échantillon

de 5 ares. La variable à expliquer est le nombre de nids de processionnaires par arbre d'une placette, elle est notée x_{11} *dans le tableau 6. Pour des raisons partiellement statistiques, c'est le logarithme de cette variable,* $y = Log(x_{11})$*, que nous analyserons.*

Nous avons mesuré dix variables explicatives sur chaque placette :

x_1 : *altitude (en m)*
x_2 : *pente (en degrés)*
x_3 : *nombre de pins dans une placette de 5 ares*
x_4 : *hauteur de l'arbre échantillonné au centre de la placette*
x_5 : *diamètre de cet arbre*
x_6 : *note de densité du peuplement*
x_7 : *orientation de la placette (1 = orientation vers le sud, 2 = autre)*
x_8 : *hauteur (en m) des arbres dominants*
x_9 : *nombre de strates de végétation*
x_{10} : *mélange du peuplement (1 = pas mélangé, 2 = mélangé)"*

Tableau 6 : Processionnaire du pin : données de base

N°	x_1	x_2	x_3	x_4	x_5	x_6	x_7	x_8	x_9	x_{10}	x_{11}
1	1200	22	1	4.0	14.8	1.0	1.1	5.9	1.4	1.4	2.37
2	1342	28	8	4.4	18.0	1.5	1.5	6.4	1.7	1.7	1.47
3	1231	28	5	2.4	7.8	1.3	1.6	4.3	1.5	1.4	1.13
4	1254	28	18	3.0	9.2	2.3	1.7	6.9	2.3	1.6	0.85
5	1357	32	7	3.7	10.7	1.4	1.7	6.6	1.8	1.3	0.24
6	1250	27	1	4.4	14.8	1.0	1.7	5.8	1.3	1.4	1.49
7	1422	37	22	3.0	8.1	2.7	1.9	8.3	2.5	2.0	0.30
8	1309	46	7	5.7	19.6	1.5	1.3	7.8	1.8	1.6	0.07
9	1127	24	2	3.5	12.6	1.0	1.7	4.9	1.5	2.0	3.00
10	1075	34	9	4.3	12.0	1.6	1.8	6.8	2.0	2.0	1.21
11	1166	24	17	5.5	16.7	2.4	1.5	11.5	2.9	1.7	0.38
12	1182	41	32	5.4	21.6	3.3	1.4	11.3	2.8	2.0	0.70
13	1179	15	0	3.2	10.5	1.0	1.7	4.0	1.1	1.6	2.64
14	1256	21	0	5.1	19.5	1.0	1.8	5.8	1.1	1.4	2.05
15	1251	26	2	4.2	16.4	1.1	1.7	6.2	1.3	1.8	1.75
16	1536	38	31	5.7	17.8	3.1	1.7	11.4	2.8	1.9	0.06
17	1554	27	20	5.6	20.2	2.8	1.9	9.2	2.7	1.3	0.13
18	1305	30	6	3.8	15.7	1.4	1.2	7.2	2.1	1.9	1.00
19	1316	34	8	3.1	11.4	1.5	1.8	5.0	1.6	2.0	0.41
20	1427	39	19	4.6	15.2	2.4	1.6	9.1	2.4	1.9	0.72
21	1575	20	32	5.2	18.9	3.0	1.7	9.4	2.5	1.8	0.67
22	1397	26	16	4.2	14.8	2.2	1.6	7.7	2.2	1.8	0.12
23	1377	29	4	5.3	19.8	1.2	1.8	6.8	1.6	1.9	0.97
24	1574	24	23	5.2	17.8	2.4	1.8	7.8	2.2	2.0	0.07

Tableau 6 : Processionnaire du pin : données de base (suite)

N°	x_1	x_2	x_3	x_4	x_5	x_6	x_7	x_8	x_9	x_{10}	x_{11}
25	1396	45	13	4.7	15.2	1.7	1.6	7.8	2.1	1.4	0.10
26	1393	27	5	4.7	18.3	1.2	1.7	7.5	1.7	2.0	0.68
27	1433	23	18	6.5	21.0	2.7	1.8	13.7	2.7	1.3	0.13
28	1349	24	1	2.7	5.8	1.0	1.7	3.6	1.3	1.8	0.20
29	1208	23	2	3.5	11.5	1.1	1.7	5.4	1.3	2.0	1.09
30	1198	28	15	3.9	11.3	2.0	1.6	7.4	2.8	2.0	0.18
31	1228	31	6	5.4	21.8	1.3	1.7	7.0	1.5	1.9	0.35
32	1229	21	11	5.8	16.7	1.7	1.8	10.0	2.3	2.0	0.21
33	1310	36	17	5.2	17.8	2.3	1.9	10.3	2.6	2.0	0.03

Le tableau 7 contient les corrélations entre les variables.

Tableau 7 : Corrélations entre les variables

	x_1	x_2	x_3	x_4	x_5	x_6	x_7	x_8	x_9	x_{10}
x_1										
x_2	0.12									
x_3	0.54	0.32								
x_4	0.32	0.14	0.41							
x_5	0.28	0.11	0.29	0.90						
x_6	0.51	0.30	0.98	0.44	0.31					
x_7	0.27	-0.15	0.13	0.06	-0.08	0.15				
x_8	0.36	0.26	0.76	0.77	0.60	0.81	0.06			
x_9	0.36	0.33	0.88	0.46	0.27	0.91	0.06	0.85		
x_{10}	-0.10	0.13	0.21	-0.04	-0.02	0.13	0.14	0.05	0.17	1
y	-0.53	-0.43	-0.52	-0.42	-0.20	-0.53	-0.23	-0.54	-0.59	-0.06

Par ailleurs un second ensemble de mesures a été relevé dans une région voisine. Les mêmes caractéristiques observées sur 25 données supplémentaires sont données dans le tableau 8. Il a été utilisé par Tomassone et al. pour comparer les résultats de la régression multiple, de la régression pas-à-pas et de la régression pseudo-orthogonalisé. Nous allons inclure la régression PLS dans cette comparaison. Il faut cependant signaler que les variables x_j sont beaucoup moins corrélées à y dans les données supplémentaires que dans les données de base, voir tableau 9.

Tableau 8 : Processionnaire du pin : données supplémentaires

n°	x_1	x_2	x_3	x_4	x_5	x_6	x_7	x_8	x_9	x_{10}	x_{11}
34	1107	31	23	6.0	22.2	2.6	1.0	9.0	3.0	1.4	1.17
35	1116	34	6	2.5	6.6	1.3	1.8	3.9	1.2	1.5	0.67
36	1174	32	22	3.9	11.9	2.3	1.7	6.1	1.8	1.5	0.90
37	1131	30	6	4.7	15.3	1.5	1.5	6.5	1.4	1.3	2.32
38	1150	34	12	3.1	9.4	1.7	1.8	4.8	1.6	1.3	3.89
39	1132	22	18	7.0	37.0	2.5	1.5	9.0	2.0	1.5	6.00
40	1258	14	0	3.8	8.5	1.0	1.2	5.6	1.0	1.0	3.18
41	1114	26	9	3.4	9.6	1.6	1.6	5.1	1.5	1.3	0.90
42	1177	36	3	4.0	14.2	1.2	1.3	5.9	1.3	1.6	2.50
43	1146	26	18	4.3	17.9	2.3	1.6	7.7	2.0	1.4	2.00
44	1178	19	11	3.0	8.0	1.9	1.1	5.8	1.8	1.1	0.91
45	1149	28	1	7.2	33.7	1.0	2.0	7.3	1.3	1.2	1.64
46	1182	26	35	3.6	11.6	3.4	1.8	9.8	3.0	1.8	2.62
47	1092	36	23	4.9	12.5	2.4	1.8	10.1	2.2	1.8	1.07
48	1186	44	31	6.3	11.7	3.3	1.3	7.5	2.3	2.0	1.75
49	1163	45	29	5.6	15.9	3.1	1.4	9.2	2.7	1.8	0.23
50	1175	22	18	5.6	16.7	2.3	1.7	8.5	2.4	1.5	0.72
51	1209	22	11	4.5	14.6	1.6	1.7	6.9	2.1	1.7	0.40
52	1233	26	14	4.6	14.2	2.0	1.7	11.2	2.8	1.9	0.04
53	1165	32	22	4.2	12.4	2.8	1.8	9.1	2.7	1.6	0.20
54	1145	18	14	4.7	14.0	1.9	1.6	8.9	2.3	1.8	1.13
55	1245	43	13	5.5	20.6	1.9	1.5	8.7	2.3	1.9	0.06
56	1326	22	12	4.0	13.2	1.8	1.3	6.5	1.9	1.6	0.01
57	1228	39	27	4.5	12.0	3.0	2.0	9.0	2.5	1.8	1.00
58	1143	40	10	5.6	16.4	1.8	1.9	8.3	2.1	1.6	0.67

Tableau 9 : Corrélations entre les x_j et y sur les données supplémentaires

	x_1	x_2	x_3	x_4	x_5	x_6	x_7	x_8	x_9	x_{10}
$cor(x_j, y)$	-0.59	-0.10	-0.02	0.06	0.13	-0.01	0.03	-0.24	-0.32	-0.40
$N.S.$	0.02	0.64	0.93	0.78	0.52	0.94	0.87	0.26	0.12	0.05

Seule la variable x_1 est prédictive de la variable y sur les données de base et supplémentaires. La variable x_{10} est corrélée à y sur les données supplémentaires, mais pas sur les données de base. La structure des relations entre les variables explicatives et la variable à expliquer n'étant pas la même dans les deux régions, les formules de prédiction trouvées sur les données de base ont toutes les chances de mal fonctionner sur les données supplémentaires. Il est néanmoins intéressant d'identifier la méthode donnant les "meilleurs" résultats dans cette situation difficile.

10.1.1 Utilisation de la régression PLS

Nous allons tout d'abord étudier l'évolution de la solution PLS en fonction du nombre h de composantes. Le tableau 10 donne les coefficients de détermination $R^2(y; t_1, \ldots, t_h)$. Pour $h = 10$ on retrouve le R^2 entre y et l'ensemble des x_j. L'examen des R^2 montre un accroissement rapide jusqu'à $h = 4$, puis une évolution lente vers le maximum.

On vérifie également dans le tableau 10 que la distance entre les prévisions $\widehat{y}$ et $\widehat{y}_h$ de y, obtenues respectivement par régression multiple et régression PLS

Tableau 10 : Qualité de la régression PLS en fonction du nombre h de composantes

h	$R^2(Y; t_1, \ldots, t_h)$	$\Vert\widehat{y} - \widehat{y}_h\Vert$	Q^2
1	0.4392	2.8602	0.3547
2	0.5577	2.0958	-0.1699
3	0.6061	1.6856	-0.2869
4	0.6616	1.0324	-0.2309
5	0.6695	0.9010	-0.1761
6	0.6770	0.7578	-0.2424
7	0.6872	0.4942	-0.1171
8	0.6919	0.3094	-0.0388
9	0.6939	0.1723	-0.0800
10	0.6949	0.0000	-0.0306

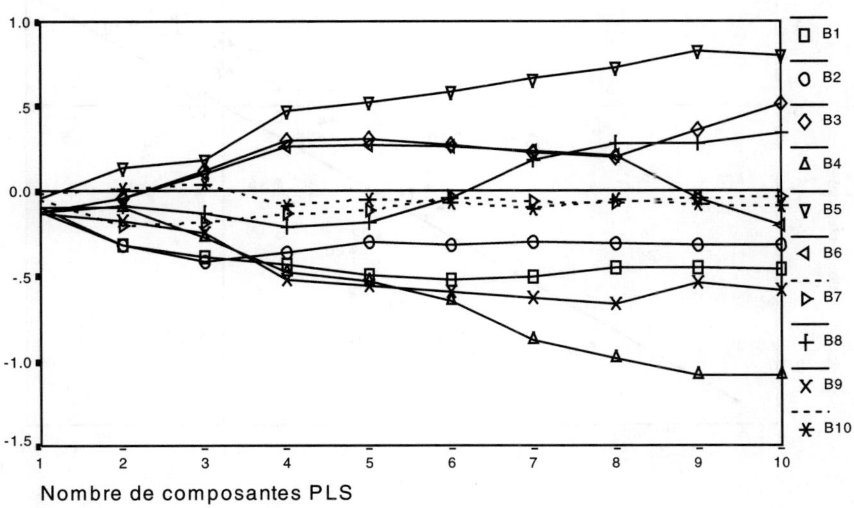

Figure 37 : Évolution des coefficients de régression PLS b_h.

d'ordre h, diminue rapidement jusqu'à la quatrième composante et plus lentement ensuite. L'indice Q^2 a été calculé à l'aide d'une validation croisée consistant à éliminer chaque observation à tour de rôle. On voit dans le tableau 10 que seule la première composante est significative ($Q^2 \geqslant 0.0975$). Il est également intéressant de visualiser l'évolution du vecteur b_h des coefficients de régression PLS de l'étape h vers la solution de la régression multiple (figure 37). On vérifie sur ce graphique la propriété de croissance de la norme des b_h avec l'indice h mentionnée dans la section 8.9. Les coefficients de régression PLS se stabilisent à partir de quatre composantes. Nous allons donc étudier deux modèles : la solution issue de la validation croisée ($h = 1$) et celle suggérée par l'évolution des R^2, de $\|\widehat{y} - \widehat{y}_h\|$ et la figure 37 ($h = 4$).

La régression PLS à 1 composante

Sur les données centrées-réduites la formule de régression PLS s'écrit :

$$y^* \approx -.121x_1^* - .097x_2^* - .117x_3^* - .096x_4^* - .045x_5^* - .119x_6^* - .052x_7^* \\ - .122x_8^* - .134x_9^* - .014x_{10}^*$$

Par construction les coefficients de régression sont proportionnels aux corrélations $cor(y, x_j)$. Elle est donc particulièrement simple à interpréter. En revenant aux données d'origine il vient :

$$y \approx 4.231 - 0.001165x_1 - 0.01657x_2 - 0.01530x_3 - 0.1152x_4 - 0.01316x_5 \\ - 0.2076x_6 - 0.3459x_7 - 0.06488x_8 - 0.2955x_9 - 0.06910x_{10}$$

Le graphique de la figure 38 montre la qualité moyenne de la prévision.

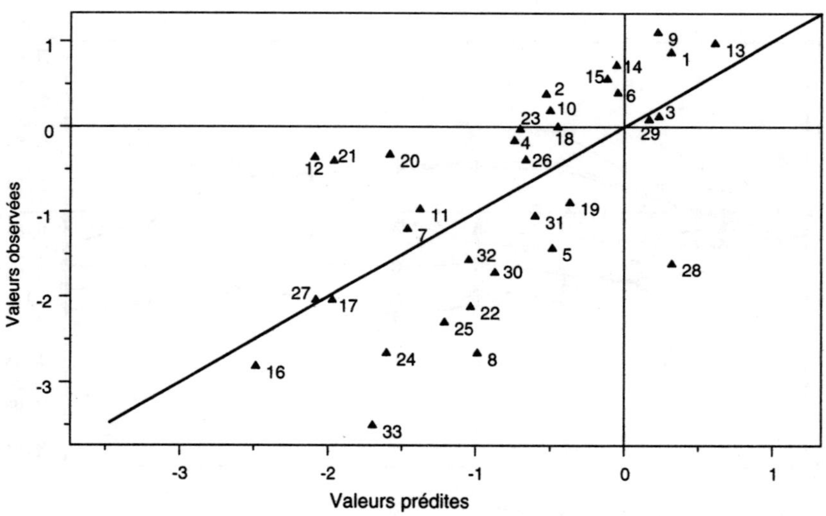

Figure 38 : Régression PLS (1 composante): Y vs $\widehat{Y}$, données de base.

Sur les données supplémentaires, la figure 39 montre que la prévision est devenue très médiocre. La corrélation entre les y observés et calculés vaut 0.173. On obtient, au niveau des erreurs de prévision sur les données supplémentaires, une moyenne de 0.5165 et un écart-type de 1.5359.

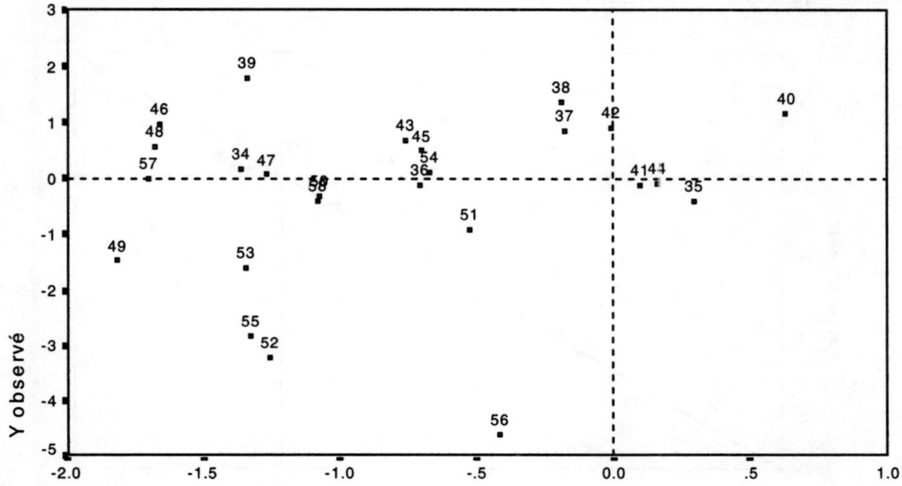

Figure 39 : Régression PLS (1 composante) : Y vs $\widehat{Y}$, données supplémentaires.

La régression PLS à 4 composantes

Sur les données centrées-réduites la régression PLS à 4 composantes conduit à l'équation de régression suivante:

$$y^* \approx -.432x_1^* - .361x_2^* + .296x_3^* - .475x_4^* + .468x_5^* + .258x_6^* - .133x_7^* - .209x_8^* - .520x_9^* - .0817x_{10}^*$$

Ces résultats sont voisins de ceux obtenus par Tomassone et al. à l'aide de la régression pseudo-orthogonalisé pour $k = 0.05$ (opus cité, p. 157):

$$y^* \approx -.40x_1^* - .30x_2^* + .17x_3^* - .52x_4^* + .43x_5^* + .13x_5^* - .11x_7^* - .02x_8^* - .44x_9^* - .03x_{10}^*$$

Les signes des coefficients de régression sont les mêmes et les valeurs du même ordre de grandeur, sauf pour la variable x_8. En revenant aux données d'origine la régression PLS à 4 composantes s'écrit :

$$y \approx 10.934 - 0.00416x_1 - 0.0616x_2 + 0.0387x_3 - 0.569x_4 + 0.136x_5 + 0.447x_6 - 0.886x_7 - 0.111x_8 - 1.142x_9 - 0.397x_{10}$$

On voit dans la figure 40 l'amélioration de la prévision sur les données de base.

L'amélioration est également nette sur les données supplémentaires. On a maintenant *cor*(y observés, y calculés) = 0.50, la moyenne et l'écart-type des erreurs de prévision valent maintenant -0.2288 et 1.3397. La figure 41 confirme visuellement cette "amélioration" de la prévision.

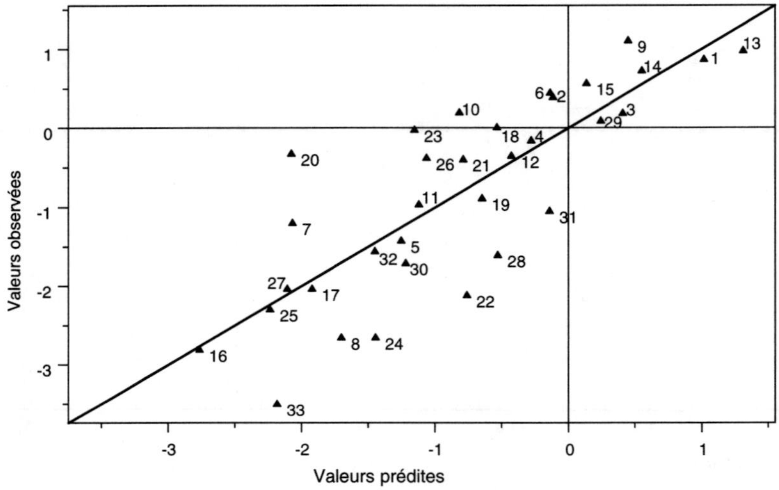

Figure 40 : Régression PLS (4 composante) : Y vs $\widehat{Y}$, données de bases.

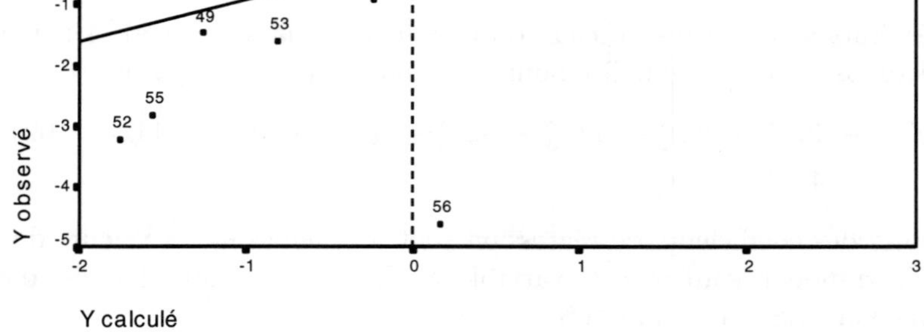

Figure 41 : Régression PLS (4 composantes) : Y vs $\widehat{Y}$, données supplémentaires.

On obtient des informations au niveau de la qualité de reconstitution des individus dans l'espace des X et des Y à l'aide des indices $DModX, N$ et $DModY, N$ visualisés dans les figures 42 et 43. Les individus ayant un $DModX$ dépassant le seuil critique $DCrit$ sont mal reconstitués dans l'espace des X. Les figures 41 et 43 montrent la valeur tout à fait atypique de la variable y pour l'individu 56.

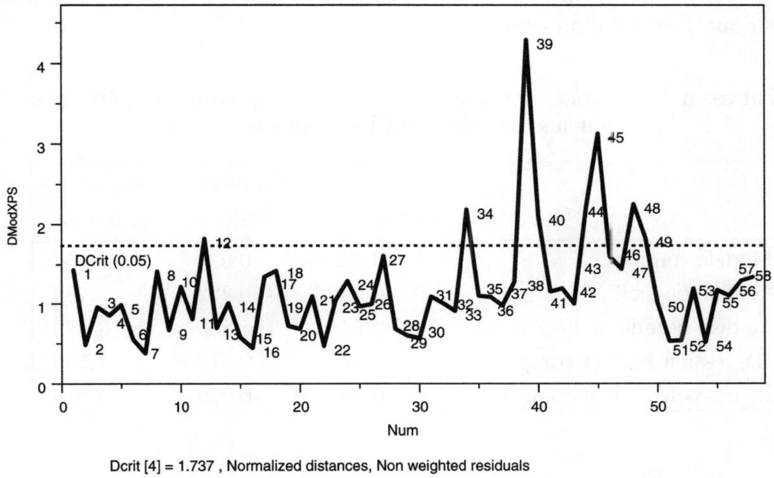

Figure 42 : Régression PLS (4 composantes) : Graphique des DModX normalisés.

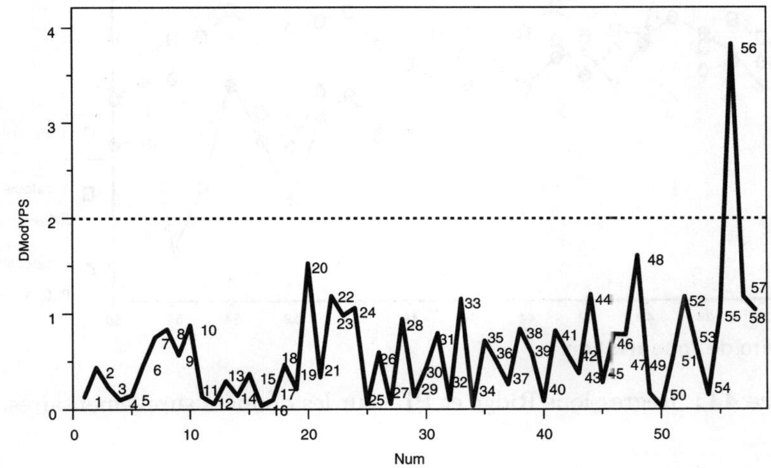

Figure 43 : Régression PLS (4 composantes) : Graphique des DModY normalisés.

10.1.2 Comparaison des méthodes

On peut maintenant prolonger la comparaison de Tomassone et al. sur l'efficacité de différentes méthodes pour prédire y sur les données supplémentaires. Dans le tableau 11 on compare le modèle complet (régression multiple sur l'ensemble des variables), le modèle partiel (régression multiple sur les variables sélectionnées x_1, x_2, x_4, x_5), le modèle pseudo-orthogonalisé (régression pseudo-orthogonalisée sur ces même 4 variables pour $k = 0.05$) et la régression PLS sur l'ensemble des variables pour 1 et 4 composantes.

Tableau 11 : Processionnaire du pin : Comparaison des méthodes sur les données supplémentaires

	$Cor(y, \widehat{y})$	Moyenne des résidus	Écart-type des résidus
Modèle complet	0.38	0.030	1.589
Modèle partiel	0.25	0.322	1.787
Modèle pseudo-orthogonalisé	0.28	-1.855	1.479
Régression PLS (1 comp.)	0.17	0.516	1.536
Régression PLS (4 comp.)	0.50	-0.229	1.340

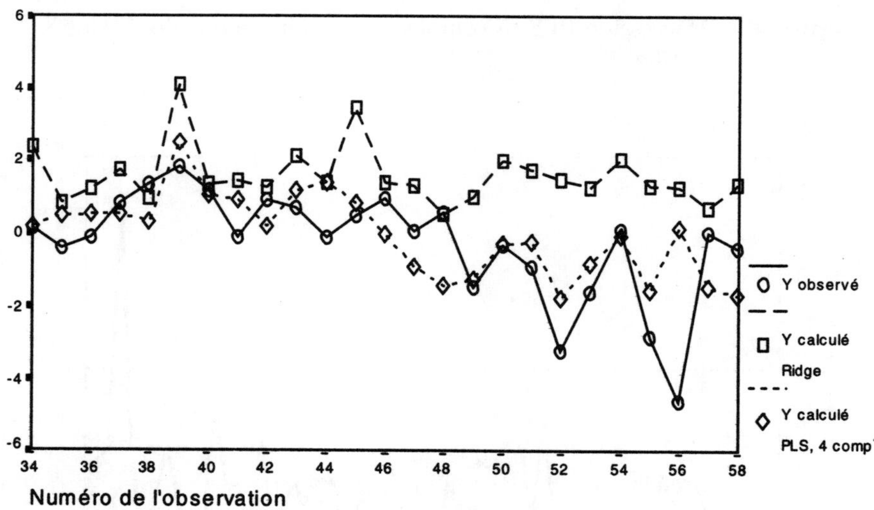

Figure 44 : Régressions Ridge et PLS sur les données supplémentaires.

L'échec de la régression pseudo-orthogonalisée est ici patent à cause du biais important observé. Cet échec est aussi dû au changement de structure des liaisons entre y et les x_j lorsqu'on passe des données de base aux données supplémentaires.

Parmi les variables sélectionnées par régression pas-à-pas sur les données de base, x_1, x_2, x_4, x_5, seule la première reste corrélée à y sur les données supplémentaires. La variable x_{10} avait été abandonnée comme peu corrélée à y sur les données de base, mais elle est devenue significative sur les données supplémentaires. La régression PLS à 4 composantes permet de conserver l'ensemble des variables explicatives et a conduit à des résultats nettement meilleurs que les autres méthodes. La comparaison régression pseudo-orthogonalisée et régression PLS est illustrée dans la figure 44.

10.1.3 Régression PLS avec données manquantes

La régression PLS étant basée sur l'algorithme NIPALS, elle peut traiter des problèmes avec données manquantes. Lorsque le nombre de composantes PLS est égal au rang de la matrice X, la régression PLS est rigoureusement identique à la régression multiple. Mais lorqu'il y a des données manquantes dans le tableau X la régression multiple ne peut plus fonctionner alors que la régression PLS reste utilisable. Nous pouvons illustrer cette approche en supprimant une valeur du tableau 6. Nous avons supprimé la valeur $x_{21} = 22$.

On compare dans le tableau 12 les résultats de la régression PLS à 4 composantes sur les données complètes du tableau 6 à ceux de la régression PLS à 4 composantes sur les données incomplètes (coefficients de régression b_j, R^2 entre y et les t_h, écart-type résiduel de la régression de y sur les t_h) . Les résultats sont présentés sur les données centrées-réduites.

Tableau 12 : Processionnaire du pin : Comparaison entre la régression PLS à 4 composantes sur les données complètes et incomplètes. Résultats sur les données centrées-réduites

	Données complètes	Données incomplètes
b_1	-0.43167	-0.43628
b_2	-0.36130	-0.35380
b_3	0.29627	0.29368
b_4	-0.47551	-0.47801
b_5	0.46852	0.47141
b_6	0.25763	0.25614
b_7	-0.13314	-0.11008
b_8	-0.20910	-0.21324
b_9	-0.51960	-0.52500
b_{10}	-0.08174	-0.07746
R^2	0.662	0.662
Écart-type	0.611	0.611

La valeur manquante a été attribuée au hasard. Il apparait que la formule de régression reste pratiquement identique pour les données complètes et incomplètes. Il n'y a donc aucune modification dans la prévision des y pour les individus à données complètes. La modification de prévision pour y_1 est peu sensible :

$$\begin{aligned} y_1 &= 0.8628, \\ \widehat{y}_{1,complet} &= 1.0169, \\ \widehat{y}_{1,incomplet} &= 1.0791 \end{aligned}$$

Vérifions ces calculs. L'équation de régression en fonction des quatre composantes PLS s'écrit pour les données d'origine :

$$\begin{aligned} \text{Données complètes :} \quad & \widehat{y} = -0.8133 + 1.245 \times (0.31537 t_1 + 0.38562 t_2 \\ & + 0.27920 t_3 + 0.38233 t_4) \\ \text{Données incomplètes :} \quad & \widehat{y} = -0.8133 + 1.245 \times (0.31457 t_1 + 0.37971 t_2 \\ & + 0.28053 t_3 + 0.39052 t_4) \end{aligned}$$

puisque la moyenne de y vaut -0.8133 et son écart-type 1.245.

Les valeurs des quatre composantes PLS pour l'observation n°1 valent :

	t_1	t_2	t_3	t_4
Données complètes	2.8745	1.6172	-0.35184	0.099892
Données incomplètes	2.8369	1.9000	-0.29200	-0.030618

D'où nous déduisons :

$$\begin{aligned} \widehat{y}_{1,complet} &= -0.8133 + 1.245 \times (0.31537 \times 2.8745 + 0.38562 \times 1.6172 \\ & \quad + 0.27920 \times (-0.35184) + 0.38233 \times 0.099892) \\ &= 1.0169 \\ \widehat{y}_{1,incomplet} &= -0.8133 + 1.245 \times (0.31457 \times 2.8369 + 0.37971 \times 1.9000 \\ & \quad + 0.28053 \times (-0.29200) + 0.39052 \times (-0.030618)) \\ &= 1.0791 \end{aligned}$$

Cet exemple illustre bien l'intérêt de l'algorithme NIPALS pour la prise en compte des données manquantes. Il permet de conserver les individus à données manquantes sans avoir à se préoccuper d'estimer les données manquantes.

La formule de reconstitution de X donne cependant une possibilité d'estimation. On a la décomposition des données centrées-réduites X

$$X = t_1 p_1' + t_2 p_2' + t_3 p_3' + t_4 p_4' + X_4$$

D'où nous déduisons une estimation de la donnée manquante centrée-réduite "x_{21}"

$$\widehat{x}_{21} = t_{11} p_{12} + t_{21} p_{22} + t_{31} p_{32} + t_{41} p_{42}$$

Soit en remplaçant les t_{h1} et les p_{h2} par les valeurs fournies par SIMCA-P

$$\begin{aligned}\widehat{x}_{21} &= 2.8369 \times (-0.18414) + 1.9000 \times (-0.52847) - 0.29200 \times (-0.35914)\\ &\quad - 0.030618 \times 0.12918\\ &= -1.4256\end{aligned}$$

La variable x_2 d'origine avec sa donnée "manquante" a une moyenne de 29.25 et un écart-type de 7.309. Nous en déduisons l'estimation de la donnée x_{21} d'origine :

$$\begin{aligned}\text{Estimation de } x_{21} &= 29.25 - 1.4256 \times 7.309\\ &= 18.83\end{aligned}$$

à comparer à la valeur observée d'origine $x_{21} = 22$. Compte tenu de la dispersion de la variable x_2, ce résultat est tout à fait honorable.

Étudions maintenant la situation où la valeur manquante se trouve dans les données supplémentaires. Afin de comparer les deux situations (valeur manquante dans les données de base ou dans les données supplémentaires), nous ajoutons aux données supplémentaires une cinquante-neuvième observation identique à la première ligne du tableau 6 avec x_{21} manquant. Les valeurs des composantes PLS t_h pour une nouvelle observation x'_{n+1} sans donnée manquante sont obtenues par la formule

$$t_{h,n+1} = x'_{n+1} w_h^*$$

Lorsqu'il y a des données manquantes on procède dans SIMCA-P de la manière suivante. On considère la formule de décomposition

$$X = t_1 p'_1 + \ldots + t_H p'_H + X_H$$

La i-ième ligne de X s'écrit donc

$$x_i = t_{1i} p'_1 + \ldots + t_{Hi} p'_H + x_{H,i}$$

et, en transposant, nous obtenons

$$x'_i = t_{1i} p_1 + \ldots + t_{Hi} p_H + x'_{H,i}$$

Lorsqu'il y a des données manquantes dans l'observation supplémentaire, les valeurs $t_{h,n+1}$ sont obtenues comme coefficients de régression de la régression de x'_{n+1} sur $p_1, \ldots, p_H$. En ce qui concerne l'exemple, on donne dans le tableau 13 les colonnes $x'_{59}, p_1, \ldots, p_4$. Les valeurs de x'_{59} ont été centrées-réduites par rapport aux moyennes et écarts-types des données de base. Les calculs ont été réalisés sur le tableau 6 avec la valeur x_{21} manquante.

Tableau 13 : Processionnaire du pin;
éléments pour calculer les composantes PLS
d'une nouvelle observation avec donnée manquante

x'_{59}	p_1	p_2	p_3	p_4
-.8938	-.29	-.42	-.06	.35
*	-.18	-.53	-.36	.13
-1.0962	-.43	.02	.47	.06
-.4338	-.32	.44	-.66	.15
-.1049	-.25	.55	-.62	.58
-1.1025	-.44	.04	.42	.03
-2.9795	-.09	-.52	.25	.09
-.6970	-.43	.30	-.17	-.25
-1.0270	-.42	.08	.22	-.52
-1.3713	-.06	.02	.44	-.65

La régression de x'_{59} sur p_1, p_2, p_3, p_4 conduit aux coefficients de régression, et donc aux valeurs $t_{h,59}$, suivantes :

$$\begin{aligned} t_{1,59} &= 3.123 \\ t_{2,59} &= 2.272 \\ t_{3,59} &= 0.212 \\ t_{4,59} &= 0.604 \end{aligned}$$

Calculons enfin la prévision de y_{59} en utilisant la formule établie avec les données incomplètes :

$$\begin{aligned} \widehat{y} &= -0.8133 + 1.245 \times (0.31457t_1 + 0.37971t_2 \\ &\quad + 0.28053t_3 + 0.39052t_4) \\ &= -0.8133 + 1.245 \times (0.31457 \times 3.123 + 0.37971 \times 2.272 \\ &\quad + 0.28053 \times 0.212 + 0.39052 \times 0.604) \\ &= 1.8516 \end{aligned}$$

Cette prévision est très différente de celle obtenue précédemment pour les mêmes valeurs des x_j : 1.8516 vs 1.0791. Ceci est dû au fait que le calcul des $t_{h,1}$ prend en compte la valeur y_1, alors que celui des $t_{h,59}$ n'utilise que les valeurs des x_j.

10.2 Inégalité économique et instabilité politique

Les données de cet exemple proviennent d'un article de Russet (1964) et sont reproduites et analysées dans Gifi (1990). Russet cherche à montrer que l'inégalité économique entraine l'instabilité politique. Pour mesurer l'inégalité économique Russet utilise des variables décrivant la répartition des terres agricoles, le produit national brut par tête et le pourcentage de personnes actives travaillant dans l'agriculture :

– La variable GINI représente l'indice de concentration de Gini qui mesure l'écart entre la courbe de Lorenz et la droite d'égalité.

– La variable FARM correspond au pourcentage de fermiers possèdant la moitié des terres, en commençant par les plus petites surfaces. Si FARM vaut 90%, alors la moitié des terres est possédée par 10% des fermiers.

– La variable RENT mesure le pourcentage de fermiers locataires de leurs terres.

– La variable GNPR (gross national product per capita) est le produit national brut par tête en dollars U.S. en 1955.

– La variable LABO est égale au pourcentage de personnes actives travaillant dans l'agriculture.

Il y a quatre mesures de l'instabilité politique :

– La variable INST est une fonction du nombre de responsables du pouvoir exécutif et du nombre d'années pendant lesquelles le pays a été indépendant entre 1945 et 1961. Cet indice varie entre 0 (très stable) et 17 (très instable).

– La variable ECKS est l'indice d'Eckstein calculé sur la période 1946-1961. Il mesure le nombre de conflits violents entre communautés sur cette période.

– La variable DEAT est le nombre de personnes tuées lors de manifestations violentes sur la période 1950-1962.

– La variable DEMO classe les pays en trois groupes : démocratie stable (1), démocratie instable (2) et dictature (3).

Les données d'origine sont reproduites dans le tableau 14.

Gifi décrit une utilisation de l'algorithme CANALS (canonical correlation with alternating least squares) permettant de construire des transformations des variables optimisant l'analyse canonique entre les variables économiques transformées et les variables politiques transformées Les transformations présentées dans Gifi (op. cité, p. 230) suggèrent d'utiliser les variables suivantes : GINI, FARM, Ln(RENT+1), Ln(FARM), Ln(GNPR), Ln(LABO), Exp(INST-16.3), Ln(ECKS+1), Ln(DEAT+1). La variable DEMO étant qualitative, on la remplace par les trois variables indicatrices des états politiques : DEMOSTAB, DEMOINST et DICTATUR.

Tableau 14 : Les données de Russett

	gini	farm	rent	gnpr	labo	inst	ecks	deat	demo
Argentine	86.3	98.2	32.9	374	25	13.6	57	217	2
Australie	92.9	99.6	-	1215	14	11.3	0	0	1
Autriche	74.0	97.4	10.7	532	32	12.8	4	0	2
Belgique	58.7	85.8	62.3	1015	10	15.5	8	1	1
Bolivie	93.8	97.7	20.0	66	72	15.3	53	663	3
Brésil	83.7	98.5	9.1	262	61	15.5	49	1	2
Canada	49.7	82.9	7.2	1667	12	11.3	22	0	1
Chili	93.8	99.7	13.4	180	30	14.2	21	2	2
Colombie	84.9	98.1	12.1	330	55	14.6	47	316	2
Costa Rica	88.1	99.1	5.4	307	55	14.6	19	24	2
Cuba	79.2	97.8	53.8	361	42	13.6	100	2900	3
Danemark	45.8	79.3	3.5	913	23	14.6	0	0	1
Rép. Dominic.	79.5	98.5	20.8	205	56	11.3	6	31	3
Équateur	86.4	99.3	14.6	204	53	15.1	41	18	3
Égypte	74.0	98.1	11.6	133	64	15.8	45	2	3
Espagne	78.0	99.5	43.7	254	50	0.0	22	1	3
États-Unis	70.5	95.4	20.4	2343	10	12.8	22	0	1
Finlande	59.9	86.3	2.4	941	46	15.6	4	0	2
France	58.3	86.1	26.0	1046	26	16.3	46	1	2
Guatemala	86.0	99.7	17.0	179	68	14.9	45	57	3
Grèce	74.7	99.4	17.7	239	48	15.8	9	2	2
Honduras	75.5	97.4	16.7	137	66	13.6	45	111	3
Inde	52.2	86.9	53.0	72	71	3.0	83	14	1
Irak	88.1	99.3	75.0	195	81	16.2	24	344	3
Irlande	59.8	85.9	2.5	509	40	14.2	9	0	1
Italie	80.3	98.0	23.8	442	29	15.5	51	1	2
Japon	47.0	81.5	2.9	240	40	15.7	22	1	2
Libye	70.0	93.0	8.5	90	75	14.8	8	0	3
Luxembourg	63.8	87.7	18.8	1194	23	12.8	0	0	1
Nicaragua	75.7	96.4	-	254	68	12.8	16	1 16	3
Norvège	66.9	87.5	7.5	969	26	12.8		0	1
Nlle Zélande	77.3	95.5	22.3	1259	16	12.8	0	0	1
Panama	73.7	95.0	12.3	350	54	15.6	29	25	3
Pays-Bas	60.5	86.2	53.3	708	11	13.6	2	0	1
Pérou	87.5	96.9	-	140	60	14.6	23	26	3
Philippines	56.4	88.2	37.3	201	59	14.0	15	292	3
Pologne	45.0	77.7	0.0	468	57	8.5	19	5	3
RFA	67.4	93.0	5.7	762	14	3.0	4	0	2
Royaume-Uni	71.0	93.4	44.5	998	5	13.6	12	0	1
Salvador	82.8	98.8	15.1	244	63	15.1	9	2	3
Sud Vietnam	67.1	94.6	20.0	133	65	10.0	50	1000	3
Suède	57.7	87.2	18.9	1165	13	8.5	0	0	1
Suisse	49.8	81.5	18.9	1229	10	8.5	0	0	1
Taiwan	65.2	94.1	40.0	132	50	0.0	3	0	3
Uruguay	81.7	96.6	34.7	569	37	14.6	1	1	1
Venezuela	90.0	99.3	20.6	762	42	14.9	36	111	3
Yougoslavie	43.7	79.8	0.0	297	67	0.0	9	0	3

Il s'agit de relier les variables mesurant l'instabilité politique aux variables décrivant la situation économique.

Les variables GINI, FARM, LRENT = Ln(RENT+1), LGNPR = Ln(GNPR) et LLABO = Ln(LABO) constituent les prédicteurs X. Les réponses Y sont les variables EINST = Exp(INST-16.3), LECKS = Ln(ECKS+1), LDEAT = Ln(DEAT+1), DEMOSTAB, DEMOINST et DICTATUR.

La régression PLS des Y sur X conduit à ne retenir que les premières composantes t_1 et u_1 : la validation croisée montre que la deuxième composante n'est pas significative.

Nbre de composantes h	$Rd(X; t_1, t_h)$	$Rd(Y; t_1, t_h)$	Q^2	Limite
1	0.50359	0.26875	0.22883	0.0975
2	0.33924	0.02461	-0.02637	0.0975

On obtient ainsi des indices t_1 et u_1 décrivant respectivement les situations économique et politique. En fonction des données centrées-réduites ces deux indices s'écrivent :

$$\begin{aligned} t_1 &= -0.3382 GINI^* - 0.3809 FARM^* - 0.0732 LRENT^* + 0.5904 LGNPR^* \\ &\quad - 0.6217 LLABO^* \\ u_1 &= -0.1390 EINST^* - 0.3615 LECKS^* - 0.3925 LDEAT^* \\ &\quad + 0.4531 DEMOSTAB^* - 0.0345 DEMOINST^* - 0.3968 DICTATUR^* \end{aligned}$$

On visualise dans la figure 45 les coefficients w^* et c permettant de construire ces composantes.

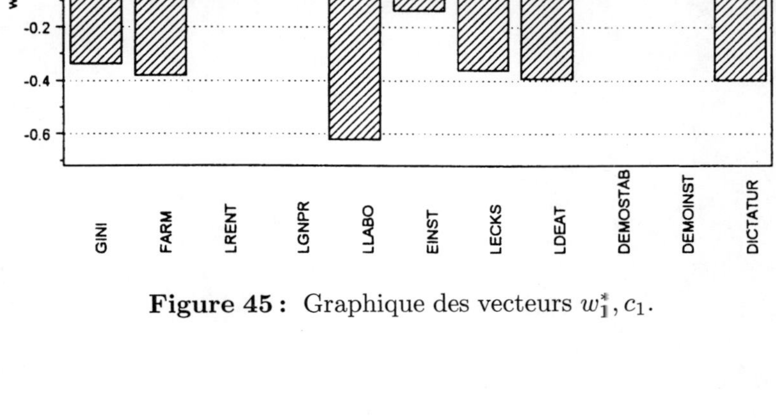

Figure 45 : Graphique des vecteurs w_1^*, c_1.

La composante t_1 oppose les riches pays industriels (en positif) aux pays pauvres essentiellement agricoles (en négatif). La composante u_1 passe du négatif au positif en évoluant des pays subissant une dictature et connaissant des violences importantes vers des démocraties stables. Dans la figure 46, on représente les pays dans le plan (t_1, u_1). Cette carte représente l'état du monde, principalement non communiste et hors l'Afrique, en 1961. Les démocraties stables sont pour l'essentiel en haut à droite. L'Autriche, la RFA, la Finlande, la France, l'Italie et le Japon sont encore des démocraties instables. Les positions de la France et du Japon peuvent surprendre. Mais la France a connu un nombre record de changements de gouvernement entre 1945 et 1961 et n'a pas encore terminé la guerre d'Algérie. Quant au Japon il avait en 1955 un PNB par tête inférieur à celui de la Yougoslavie. À l'exception de la Yougoslavie tous les pays ayant une composante t_1 positive ont finalement convergé vers une démocratie stable. Analysons maintenant la partie gauche de la carte de la figure 46. La plupart des pays ayant une abcisse t_1 inférieure à -1.25 sont des dictatures. L'Irak et la Bolivie ont des particularités expliquant leur position extrême : l'Irak est particulièrement élevé pour les variables FARM (99.3), RENT (75.0) et LABO (81), la Bolivie est extrême pour l'indice de GINI (93.8) et le GNPR (66). L'équation de la composante t_1 montre que les variables GNPR (PNB par habitant) et LABO (% de personnes travaillant dans l'agriculture) sont de bons prédicteurs du régime politique. Les boîte-à-moustaches (figures 47 et 48) en témoignent.

Concluons cet exemple sur une remarque. L'analyse directe des données d'origine était décevante. Il était nécessaire de transformer préalablement les variables pour obtenir une analyse utile. Nous avons repris les résultats de Gifi recherchant des transformations monotones des variables X et Y optimisant l'analyse canonique entre les variables X transformées et les variables Y transformées. Il aurait été évidemment plus logique de rechercher des transformations optimisant la régression PLS plutôt que l'analyse canonique. Cette voie commence à être explorée. Durand et Sabatier (1994) proposent de transformer les prédicteurs X à l'aide de fonctions B-spline afin d'optimiser la régression PLS entre les variables Y et les variables X transformées.

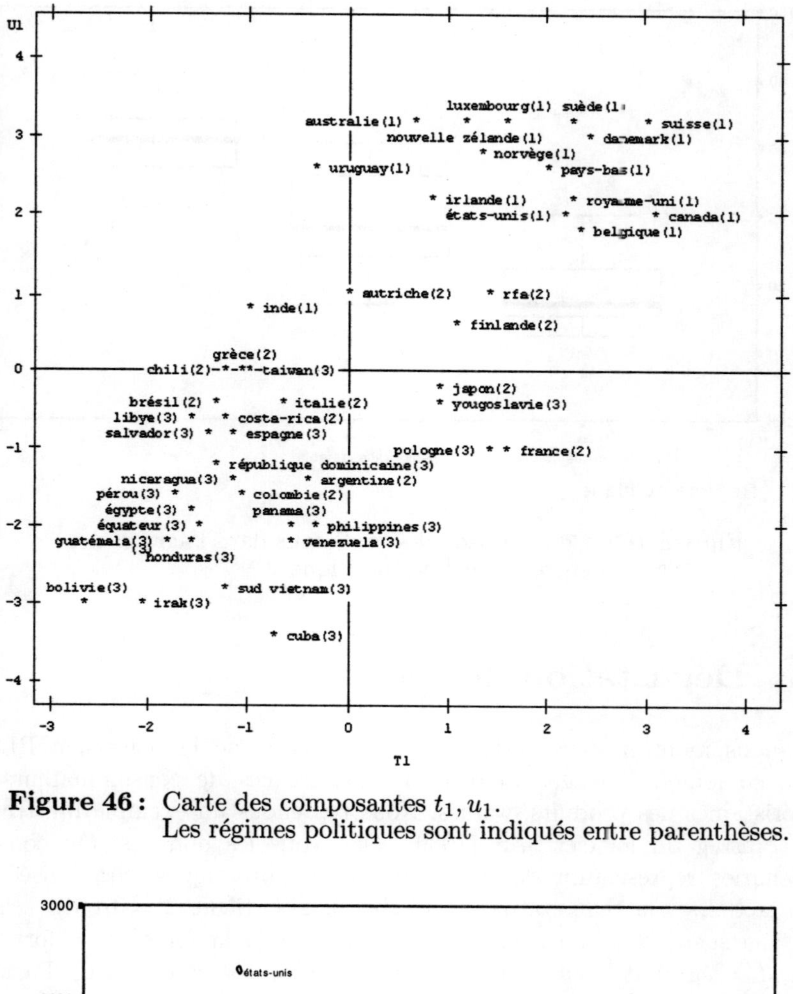

Figure 46 : Carte des composantes t_1, u_1.
Les régimes politiques sont indiqués entre parenthèses.

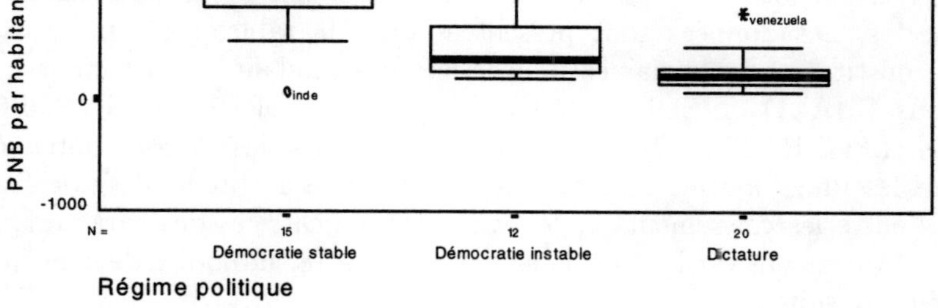

Figure 47 : Comparaison des PNB par habitant entre les régimes politiques.

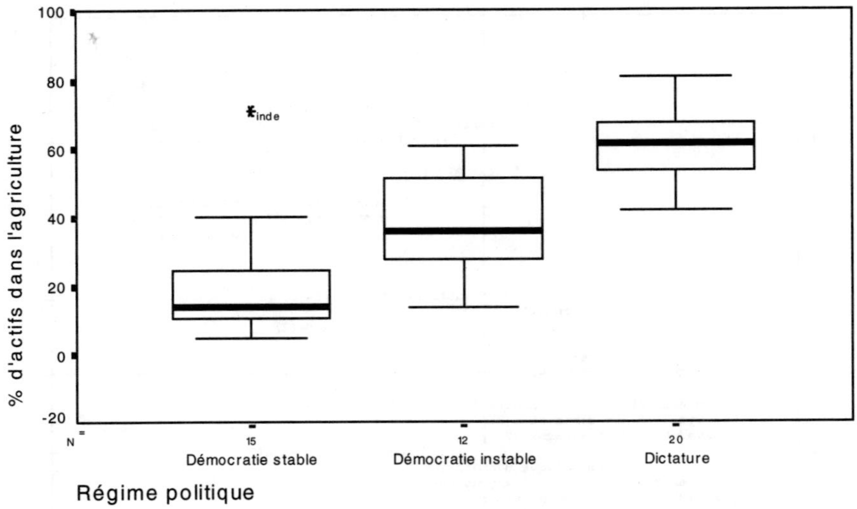

Figure 48 : Comparaison des % d'actifs dans l'agriculture entre les régimes politiques.

10.3 Dégustation de thé

Nous allons montrer dans cette section l'efficacité de la régression PLS en analyse conjointe. Il s'agit de relier les préférences de consommateurs aux caractéristiques des produits évalués. Nous reprenons un exemple illustrant la Proc Transreg du logiciel SAS (1989). Décrivons les données. On construit des scénarios représentant des tasses de thé hypothétiques caractérisées par quatre facteurs : la température (1 = chaud, 2 = tiède, 3 = froid), le sucre (1 = sans sucre, 2 = un sucre, 3 = deux sucres), la force (1 = fort, 2 = moyen, 3 = léger) et le citron (1 = avec du citron, 2 = sans citron). Parmi les $3{\times}3 \times 3 \times 2 = 54$ scénarios possibles on sélectionne 18 combinaisons formant un plan orthogonal. C'est-à-dire que toutes les paires de variables indicatrices de modalités n'appartenant pas aux mêmes facteurs sont non corrélées. On demande ensuite à chacun des 6 sujets interrogés de classer par ordre de préférence les 18 scénarios. Les données sont présentées dans le tableau 15. Les variables X sont constituées des variables indicatrices des modalités des facteurs. Nous les notons CHAUD, TIEDE, FROID, SUCRE0, SUCRE1, SUCRE2, FORT, MOYEN, LEGER, CITRON1, CITRON0. Les variables Y sont obtenues en inversant les rangs fournis par les juges de manière à obtenir des corrélations positives entre les classements et les variables indicatrices des caractéristiques préférées. Autrement dit la note 1 devient la note 18, la note 2 devient la note 17, et ainsi de suite.

La régression PLS de Y sur X permet une modélisation de l'ensemble des classements à l'aide des caractéristiques des scénarios.

Tableau 15 : Dégustation de thé. Données de préférence

Scénario	Temp.	Sucre	Force	Citron	J1	J2	J3	J4	J5	J6
1	1	1	1	1	4	2	4	3	13	5
2	1	2	2	1	2	8	1	9	10	8
3	1	3	3	2	6	10	13	18	5	6
4	2	1	2	2	13	13	10	5	2	12
5	2	2	3	1	14	16	17	12	16	9
6	2	3	1	1	15	18	12	15	8	16
7	3	1	3	1	7	3	14	2	18	2
8	3	2	1	2	11	6	5	7	3	17
9	3	3	2	1	10	11	6	13	12	7
10	1	1	3	2	3	1	11	4	6	4
11	1	2	1	1	1	7	2	10	7	14
12	1	3	2	1	5	12	3	17	9	13
13	2	1	1	1	17	14	16	6	11	18
14	2	2	2	2	18	15	9	11	1	11
15	2	3	3	1	16	17	18	16	15	10
16	3	1	2	1	8	4	8	1	14	1
17	3	2	3	1	9	5	15	8	17	3
18	3	3	1	2	12	9	7	14	4	15

Tableau 16 : Dégustation de thé.
Corrélations entre les classements des juges

	Y_1	Y_2	Y_6	Y_4	Y_3	Y_5
Y_1	1.00	0.73	0.43	0.21	0.59	-0.09
Y_2		1.00	0.58	0.66	0.36	-0.15
Y_6			1.00	0.40	-0.13	-0.54
Y_4				1.00	0.06	-0.21
Y_3					1.00	0.38
Y_5						1.00

Étudions tout d'abord les corrélations entre les juges. Les corrélations inter-juges (tableau 16) et la classification ascendante hiérarchique des variables (la proximité entre deux groupe est mesurée par la plus petite des corrélations entre les variables d'un groupe et les variables de l'autre groupe) de la figure 49 montrent l'existence de deux et peut-être trois groupes :

- les juges 1, 2 ,6 auquel on peut rattacher le juge 4;
- les juges 3 et 5.

L'analyse en composantes principales des six classements conduit à la carte des variables (cordonnées des deux premiers vecteurs propres de la matrice des corrélations) de la figure 50 et confirme également cette typologie.

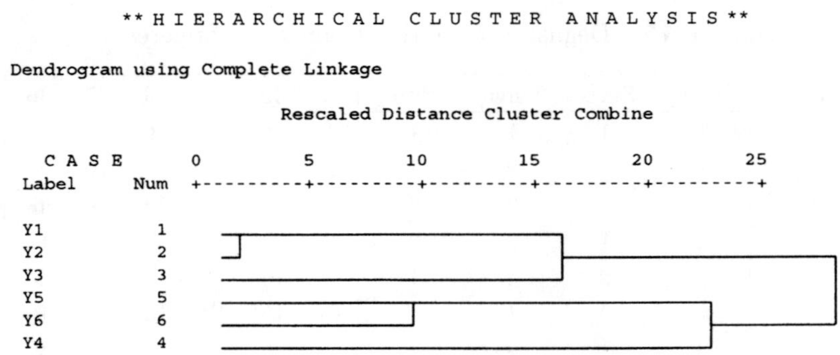

Figure 49 : Dégustation de thé. Dendrogramme des variables.

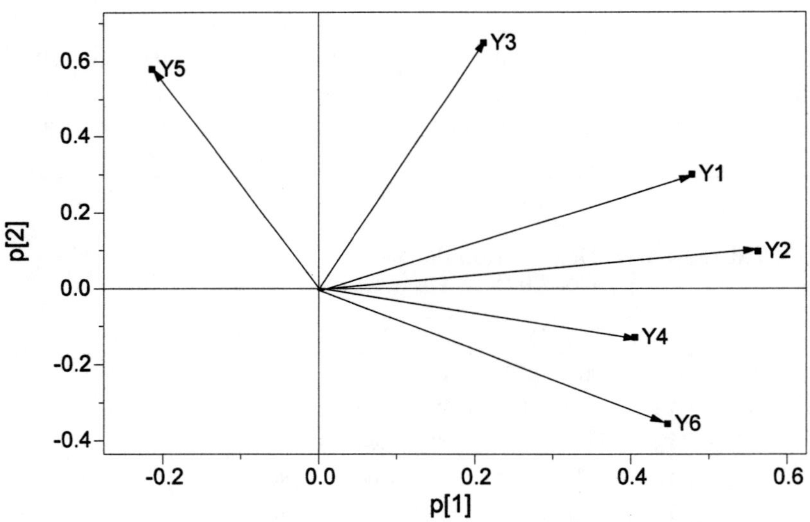

Figure 50 : ACP des classements. Carte des variables.

Le nuage formé à partir des variables X est quasiment sphérique. La première valeur propre de la matrice des corrélations vaut 2 et toutes les autres 1.5. Cela signifie que les composantes t_h de la régression PLS seront essentiellement orientées vers l'explication des Y. Les composantes $\widetilde{u}_h$ forment des combinaisons linéaires des classements résumant aussi bien que possible les Y tout en étant aussi reliées que possible aux caractéristiques X. Ainsi chaque composante $\widetilde{u}_h$ permet de définir un groupe de juges classant à peu près de la même manière et la composante associée t_h permet de préciser les caractéristiques X importantes pour ce groupe de juges.

Voici les résultats obtenus pour cet exemple de dégustation de thé.
La procédure "Autofit" de SIMCA-P conduit à retenir 4 composantes :

Nbre de composantes h	$Rd(X, t_h)$	$Rd(Y, t_h)$	Q^2	Limite	Règle
1	0.1398	0.4337	0.1676	0.0975	R1
2	0.1506	0.2694	0.3035	0.0975	R1
3	0.1476	0.1310	0.2989	0.0975	R1
4	0.1524	0.0637	0.0513	0.0975	R2

La quatrième composante est retenue par SIMCA-P car elle est significative pour les variables Y_4 et Y_5 : $R^2(Y_4, t_4) = 0.064$ avec $Q^2 = 0.292$ et $R^2(Y_5, t_4) = 0.037$ avec $Q^2 = 0.156$.

Les graphiques des figures 51 et 52 confirment la typologie obtenue en travaillant seulement sur les Y. La régression PLS donne ici une représentation des Y quasiment identique à celle de l'analyse en composantes principales des Y. Mais elle permet en plus de préciser les caractéristiques importantes chez les juges.

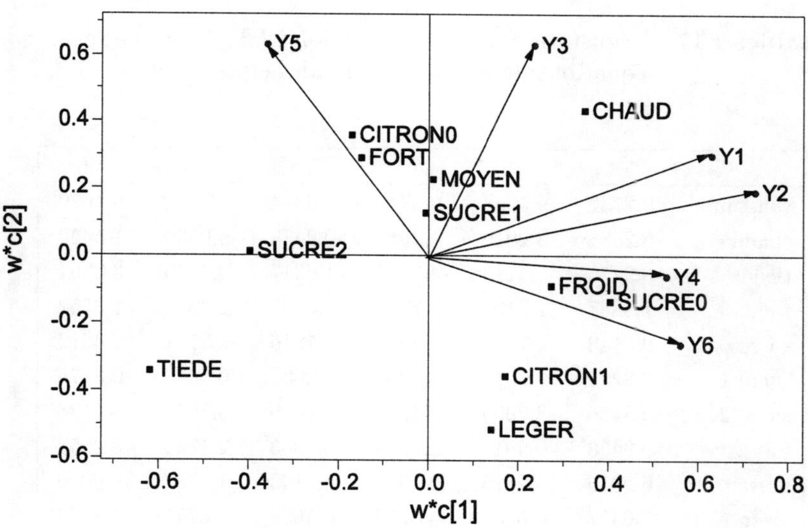

Figure 51 : Carte des vecteurs (w_1^*, c_1) et (w_2^*, c_2).

Les régressions de chaque classement Y_k sur les quatre premières composantes PLS conduisent aux R^2 suivants:

	Y_1	Y_2	Y_3	Y_4	Y_5	Y_6
R^2	0.906	0.914	0.911	0.965	0.958	0.734

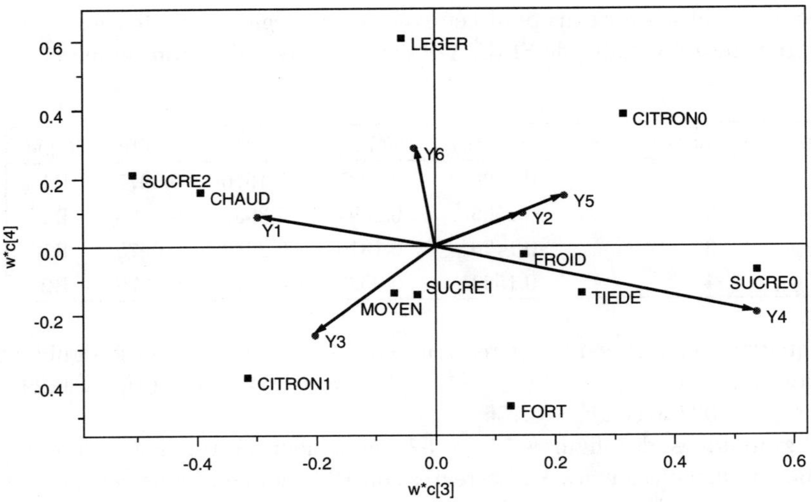

Figure 52 : Carte des vecteurs (w_3^*, c_3) et (w_4^*, c_4).

Tableau 17 : Dégustation de thé. Régression PLS (4 composantes) : équations de régression PLS des classements

	Y1	Y2	Y3	Y4	Y5	Y6
constante	9.2732	9.5988	9.5749	9.4314	11.012	9.1679
chaud	5.2588	3.2010	4.3085	-0.9478	0.9560	1.5442
tiède	-6.3475	-5.4113	-4.1287	-1.6317	0.4325	-3.3594
froid	1.0887	2.2103	-0.1799	2.5795	-1.3885	1.8152
sucre 0	0.5140	3.7327	-0.8960	5.7816	-1.3781	2.4512
sucre 1	0.3295	0.0027	1.3230	-0.0001	0.5833	-0.8375
sucre 2	-0.8436	-3.7355	-0.4269	-5.7815	0.7948	-1.6138
fort	-0.9453	-0.9011	2.6895	0.6803	2.1344	-3.2958
moyen	0.9016	0.2825	2.1361	-0.2143	1.1397	-1.0019
léger	0.0437	0.6186	-4.8256	-0.4659	-3.2741	4.2976
citron1	0.6805	-0.2963	-0.2247	0.2059	-4.5364	0.9963
citron0	-0.6805	0.2963	0.2247	-0.2059	4.5364	-0.9963

Chaque régression exprimée en fonction des variables X d'origine permet de situer les caractéristiques importantes (en positif ou en négatif) pour le juge. Les coefficients de régression pour chaque juge sont donnés dans le tableau 17.

On peut visualiser ces équations de régression. Par exemple les profils très différents des juges 1 et 5 sont donnés dans les figures 53 et 54.

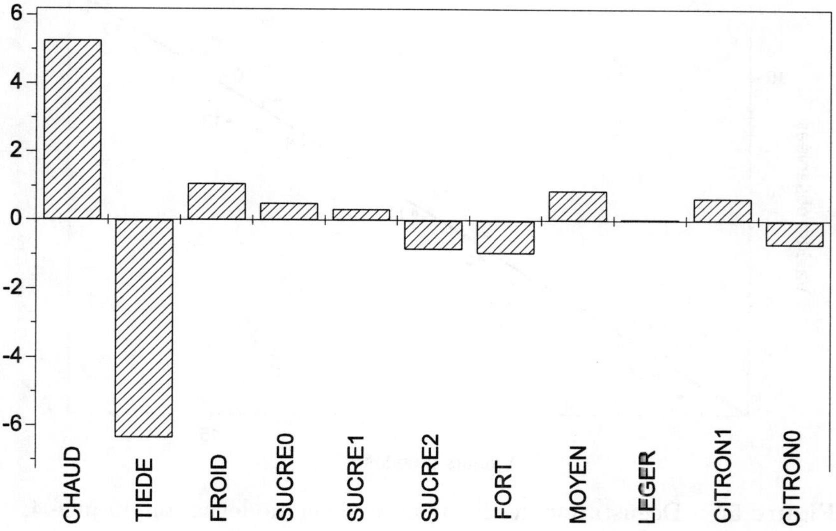

Figure 53 : Dégustation de thé. Profil du juge 1.

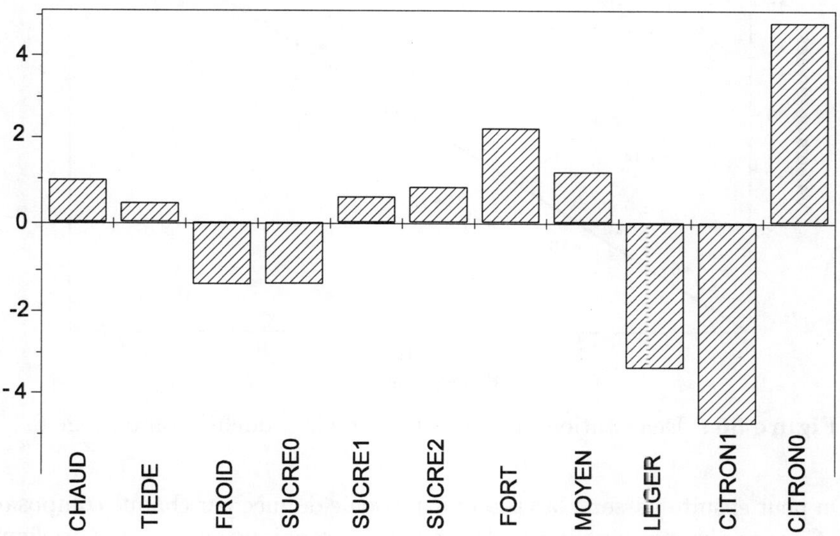

Figure 54 : Dégustation de thé. Profil du juge 5.

On peut aussi visualiser la qualité des régressions en comparant classements observés et classements calculés. On représente dans les figures 55 et 56 les graphiques du juge 4 (le mieux modélisé) et du juge 6 (le moins bien modélisé).

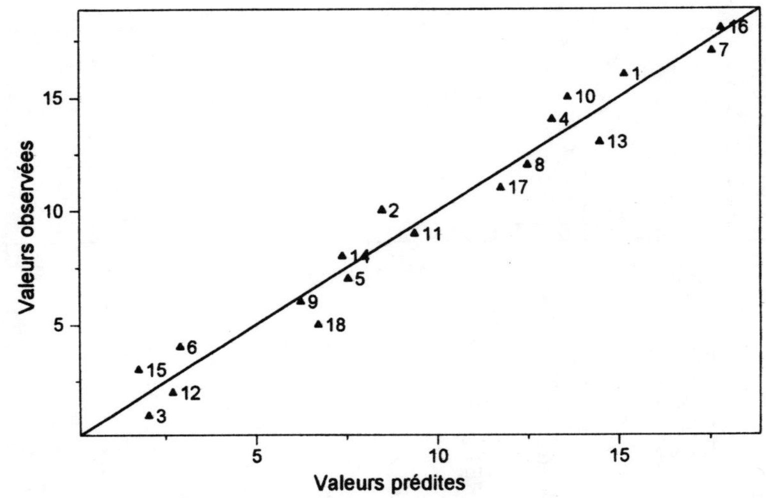

Figure 55 : Dégustation de thé. Qualité de la modélisation du juge 4.

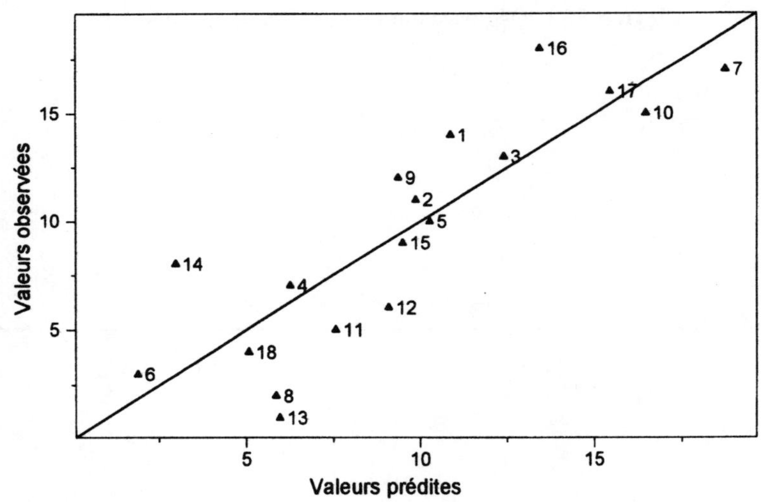

Figure 56 : Dégustation de thé. Qualité de la modélisation du juge 6.

On peut ensuite passer à la vision plus globale donnée par chaque composante PLS. Chaque dimension peut être décrite par le graphique des (w_h^*, c_h) des figures 57 à 60.

La première dimension rassemble les juges 1, 2, 4, 6. Dans l'ensemble ils apprécient le thé chaud ou froid, sans sucre et rejettent le thé tiède ou très sucré. Les autres caractéristiques ont une importance secondaire.

La deuxième dimension regroupe les juges 3 et 5. Ils apprécient le thé chaud, fort ou moyen, sans citron. Ils rejettent le thé tiède, léger avec du citron.

La troisième dimension est spécifique du juge 4. Il a des goûts très tranchés : thé sans sucre et sans citron, refus d'un thé chaud, très sucré, avec du citron.

La quatrième dimension est aussi plus spécifique. Elle a été retenue car elle améliore la prévision des variables Y_4 et Y_5 au niveau de la validation croisée.

On visualise dans la figure 51 des particularités du tableau des coefficients de régression. Le juge 3 aime le thé fort ou moyen et rejette le thé léger. Le juge 4 rejette le thé très sucré et le juge 5 le citron. Enfin le juge 6 aime son thé léger et rejette un thé moyen ou fort.

On peut compléter cette analyse à l'aide du graphique des VIP (Variable Importance in the Projection) de la figure 61. Ce graphique classe les modalités par ordre d'importance dans la construction de l'ensemble des préférences. Les modalités essentielles (en positif ou en négatif) ont un VIP supérieur à 1 : tiède, chaud, sucre0 sucre2, léger, citron1, citron0. Les modalités restantes ont un VIP inférieur à 0.8 et ont une influence moindre sur les préférences.

On peut enfin noter sur cet exemple la possibilité de transformer les variables pour optimiser la régression PLS. Ici on pourrait rechercher des transformations non décroissantes des classements Y_k optimisant la régression PLS. Esquissons un algorithme. Partant des classements d'origine, la régression PLS conduit à des prévisions des classements $\widehat{Y}_k$. On peut rechercher des nouveaux codages des classements Y_k en projetant chaque $\widehat{Y}_k$ sur le cône polyédrique convexe des transformations non décroissantes de Y_k . On applique ensuite la régression PLS sur les variables Y transformées et on itère cette procédure. Nous avons étudié ce type d'approche en analyse canonique dans Tenenhaus (1988).

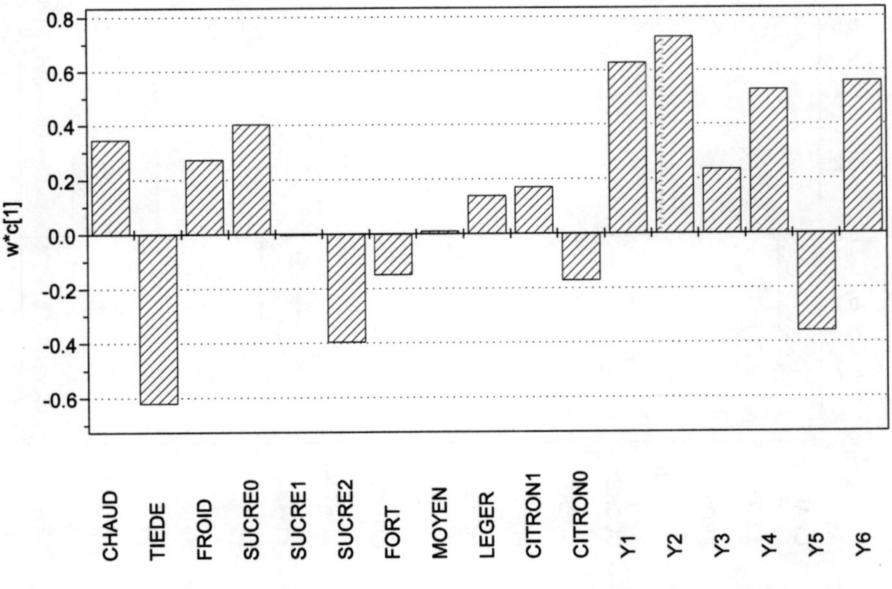

Figure 57 : Dégustation de thé. Graphique des w_1^*, c_1.

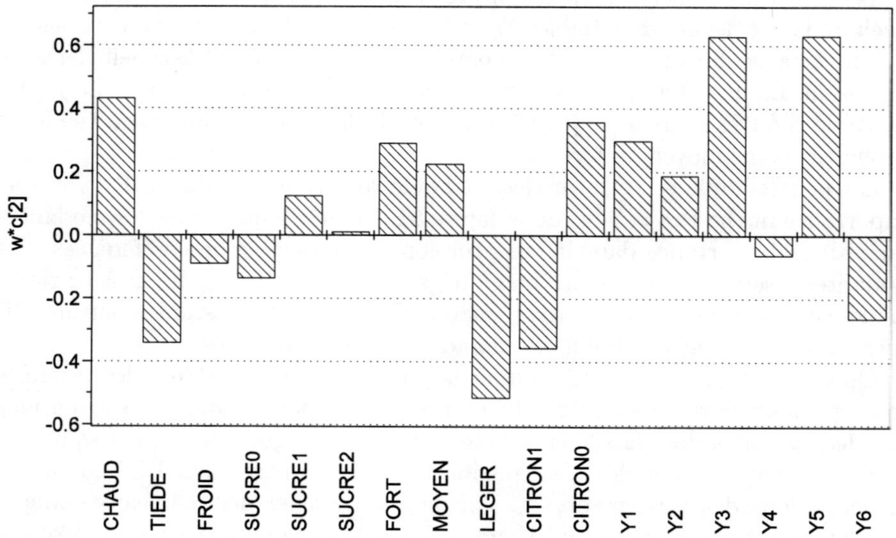

Figure 58 : Dégustation de thé. Graphique des w_2^*, c_2.

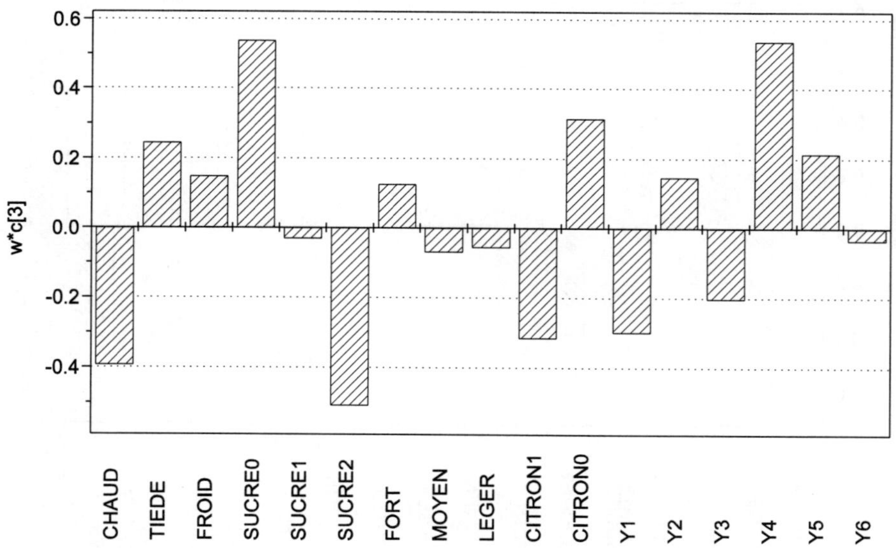

Figure 59 : Dégustation de thé. Graphique des w_3^*, c_3.

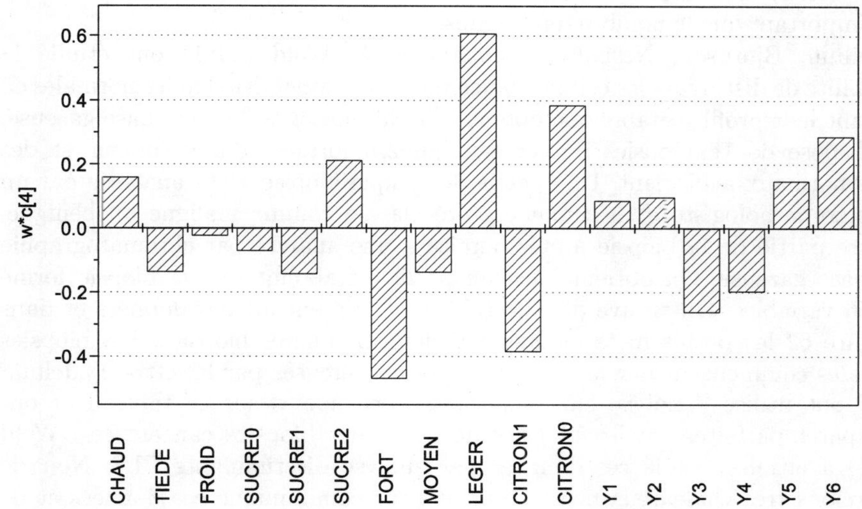

Figure 60 : Dégustation de thé. Graphique des w_4^*, c_4.

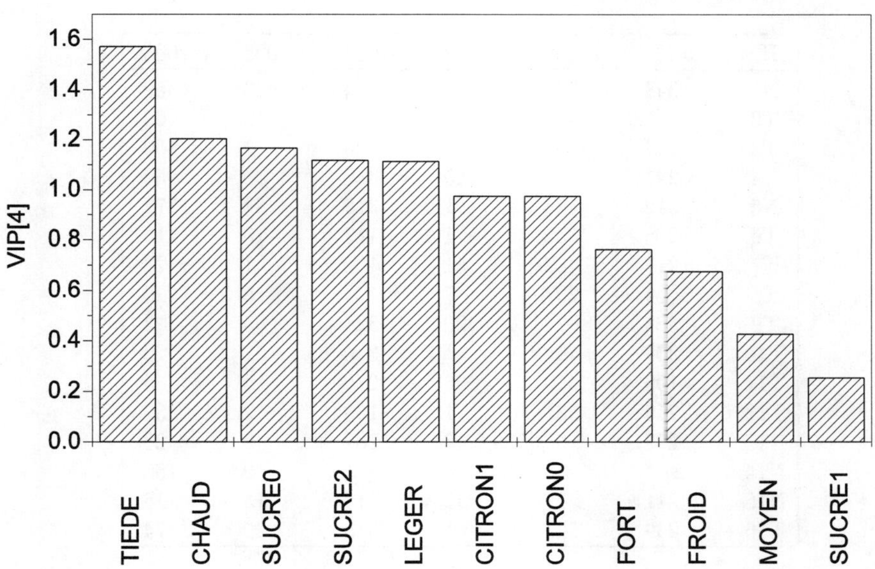

Figure 61 : Dégustation de thé. Graphique des VIP.

10.4 Identification de cellules cancéreuses

Cet exemple va nous servir à illustrer la spécificité de la régression PLS : permettre de modéliser des situations où le nombre de variables est beaucoup plus important que le nombre d'individus.

Jellum, Bjørnson, Nesbakken, Johansson & Wold (1981) ont étudié la possibilité de distinguer les cellules cancéreuses humaines des cellules normales en utilisant leur profil métabolique obtenu par chromatographie en phase gazeuse. On dispose de 16 biopsies de cerveau humain formées d'une tumeur et des tissus normaux avoisinant. Une partie de chaque biopsie a été analysée par un anatomo-pathologiste et la tumeur a été classée comme maligne ou bénigne. L'autre partie de la biopsie a été soumise à une analyse par chromatographie en phase gazeuse. On obtient ainsi un profil métabolique de la biopsie formé de 156 variables. On trouve dans le tableau 18 un extrait des données et dans la figure 62 les profils métaboliques des deux premières biopsies. Les biopsies normales commencent par la lettre N et les cancéreuses par la lettre T. Jellum et al. ont utilisé l'analyse en composantes principales sur ce tableau et ont pu séparer parfaitement les biopsies normales des biopsies cancéreuses. Wold (1996) a ensuite étudié ces données par analyse discriminante PLS. Nous le remercions très chaleureusement de nous avoir communiqué ces données et de nous permettre ainsi de reprendre l'approche de 1981 (utilisation de l'analyse en composantes principales) puis celle de 1996.

Tableau 18 : Extrait des profils métaboliques des biopsies

ID	var001	var002	var003	var004	var005	var006
N1	348	323	62	365	20	59
T2	*	*	*	*	12	69
T3	143	245	61	26	1	100
N4	291	66	45	339	9	56
N5	312	435	1	313	84	172
T6	208	352	1	117	10	113
T7	217	442	51	102	1	28
T8	64	207	7		8	229
T9	368	974	320	321	53	122
T10	300	408	*	370	51	23
T11	196	450	308	276	16	45
T12	259	331	71	163	2	37
N13	219	66	46	282	9	23
N14	*	*	*	*	9	160
N15	211	217	42	512	13	18
T16	239	521	1	313	20	74

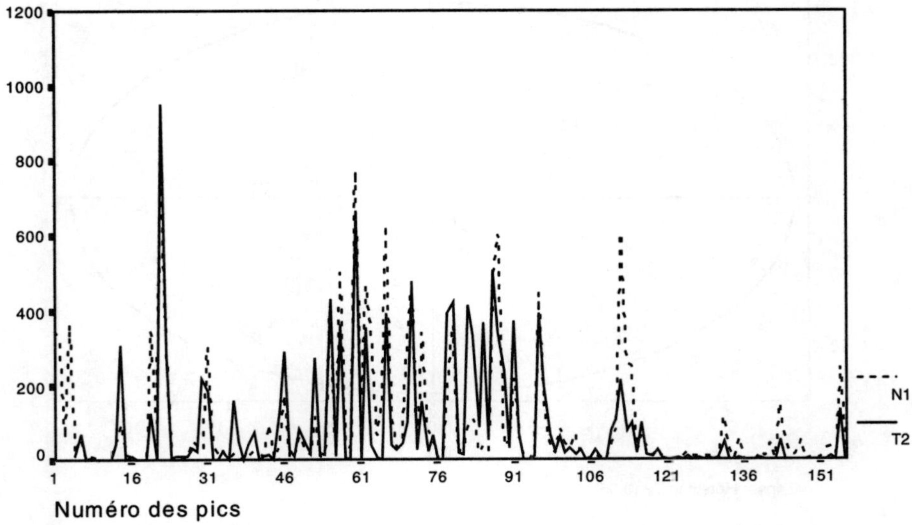

Figure 62 : Profil métabolique d'une biopsie normale (N1) et cancéreuse (T2).

10.4.1 Analyse en composantes principales

L'analyse en composantes principales de SIMCA-P est basée sur l'algorithme NIPALS. Il n'y a donc aucun problème avec les quelques données manquantes qui apparaissent dans le tableau 18. Le premier plan principal est reproduit dans la figure 63. La séparation entre les tumeurs bénignes et malignes est presque parfaite, seule la tumeur N14 est mal positionnée. Il suffit de passer au plan des composantes 1 et 3 (figure 64) pour obtenir une séparation parfaite. La carte des variables est réalisée dans SIMCA-P à partir des coordonnées des "vecteurs propres" de la matrice des corrélations. Les guillemets indiquent qu'il ne s'agit pas vraiment de vecteurs propres, mais des résultats de NIPALS. On trouve dans la figure 65 la carte des variables correspondant aux "vecteurs propres" 1 et 3. On idenfie ainsi immédiatement des variables importantes dans la séparation des cellules normales et cancéreuses comme par exemple 144, 155, 125 et une variable spécifique de la biopsie N14 comme 032. La carte des variables (155, 032) de la figure 66 confirme cette interprétation. Ainsi l'analyse en composantes principales a permis de mettre en évidence une propriété importante de ces données : les tumeurs bénignes ont des profils métaboliques globalement différents des tumeurs malignes. La première composante principale suffit pratiquement à discriminer les deux populations. La troisième composante principale permet de préciser des caractéristiques particulières de la biopsie N14.

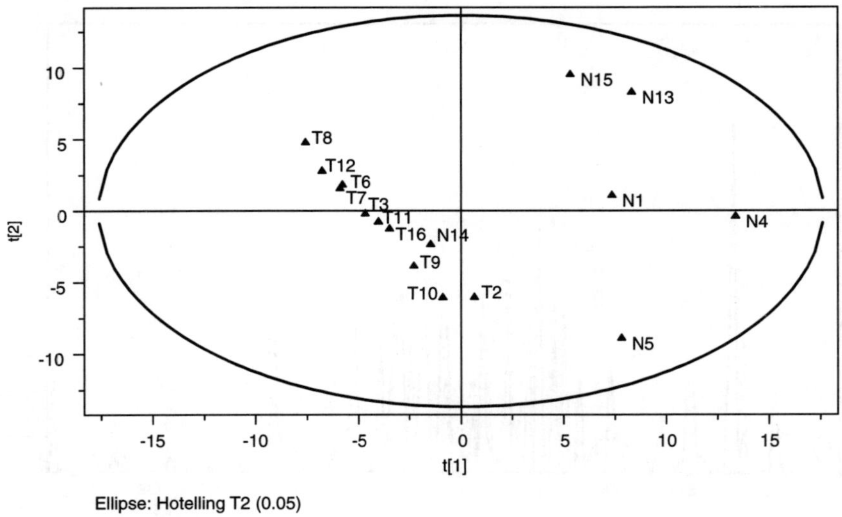

Figure 63 : Plan des composantes principales 1,2.

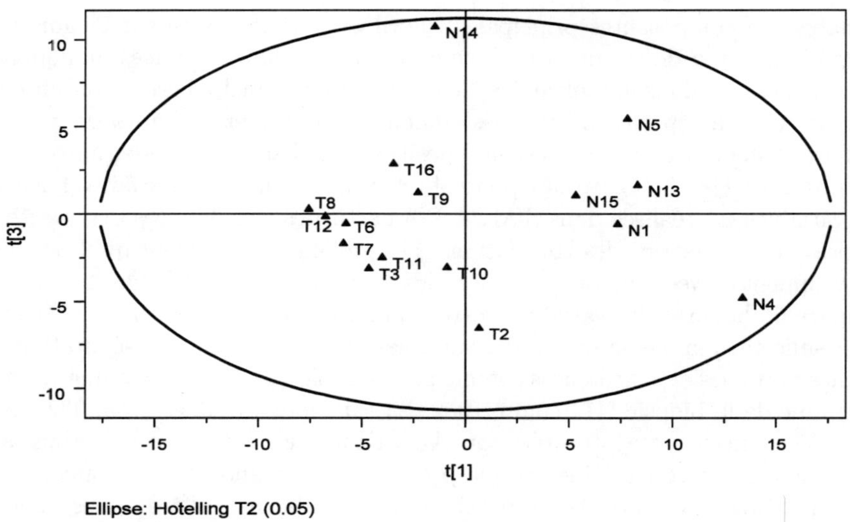

Figure 64 : Plan des composantes principales 1,3.

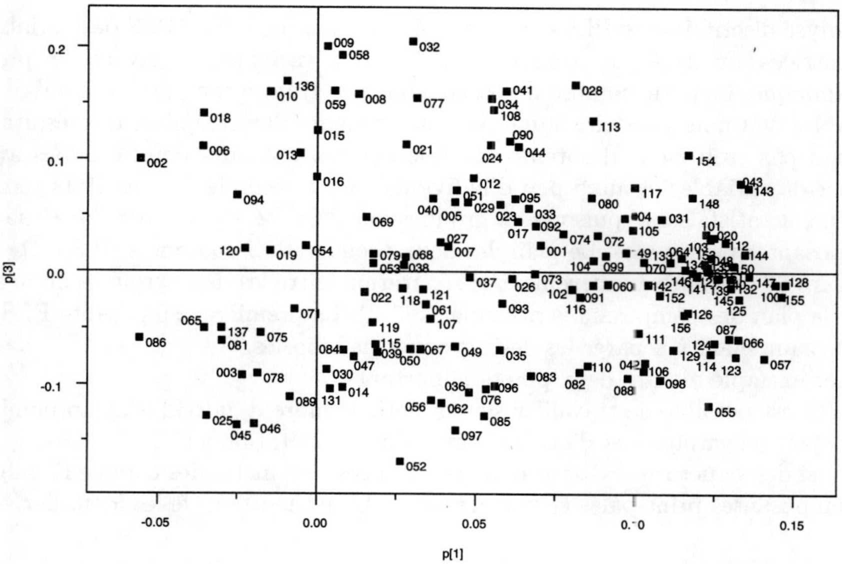

Figure 65 : Carte des variables. Axes 1 et 3.

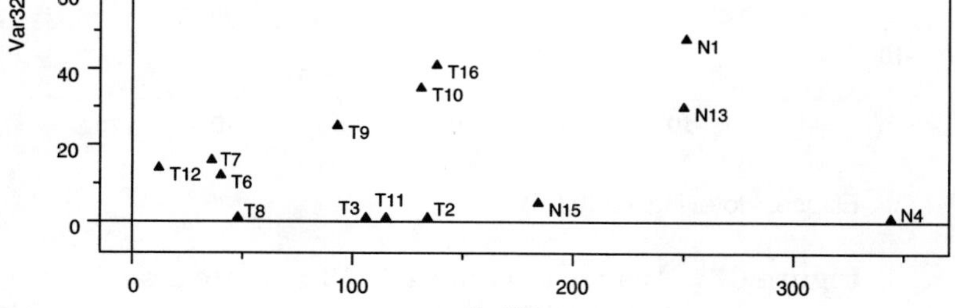

Figure 66 : Carte des variables 155 et 032.

10.4.2 Analyse discriminante PLS

L'analyse discriminante PLS consiste à réaliser une régression PLS des variables indicatrices du type de tumeur sur les 156 variables décrivant le profil métabolique. Le petit nombre d'observations par groupe comparé au nombre de variables doit nous conduire à une certaine prudence dans l'analyse des résultats. N'est-il pas trop facile d'obtenir une bonne séparation des deux groupes avec autant de variables et aussi peu d'individus? Sur l'exemple, les résultats seront forcément satisfaisants puisque les groupes ont déja été séparés par l'analyse en composantes principales. Le plan des deux premières composantes PLS t_1, t_2 de la figure 67 améliore effectivement la séparation entre les deux groupes observée dans le plan des composantes principales (1,3). La première composante PLS t_1 suffit maintenant à séparer les deux groupes de biopsies.

Cet exemple montre deux points importants :

1) il est possible de travailler sur un petit nombre d'individus et un nombre important de variables et d'obtenir des résultats opérationnels;

2) si des structures existent dans les données, des méthodes comme l'analyse en composantes principales et la régression PLS permettent de les identifier.

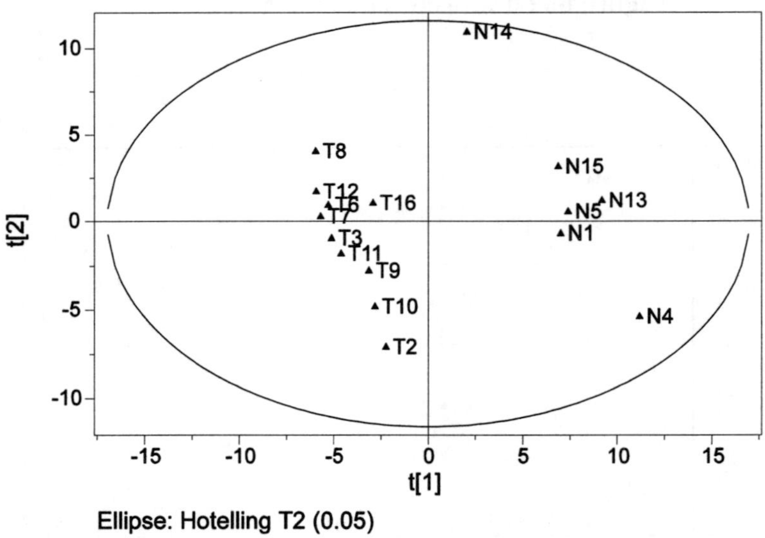

Figure 67 : Analyse discriminante PLS. Carte des composantes PLS t_1, t_2.

Pour conclure nous allons étudier le problème inverse. La régression PLS refuse-t-elle d'identifier des groupes qui n'existent pas? Créons deux groupes de biopsies mal séparés. L'examen du plan principal (1,2) conduit à créer par exemple la classe 1 des biopsies {T2, N4, N5, T7, T8, T9, N14, N15} et la classe 2 des biopsies {N1, T3, T6, T10, T11, T12, N13, T16}. La régression PLS des variables indicatrices des classes sur les 156 variables du profil métabolique conduit au tableau suivant :

h	$Rd(X, t_h)$	$Rd(Y, t_h)$	Q^2	Limite
1	0.193	0.446	-0.378	0.0975
2	0.142	0.321	0.189	0.0975

La validation croisée conduit ainsi au refus de la première composante PLS. Cependant si l'on passe outre, et qu'on force SIMCA-P à construire deux composantes PLS, on va obtenir une séparation de ces deux classes arbitraires. Le plan des deux premières composantes PLS de cette analyse est donné dans la figure 68. Les résultats sont donc ambigus : la validation croisée a prévenu l'utilisateur que l'analyse qui allait suivre était peu fiable, mais le plan obtenu ensuite peut faire illusion.

Une stratégie pourrait consister à faire d'autant plus confiance à la validation croisée que les données sont mal connues au niveau de leur signification extra-statistique. Il est évidemment tentant dans la pratique de "forcer" le programme pour obtenir des résultats. Espérons que cet exemple aidera le lecteur à résister à cette tentation.

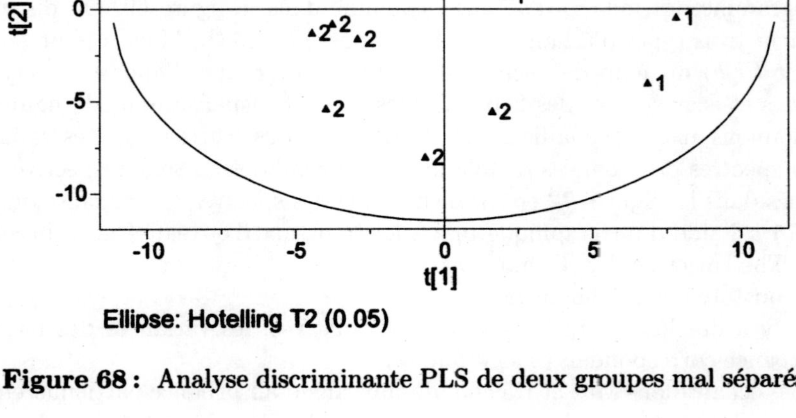

Figure 68 : Analyse discriminante PLS de deux groupes mal séparés.

10.5 Étalonnage multidimensionnel

Martens et Næs (1989) ont défini l'étalonnage multidimensionnel (traduction proposée par Feinberg (1996) pour l'expression *multivariate calibration*) comme suit :

"To CALIBRATE is to use empirical data and prior knowledge for determining how to predict unknown quantitative information Y from available measurements X, via some mathematical transfer function.

Multivariate calibration then means determining how to use many measured variables $x_1, x_2, \ldots, x_K$ *simultaneously for quantifying some target variable y. For instance, the X-variables could be chromatographic or spectroscopic measurements, and the target variable could be analyte concentration."*

La régression PLS est l'outil privilégié de l'étalonnage multidimensionnel puisque cette méthode permet de prendre en compte un très grand nombre de variables observées sur un petit nombre d'individus. Il peut y avoir des centaines ou des milliers de variables, mais, comme elles sont très corrélées entre elle, la régression PLS permet de construire un modèle d'étalonnage à partir d'un échantillon de petite taille.

Nous allons présenter l'étalonnage multidimensionnel sur un exemple développé dans Esbensen, Schönkopf & Midtgaard (1994) pages 146 à 153 : le cas UOP Guided Wave Inc.. Nous tenons à remercier CAMO AS pour nous avoir autorisé à utiliser cet exemple particulièrement illustratif de l'utilisation de la régression PLS sur des données de spectroscopie. La variable y représente l'indice d'octane et les 226 variables x_j des valeurs d'absorbance à différentes longueurs d'onde. Le modèle est construit à partir d'un fichier d'étalonnage formé de 26 échantillons d'essence recueillis sur une période suffisamment longue pour être représentatif de la dispersion de l'ensemble de la production. Deux des échantillons contiennent de l'alcool, ce qui a pour effet d'augmenter l'indice d'octane. Il y a aussi un fichier de validation formé de 13 échantillons d'essence supplémentaires. Nous donnons dans les tableaux 19 et 20 les premières colonnes des tableaux de données utilisés respectivement pour l'étalonnage et la validation. L'histogramme des indices d'octane est donné dans la figure 69. On distingue clairement trois types d'échantillons. La première lettre (L, M et H pour *Lower, Mean et High*) du nom de l'échantillon précise le groupe d'appartenance. Les moyennes et écarts-types des 226 variables x_j sont visualisés dans la figure 70. Nous donnons aussi dans la figure 71 le graphique des écarts-types des variables x_j. Les spectres des données d'étalonnage et de validation sont respectivement visualisés dans les figures 72 et 73. L'ensemble des spectres est visualisé dans la figure 74 à l'aide d'un graphique matriciel (plot matrix) réalisé en utilisant le logiciel The Unscrambler (Camo, 1996).

On constate deux phénomènes :

1) Il y a des longueurs d'onde peu informatives, les variances des mesures d'absorbance correspondantes sont faibles.

2) Les échantillons M52 et H59 ont des niveaux d'absorbance particulièrement élevés pour les longueurs d'onde supérieures à 1400. Ce sont précisément les deux

échantillons qui ont eu une addition d'alcool. On retrouve le même phénomène pour les spectres des données de validation contenant de l'alcool, représentés en pointillé dans la figure 73.

En spectrographie les écarts-types des variables mesurent en quelque sorte l'information disponible à une longueur d'onde donnée. Il est inutile d'utiliser des longueurs d'onde pour lesquelles les mesures d'absorbance sont peu dispersées. Par conséquent il est essentiel en spectrographie d'utiliser les variables x_j *centrées mais non réduites.*

Nous allons maintenant étudier l'utilisation de la régression PLS sur ces données. Il s'agit de relier l'indice d'octane y à l'ensemble du spectre $x_1, \ldots, x_{226}$. Le modèle est construit sur les données d'étalonnage et sa performance en matière de prédiction vérifiée sur les données de validation.

Tableau 19 : Cas UOP Guided Wave Inc. : les données d'étalonnage (extrait)

	Additif	Octane	1100	1102
M01	0	88.6	-1.8345300e-03	-1.4964700e-03
M02	0	88.8	-1.6270201e-03	-1.2507801e-03
M05	0	89.4	-4.6487199e-04	-3.3003101e-04
L06	0	86.7	-1.4425701e-03	-1.0941200e-03
H11	0	91.2	-1.6074900e-03	-1.1549001e-03
H12	0	91.3	-5.0200801e-04	-5.3970002e-06
L13	0	87.4	-1.1307000e-03	-8.0107403e-04
L14	0	87.1	-1.9691000e-03	-1.6272799e-03
L15	0	87.0	-1.2943101e-03	-9.5174299e-04
H17	0	91.8	-9.8381017e-04	-5.4231897e-04
M18	0	89.1	-1.2278800e-03	-8.4947899e-04
H20	0	91.8	-1.5177901e-03	-1.1264801e-03
L21	0	86.9	-1.6706701e-03	-1.3023600e-03
H24	0	91.7	-1.5543300e-03	-1.0223901e-03
H27	0	91.7	-1.5807002e-03	-1.1740600e-03
L29	0	87.0	-1.2917600e-03	-9.2109398e-04
L31	0	87.0	-1.6436501e-03	-1.2955001e-03
H32	0	90.8	-3.8349602e-04	2.1294001e-05
L35	0	87.2	-8.8136498e-04	-4.9749599e-04
H36	0	91.4	-1.4989801e-03	-1.0742501e-03
L37	0	87.2	-1.5063002e-03	-1.1588800e-03
H38	0	92.2	-1.5215800e-03	-1.0763800e-03
H39	0	91.8	-1.7410201e-03	-1.2750800e-03
L40	0	87.0	-1.4101501e-03	-1.0315200e-03
M52	1	89.0	-3.8798801e-03	-3.5394800e-03
H59	1	92.4	-4.4693002e-03	-4.0327501e-03

Tableau 20 : Cas UOP Guided Wave Inc. : les données de validation (extrait)

	Additif	Octane	1100	1102
S.003	0	88.6	1.5369700e-03	1.8477301e-03
S.004	0	88.8	-8.1777899e-04	-4.5065902e-04
S.010	0	91.2	-1.9827101e-03	-1.5751400e-03
S.016	0	91.8	-1.6015701e-03	-1.1583400e-03
S.019	0	89.0	-1.9282200e-03	-1.6081600e-03
S.022	0	91.4	-1.8352501e-03	-1.4576800e-03
S.025	0	88.6	-1.0110501e-03	-5.8961811e-04
S.026	0	91.4	-8.8324200e-04	-3.8415802e-04
S.034	0	87.1	-1.4605101e-03	-1.0678000e-03
S.055	1	91.4	-3.9365301e-03	-3.5269100e-03
S.056	1	90.3	-4.3300600e-03	-3.9496701e-03
S.057	1	91.2	-3.8209301e-03	-3.4138500e-03
S.058	1	91.0	-3.9169700e-03	-3.5149001e-03

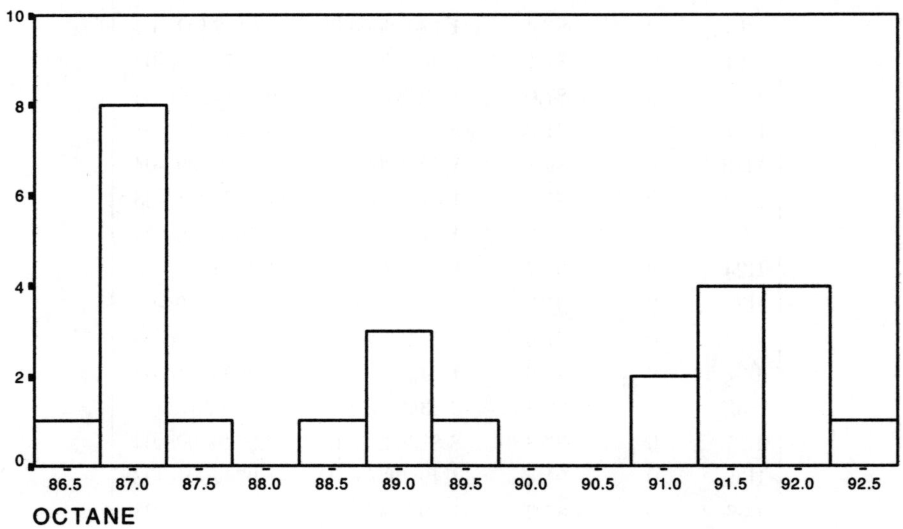

Figure 69 : Répartition des indices d'octane sur les données d'étalonnage.

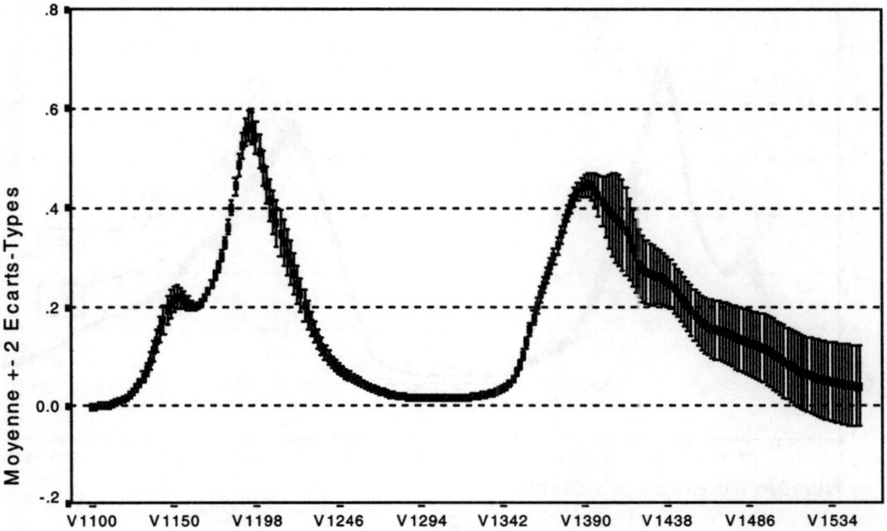

Figure 70 : Répartition des valeurs d'absorbance par longueur d'onde.

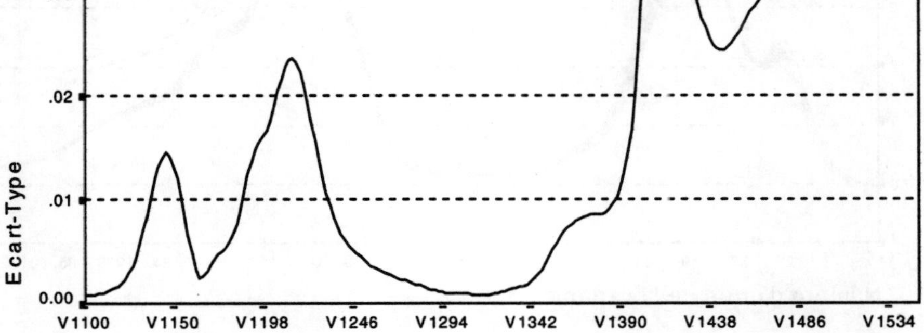

Figure 71 : Graphique des écarts-types des X.

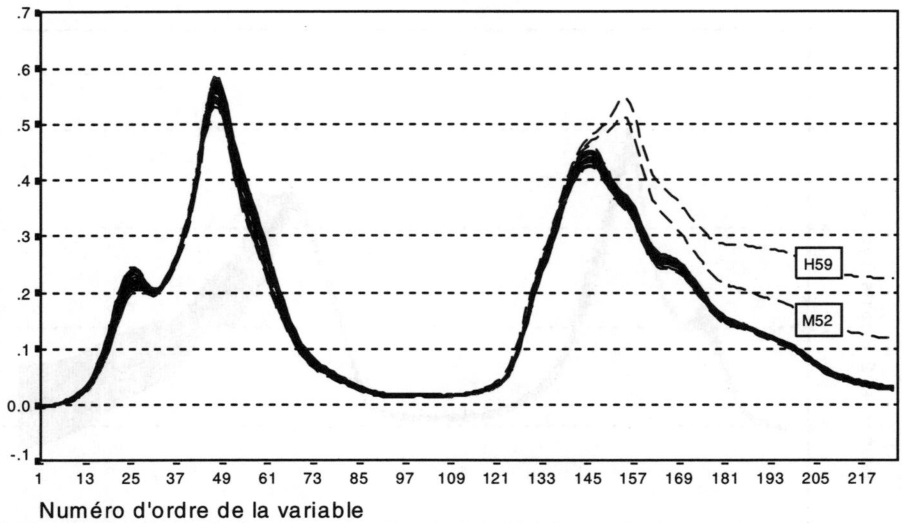

Figure 72 : Spectres des 26 échantillons d'essence des données d'étalonnage.

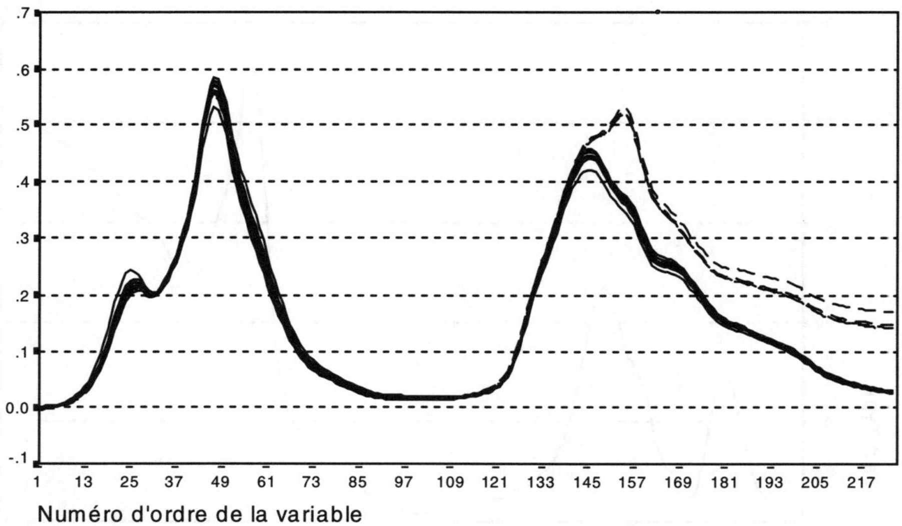

Figure 73 : Spectres des données de validation.

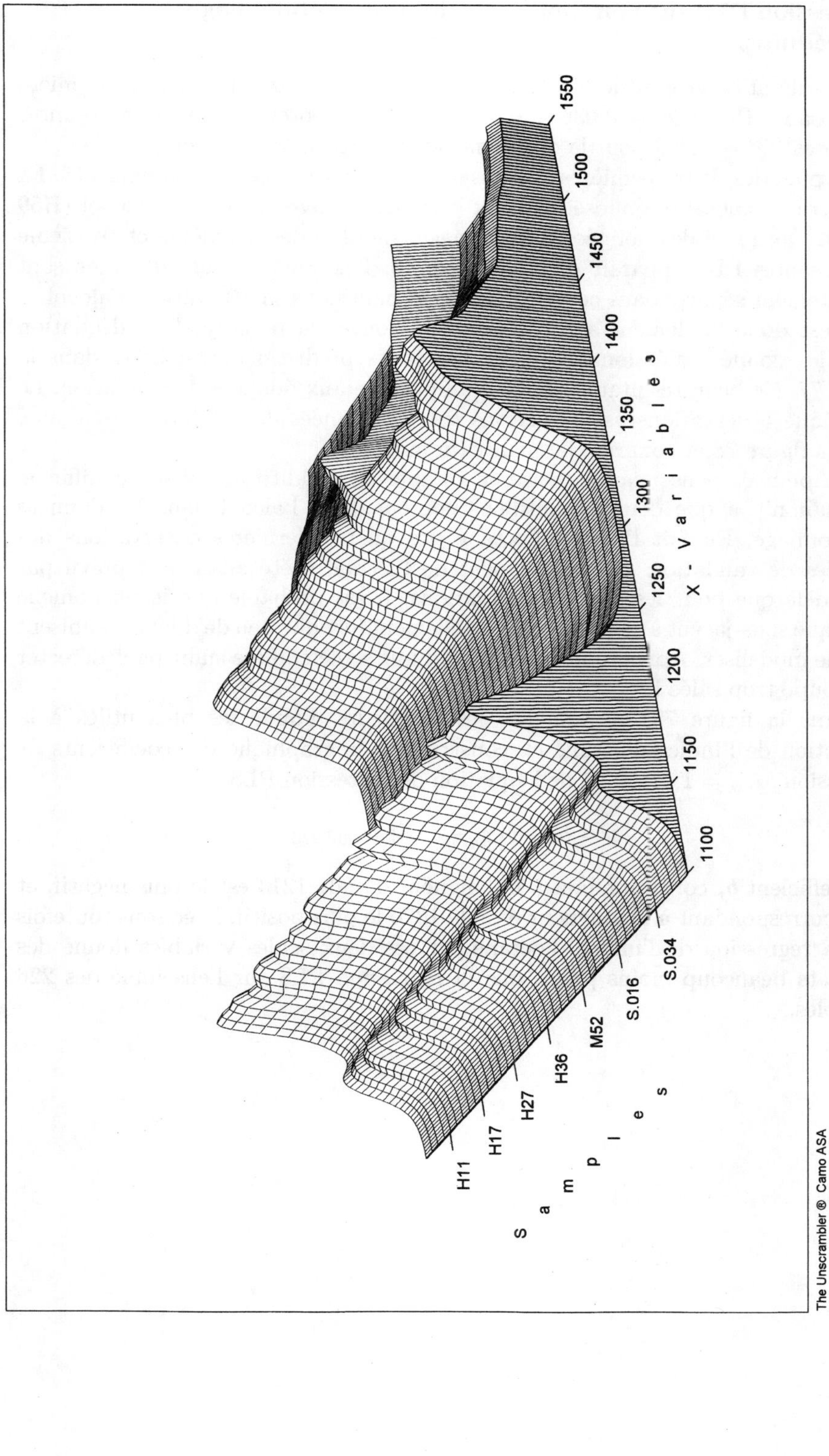

Figure 74 : Graphique matriciel de l'ensemble des spectres.

Régression PLS sur l'ensemble des données d'étalonnage non réduites

La validation croisée de SIMCA-P conduit tout d'abord à refuser la première composante PLS ($Q^2 = 0.038 < 0.097$), puis à accepter les deux composantes suivantes ($Q^2 = 0.802$ pour la deuxième, et 0.841 pour la troisième).

Le plan des deux premières composantes PLS est donné dans la figure 75. La première composante oppose les deux échantillons avec addition d'alcool (H59 et M52) au reste des données d'étalonnage. Le plan des deuxième et troisième composantes PLS apparait dans la figure 76. Les trois niveaux d'octane sont parfaitement séparés dans ce plan pour les échantillons sans addition d'alcool.

Il est donc finalement assez naturel de trouver la remarquable adéquation entre les données d'étalonnage observées et les prédictions visualisées dans la figure 77. Ce beau résultat résiste-t-il au passage aux données de validation. Le graphique observations vs prédictions sur les données de validation est donné dans la figure 78 et confirme la qualité du modèle.

On pouvait penser que la prise en compte de l'additif alcool serait difficile, puisqu'il n'y a que deux échantillons contenant de l'alcool dans les données d'étalonnage. En fait l'indice d'octane des quatre dernières observations des données de validation, qui contiennent de l'alcool, a été aussi bien prévu par le modèle que pour les autres observations. Il est probable que le phénomène chimique sous-jacent à ce problème est tellement fort que peu de données suffisent pour le modéliser. Après tout, le contenu d'une seule cuillère suffit pour détecter une soupe trop salée !

Dans la figure 79, on visualise les longueurs d'onde les plus utiles à la prédiction de l'indice d'octane en construisant le graphique des coefficients de régression b_j, $j = 1, \ldots, 226$, de l'équation de régression PLS

$$\widehat{y} = b_0 + b_1 x_1 + \ldots + b_{226} x_{226}$$

Le coefficient b_j correspondant à la longueur d'onde 1214 est le plus négatif, et celui correspondant à la longueur d'onde 1370 le plus positif. Précisons toutefois que la régression de l'indice d'octane sur ces deux seules variables donne des résultats beaucoup moins précis que la régression PLS sur l'ensemble des 226 variables.

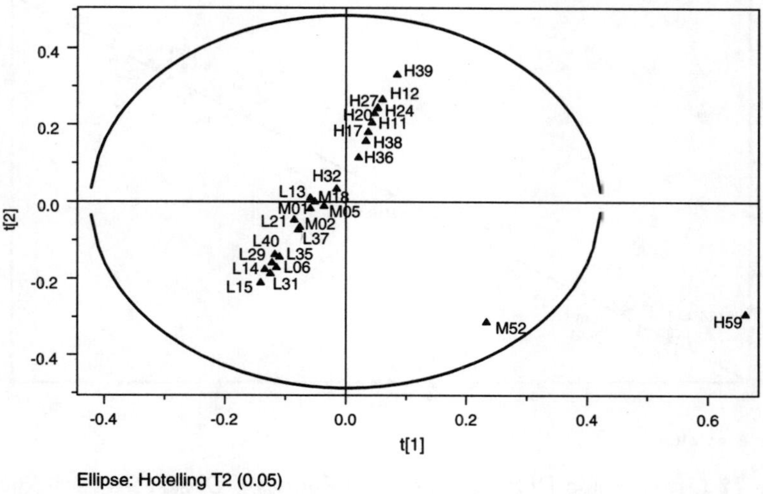

Figure 75 : Régression PLS. Données d'étalonnage. Plan (t_1, t_2).

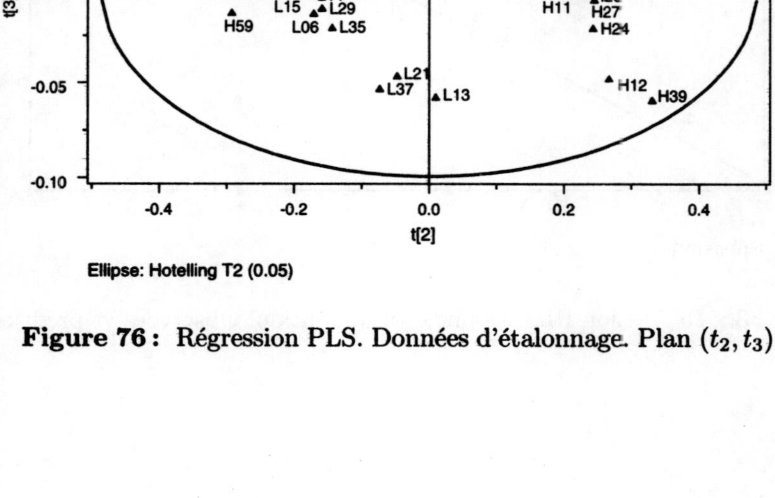

Figure 76 : Régression PLS. Données d'étalonnage. Plan (t_2, t_3).

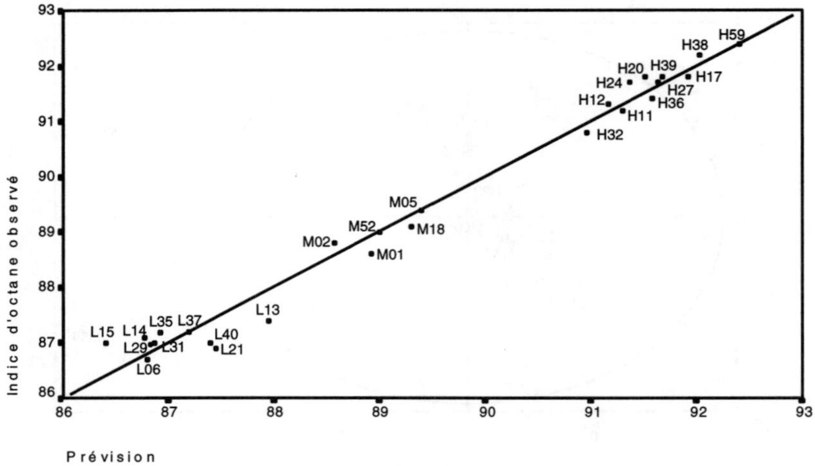

Figure 77 : Régression PLS. Données d'étalonnage. Observées vs prédites.

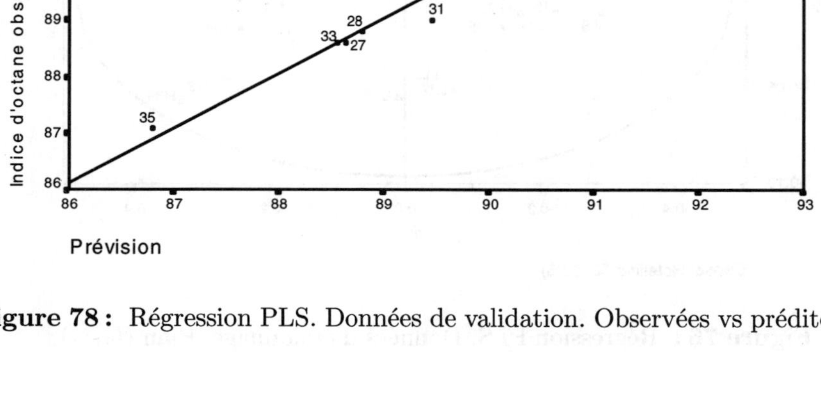

Figure 78 : Régression PLS. Données de validation. Observées vs prédites.

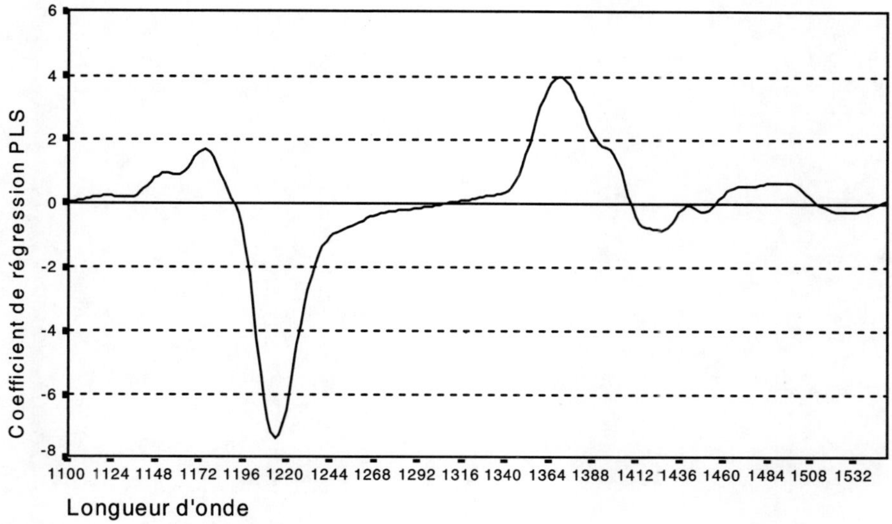

Figure 79 : Régression PLS à 3 composantes. Coefficients de régression PLS.

Chapitre 11

L'analyse canonique PLS

Sous le nom d'approche PLS (Partial Least Squares), Wold (1985,1988) a proposé une méthodologie permettant d'étudier les modèles d'équations structurelles sur variables latentes. Nous présentons cette méthodologie dans le chapitre 13. Nous décrivons dans ce chapitre l'approche PLS pour le cas particulier de deux groupes de variables X et Y en utilisant la synthèse présentée par Lohmöller (1989). On peut déduire tout naturellement de cette approche une méthode proposée par Wold (1984). C'est une variante symétrique de la régression PLS qu'on peut appeler "analyse canonique PLS".

11.1 L'algorithme PLS pour deux groupes de variables

Nous allons décrire l'algorithme de Wold pour deux groupes de variables X et Y de manière générale, avec toutes ses options. On recherche des composantes $t_h = X_{h-1}a_h$ et $u_h = Y_{h-1}b_h$ résumant à la fois les deux groupes de variables et leur liaison. Il y a deux modes de calcul possibles pour déterminer les vecteurs a_h et b_h. Le mode A correspond à une régression simple d'une variable d'un groupe sur la composante de l'autre groupe, le mode B à une régression multiple d'une composante d'un groupe sur les variables de l'autre groupe. Il y a trois choix possibles pour déterminer la matrice résiduelle Y_h : conserver Y ($Y_h = Y$, mode invariant), par régression de Y_{h-1} sur la composante t_h (mode Régression) ou bien sur la composante u_h (mode Canonique). Les choix à faire permettent de définir différentes méthodes.

L'algorithme PLS de Wold pour deux groupes de variables X et Y

Étape 1	:	$X_0 = X$, $Y_0 = Y$
Étape 2	:	Pour $h = 1, 2, \ldots, H$:
Étape 2.1	:	t_h = première colonne de X_{h-1}, u_h = première colonne de Y_{h-1}
Étape 2.2	:	Répéter jusqu'à convergence de a_h :
Étape 2.2.1	:	Mode A : $a_h = X'_{h-1}u_h/u'_h u_h$, ou Mode B : $a_h = (X'_{h-1}X_{h-1})^{-1}X'_{h-1}u_h$
Étape 2.2.2	:	Normer a_h à 1
Étape 2.2.3	:	$t_h = X_{h-1}a_h/a'_h a_h$
Étape 2.2.4	:	Réduire t_h (optionnel)
Étape 2.2.5	:	Mode A : $b_h = Y'_{h-1}t_h/t'_h t_h$, ou Mode B : $b_h = (Y'_{h-1}Y_{h-1})^{-1}Y'_{h-1}t_h$
Étape 2.2.6	:	Normer b_h à 1
Étape 2.2.7	:	$u_h = Y_{h-1}b_h/b'_h b_h$
Étape 2.2.8	:	Réduire u_h (optionnel)
Étape 2.3	:	$c_h = X'_{h-1}t_h/t'_h t_h$
Étape 2.4	:	$d_h = Y'_{h-1}t_h/t'_h t_h$
Étape 2.5	:	$e_h = Y'_{h-1}u_h/u'_h u_h$
Étape 2.6	:	$X_h = X_{h-1} - t_h c'_h$
Étape 2.7	:	Mode Invariant : $Y_h = Y$, ou Mode Régression : $Y_h = Y_{h-1} - t_h d'_h$, ou Mode Canonique : $Y_h = Y_{h-1} - u_h e'_h$

Cet algorithme contient comme cas particuliers l'analyse canonique, l'analyse des redondances, la régression PLS et une variante symétrique de la régression PLS qu'on peut appeler "analyse canonique PLS". Nous précisons dans le tableau 21 les choix conduisant à ces méthodes.

Tableau 21 : Approche PLS. Deux groupes de variables X et Y.
Choix des modes de calcul et des normalisations pour différentes méthodes

	Analyse canonique	Analyse des redondances	Régression PLS	Analyse canonique PLS
Mode de calcul des a_h	B	B	A	A
Réduction de t_h	oui	oui	non	non
Mode de calcul des b_h	B	A	A	A
Mode de calcul de Y_h	Canonique	Invariant	Régression	Canonique
Réduction de u_h	oui	-	non	non

Nous allons justifier ces résultats en montrant que l'algorithme général permet de retrouver chacune de ces méthodes.

L'analyse canonique

À l'étape h on recherche des composantes réduites $t_h = Xa_h^*$ et $u_h = Yb_h^*$ maximisant le critère $cor(Xa_h^*, Y^*b_h)$ sous les contraintes d'orthogonalité

$$t_h'(t_1, \dots, t_{h-1}) = 0$$
$$u_h'(u_1, \dots, u_{h-1}) = 0$$

D'après la Proposition 6 du chapitre 9, ces composantes t_h et u_h peuvent alors s'écrire $t_h = X_{h-1}a_h$ et $u_h = Y_{h-1}b_h$ puisque X_{h-1} et Y_{h-1} sont aussi les résidus respectifs des régressions de X sur $t_1, \dots, t_{h-1}$ et de Y sur $u_1, \dots, u_{h-1}$. On est donc amené à rechercher des composantes réduites $t_h = X_{h-1}a_h$ et $u_h = Y_{h-1}b_h$ maximisant le critère $cor(X_{h-1}a_h, Y_{h-1}b_h)$. Ce qui conduit à l'analyse canonique de X_{h-1} et Y_{h-1}. Nous en déduisons que le vecteur a_h est vecteur propre de la matrice $(X_{h-1}'X_{h-1})^{-1}X_{h-1}'Y_{h-1}(Y_{h-1}'Y_{h-1})^{-1}Y_{h-1}'X_{h-1}$ associé à la plus grande valeur propre. On vérifie ensuite sans difficulté que l'algorithme de Wold conduit effectivement à la même solution avec les choix de la colonne "analyse canonique" du tableau 21. On obtient un résultat analogue pour le vecteur b_h.

L'analyse des redondances

À l'étape h on recherche une composante réduite $t_h = Xa_h^*$ maximisant le critère $\sum_{k=1}^{q} cor^2(y_k, Xa_h^*)$ sous les contraintes d'orthogonalité

$$t_h'(t_1, \dots, t_{h-1}) = 0$$

D'après la Proposition 6, cette composante t_h peut s'écrire $t_h = X_{h-1}a_h$. On est donc amené à rechercher une composante réduite $t_h = X_{h-1}a_h$ maximisant le critère $\sum_{k=1}^{q} cor^2(y_k, X_{h-1}a_h)$. On en conclut que a_h est vecteur propre de la matrice $(X_{h-1}'X_{h-1})^{-1}X_{h-1}'YY'X_{h-1}$ associé à la plus grande valeur propre. Les choix de la colonne "analyse des redondances" du tableau 21 conduisent exactement au même résultat.

La régression PLS

Lorsqu'on écrit l'algorithme de Wold en suivant les choix de la colonne "régression PLS" du tableau des méthodes on retrouve, aux notations près, l'algorithme de régression PLS2.

L'analyse canonique PLS

L'analyse canonique PLS (Wold, 1984) est une variante de la régression PLS adaptée à une situation où les deux ensembles de variables X et Y jouent un rôle symétrique. On modifie simplement dans l'algorithme de régression PLS la construction des Y_h. On obtient les Y_h comme résidus de la régression de Y_{h-1} sur u_h plutôt que sur t_h. D'après la Proposition 6, ceci assure l'orthogonalité des composantes u_h. On obtient ainsi à chaque étape des composantes $t_h = X_{h-1}a_h$

et $u_h = Y_{h-1}b_h$ maximisant le critère $cov(X_{h-1}a_h, Y_{h-1}b_h)$. Les composantes t_h sont orthogonales et peuvent aussi s'écrire $t_h = Xa_h^*$. De même les composantes u_h sont orthogonales et peuvent s'écrire $u_h = Yb_h^*$. On peut s'attendre à ce que les résultats de l'analyse canonique PLS soient très proches dans la pratique de ceux de l'algorithme SIMPLS-CA qui a les mêmes objectifs.

11.2 Application de l'analyse canonique PLS

Nous allons décrire dans cette section l'utilisation de l'analyse canonique PLS sur les données de Linnerud.

11.2.1 Les résultats

Vecteurs a_h^* et b_h^* associés aux variables X et Y centrées-réduites

	a_1^*	a_2^*	a_3^*
Poids	-0.425	-2.025	-0.356
Tour de taille	-0.556	2.000	-0.229
Pouls	0.172	0.010	-1.092

	b_1^*	b_2^*	b_3^*
Traction	0.439	-0.600	1.222
Flexion	0.535	-0.452	-1.518
Sauts	0.184	1.286	0.473

Les composantes

N°	t_1	t_2	t_3	u_1	u_2	u_3
1	-0.46	-0.65	0.70	-0.27	0.13	-1.52
2	-0.55	0.14	0.36	-0.96	0.84	-0.96
3	-0.65	0.44	-0.68	-0.06	0.80	1.95
4	0.50	1.12	-0.63	-0.25	-0.83	1.27
5	-0.35	-1.12	1.41	0.33	-0.78	0.48
6	-0.17	0.10	-0.08	-0.94	0.23	-0.44
7	-1.01	-1.03	-0.64	-0.62	-0.32	0.45
8	0.54	0.08	-0.32	-0.57	-0.22	-0.58
9	1.24	-2.51	-2.36	0.82	-1.78	-0.32
10	0.84	0.52	0.54	2.17	2.89	0.85
11	0.26	-0.09	1.16	0.29	-1.48	2.07
12	0.54	-0.47	0.97	1.01	0.25	-0.33
13	0.86	1.15	-0.74	1.10	-0.15	-0.31
14	-3.16	1.00	-0.82	-1.59	1.14	0.18

Les composantes (suite)

N°	t_1	t_2	t_3	u_1	u_2	u_3
15	-0.59	-0.82	1.28	-1.07	-0.05	0.67
16	-0.54	-0.91	-1.35	0.94	0.49	-0.52
17	-0.28	1.21	0.24	-1.35	0.10	0.40
18	0.86	-0.36	1.18	0.89	-0.54	-1.60
19	0.76	0.35	0.82	1.15	-1.14	-0.62
20	1.40	1.85	-1.05	-1.02	0.42	-1.11

Corrélations entre les composantes

	t_1	t_2	t_3	u_1	u_2	u_3
t_1	1.000	0.000	0.000	0.554	-0.290	-0.203
t_2		1.000	0.000	-0.266	0.396	0.088
t_3			1.000	0.097	0.015	0.044
u_1				1.000	0.000	0.000
u_2					1.000	0.000
u_3						1.000

Structure factorielle

Corrélations entre les mesures physiques x_j et leurs composantes t_h :

	t_1	t_2	t_3
Poids	-0.948	-0.281	-0.152
Tour de taille	-0.962	0.228	-0.150
Pouls	0.511	0.044	-0.859

Corrélations entre les exercices y_k et leurs composantes u_h :

	u_1	u_2	u_3
Tractions	0.880	-0.270	0.391
Flexions	0.940	-0.009	-0.342
Sauts	0.741	0.669	0.062

Corrélations entre les mesures physiques x_j et les composantes des exercices u_h :

	u_1	u_2	u_3
Poids	-0.465	0.161	0.161
Tour de taille	-0.608	0.367	0.209
Pouls	0.188	-0.143	-0.137

Corrélations entre les exercices y_k et les composantes des mesures physiques t_h :

	t_1	t_2	t_3
Tractions	0.486	-0.306	0.098
Flexions	0.592	-0.283	0.076
Sauts	0.203	0.074	0.084

Parts de variance expliquée

Part de variance des mesures physiques centrées-réduites expliquée par $t_1, \ldots, t_m$: $R^2(x_j; t_1, \ldots, t_m)$:

m	1	2	3
Poids	0.898	0.977	1
Tour de taille	0.926	0.978	1
Pouls	0.261	0.263	1
Moyenne	0.695	0.739	1

Part de variance des variables exercices centrées-réduites expliquée par $u_1, \ldots, u_m$: $R^2(y_k; u_1, \ldots, u_m)$:

m	1	2	3
Traction	0.775	0.847	1
Flexion	0.883	0.883	1
Sauts	0.549	0.996	1
Moyenne	0.736	0.909	1

Communautés

R^2 entre les mesures physiques et les m premières composantes canoniques u_h :

m	1	2	3
Poids	0.216	0.242	0.268
Tour de taille	0.369	0.504	0.548
Pouls	0.035	0.056	0.075
Moyenne	0.207	0.267	0.297

R^2 entre les variables exercices et les m premières composantes canoniques t_h :

m	1	2	3
Tractions	0.236	0.323	0.340
Flexions	0.351	0.431	0.436
Sauts	0.041	0.047	0.054
Moyenne	0.209	0.267	0.277

Comparaison entre l'analyse canonique PLS et l'algorithme SIMPLS-CA

Nous avons calculé les corrélations entre les composantes de l'analyse canonique PLS (t_h, u_h) et celles de SIMPLS-CA (t'_h, u'_h) :

$cor(t_1, t'_1)$	$cor(t_2, t'_2)$	$cor(t_3, t'_3)$	$cor(u_1, u'_1)$	$cor(u_2, u'_2)$	$cor(u_3, u'_3)$
1.0000	0.9997	0.9997	1.0000	0.9998	0.9998

Comme attendu les deux méthodes donnent des composantes quasiment identiques, à la normalisation près.

Chapitre 12

Traitement des données qualitatives

Les méthodes présentées dans ce livre ne reposant sur aucune hypothèse probabiliste, il est tout à fait possible de les appliquer à des variables qualitatives. On remplace simplement chaque variable qualitative par l'ensemble des variables indicatrices de ses modalités. Nous allons présenter dans ce chapitre deux exemples illustrant cette démarche. Le premier exemple est un problème d'association et de prédiction sur lequel nous avons comparé analyse des correspondances, analyse canonique, la méthode de Tucker et la régression PLS. Le second exemple est un problème de prédiction et nous avons utilisé l'algorithme SIMPLS de De Jong.

12.1 Relations herbivores - environnement

On trouve dans le livre de Gittins (1985) un exemple d'analyse canonique d'un tableau de contingence (autrement dit l'analyse des correspondances, mais l'auteur ne s'aventure pas trop sur ce terrain). Il s'agit d'étudier la relation entre la présence d'herbivores et l'environnement dans le parc national Rwenzori, Ouganda. Dans les tableaux présentés les herbivores sont étiquetés comme suit : A = Éléphant, B = Warthog, C = Hippopotame, D = Reedbuck, E = Waterbuck, F = Kob, G = Topi, H = Bushbuck et I = Buffle. Dans le tableau 22 on trouve les caractéristiques des 10 zones étudiées et dans le tableau 23 la densité d'herbivores au km^2 par zone. Considérant les densités au km^2 du tableau 23 comme des effectifs, ce tableau devient un tableau de contingence. Gittins propose une analyse des correspondances de ce tableau et interprète ensuite le positionnement des zones à l'aide de leurs caractéristiques physiques. Il nous a semblé plus intéressant de considérer que les zones n'avaient pas d'intérêt par elles-mêmes, mais à travers leur description donnée dans le tableau 22. Autrement dit, nous allons construire une carte des caractéristiques des zones et des herbivores traduisant leurs proximités.

Tableau 22 : Parc National Rwenzori, Ouganda.
Caractéristiques physiques des zones étudiées

Zone	Niveau de l'herbe	Présence de bosquets	Proximité de l'eau	Contrôle des hippopotames*
1	courte	oui	proche	moyen
2	haute	oui	éloignée	aucun
3	courte	oui	proche	aucun
4	courte	oui	proche	important
5	courte	oui	moyenne	aucun
6	courte	oui	proche	aucun
7	courte	non	éloignée	aucun
8	courte	oui	moyenne	important
9	courte	non	éloignée	aucun
10	courte	non	éloignée	aucun

(*) Il s'agit d'un programme de contrôle du nombre des hippopotames du site.

Tableau 23 : Parc National Rwenzori, Ouganda.
Densité au km^2 de neuf gros herbivores dans dix zones

Zone	A	B	C	D	E	F	G	H	I
1	1	1	15	0	7	9	0	0	12
2	2	0	0	0	0	1	0	0	5
3	3	3	28	0	3	2	0	1	7
4	3	8	1	0	10	0	0	3	25
5	1	1	13	0	1	6	0	0	21
6	4	3	21	0	4	0	0	1	18
7	2	1	1	0	2	44	0	0	13
8	2	1	4	0	1	10	0	0	18
9	0	4	2	1	0	78	30	0	22
10	0	2	6	0	0	71	83	0	17

Appelons occurence l'observation de la présence d'une espèce d'herbivore dans un site. Les effectifs du tableau 23 sommant à 659, on considère qu'il y a eu 659 occurences. Pour chaque occurence, on dispose donc des caractéristiques du site et de l'espèce d'herbivore observée.

On construit deux tableaux :

– le tableau X des indicatrices des caractéristiques des zones définies sur les 659 occurences ;

– le tableau Y des indicatrices des herbivores définies sur les 659 occurences.

Il est maintenant naturel de construire la matrice $X'Y$, croisant les caractéristiques des sites et les herbivores. On obtient le tableau 24.

Ces données ne sont pas symétriques. On peut considérer que les herbivores vont choisir l'environnement qui leur est favorable. La répartition des

Tableau 24 : Croisement des caractéristiques des sites et des herbivores

	A	B	C	D	E	F	G	H	I
herbe−	16	24	91	1	28	220	113	5	153
herbe+	2	0	0	0	0	1	0	0	5
bosquet−	2	7	9	1	2	193	113	0	52
bosquet+	16	17	82	0	26	28	0	5	106
eau−	4	7	9	1	2	194	113	0	57
eau=	3	2	17	0	2	16	0	0	39
eau+	11	15	65	0	24	11	0	5	62
contrôle−	12	14	71	1	10	202	113	2	103
contrôle=	1	1	15	0	7	9	0	0	12
contrôle+	5	9	5	0	11	10	0	3	43

herbivores dépend de l'environnement. On peut donc considérer les variables d'environnement comme des prédicteurs et les herbivores comme les réponses. Nous allons utiliser la régression PLS sur cet exemple. Nous allons aussi utiliser des méthodes d'association, ne prenant en compte le côté non symétrique des données qu'au niveau de l'analyse des résultats. C'est une démarche tout à fait courante en analyse des données. Il suffit de penser à l'analyse factorielle discriminante comme un cas particulier de l'analyse canonique. Nous allons présenter les résultats de l'utilisation de cinq méthodes sur ces données :

- une analyse des correspondances du tableau $X'Y$, juxtaposition de quatre tableaux de contingence mis les uns au dessous des autres ;
- une analyse canonique des tableaux X et Y ;
- une analyse factorielle inter-batteries des tableaux X et Y ;
- une analyse canonique des correspondance du tableau des caractéristiques des sites et du tableau croisant sites et herbivores ;
- une régression PLS de Y sur X.

12.1.1 Analyse des correspondances du tableau $X'Y$

Pour étudier la relation entre une variable qualitative (ici la variable *herbivore*) et un groupe de variables qualitatives (ici les variables *herbe, bosquet, eau, contrôle*) Leclerc (1976) propose de réaliser l'analyse des correspondances du tableau formé de la juxtaposition des tableaux croisant chaque variable explicative avec la variable à expliquer (ici le tableau 24 (= $X'Y$)). Cette analyse des correspondances conduit au premier plan principal de la figure 80. Les deux premières valeurs propres λ_h valent 0.29775 et 0.02376. Le premier axe explique 87.15% de l'inertie totale et le deuxième axe 6.96%. Le phénomène étudié est donc essentiellement unidimensionnel. Cependant des modalités rares comme *herbe+*, *Reedbuck* ou *Bushbuck* prennent trop d'importance sur le premier plan principal, alors qu'en fait leurs contributions aux axes sont relativement faibles. Elles sont mises en valeur par l'analyse des correspondances à cause de leur profil particulier.

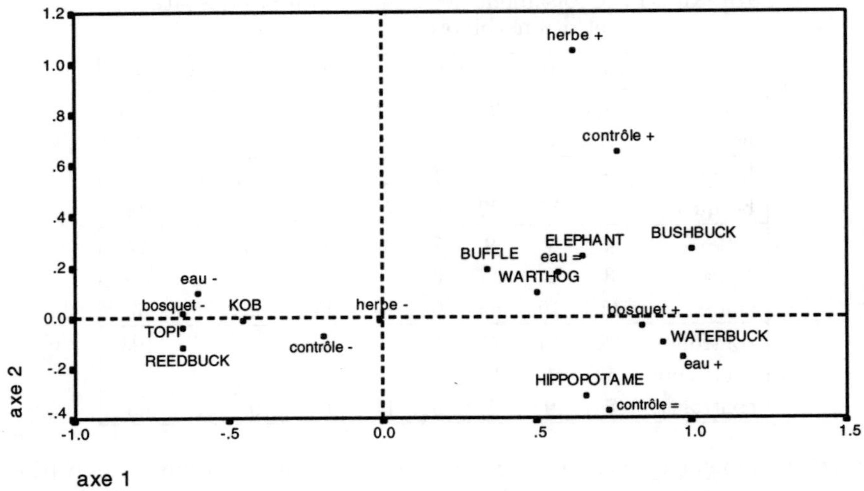

Figure 80 : AFC du tableau caractéristiques×herbivores, premier plan principal.

Il est possible de construire un autre graphique qui prend en compte les fréquences des modalités. Notons C_i et H_j les variables indicatrices des caractéristiques des sites et des herbivores associées au tableau 24. Ces variables indicatrices sont maintenant définies sur $4 \times 659 = 2636$ individus. On sait que l'analyse canonique des ensembles de variables indicatrices $\{C_1, \ldots, C_{10}\}$ et $\{H_1, \ldots, H_9\}$ permet d'obtenir les composantes principales réduites de l'analyse des correspondances du tableau 24. Pour visualiser les relations herbivores-environnement on peut construire le graphique des corrélations entre les indicatrices C_i des caractéristiques des sites et les composantes principales G_1, G_2 du nuage des herbivores, superposé au graphique des corrélations entre les indicatrices H_j des herbivores et les composantes principales F_1, F_2 du nuage des caractéristiques. Précisons que les composantes principales F_h et G_h ont été étendues de manière évidente aux 2636 individus. Il est inutile d'ajouter des notations, le contexte permettant d'identifier immédiatement le domaine de définition de ces composantes. Un calcul simple montre que

$$Cor(C_i, G_h) = F_h(i)\sqrt{\frac{f_{i.}}{1 - f_{i.}}}$$

$$Cor(H_j, F_h) = G_h(j)\sqrt{\frac{f_{.j}}{1 - f_{.j}}}$$

où $f_{i.}$ et $f_{.j}$ sont les fréquences marginales des lignes et des colonnes du tableau étudié. On trouve dans la figure 81 le *Cercle des Corrélations* de l'analyse des correspondances. Les modalités rares sont maintenant ramenées près de l'origine.

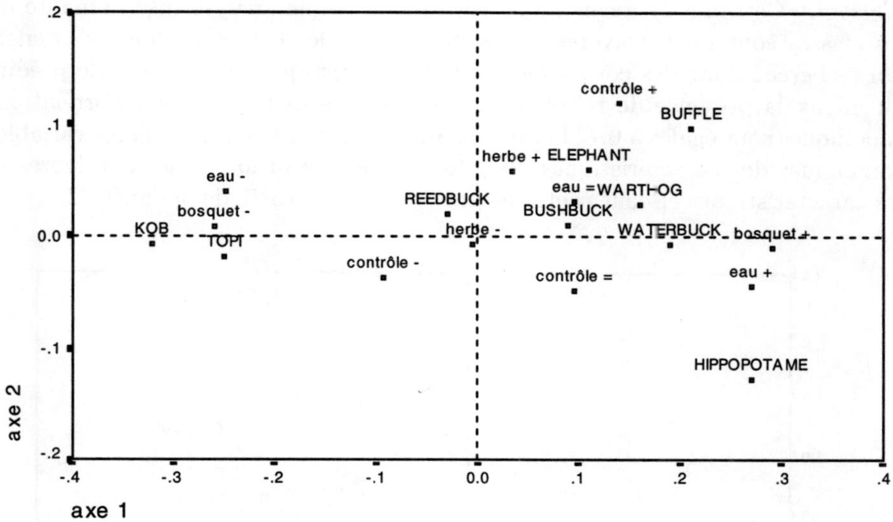

Figure 81 : Cercle des corrélations de l'AFC.

De plus, il est également utile de calculer les corrélations des variables indicatrices C_i et H_j avec leurs propres composantes principales F_h et G_h. On obtient

$$Cor(C_i, F_h) = \frac{1}{\sqrt{\lambda_h}} Cor(C_i, G_h)$$

$$Cor(H_j, G_h) = \frac{1}{\sqrt{\lambda_h}} Cor(H_j, F_h)$$

Ainsi le cercle des corrélations de la figure 81 traduit également les corrélations entre les C_i et les F_h, les H_j et les G_h, aux constantes multiplicatives $\lambda_1^{-1/2}$ et $\lambda_2^{-1/2}$ près.

Tout ceci montre l'intérêt de fournir en analyse des correspondances la carte des modalités (la représentation pseudo-barycentrique habituelle) *et* le cercle des corrélations qui prend en compte les fréquences des modalités.

Les cartes obtenues permettent de retrouver les résultats de Gittins d'une manière plus directe qu'en passant par l'analyse des correspondances du tableau 23 avec l'étude des positions des zones et de leurs caractéristiques. Nous renvoyons le lecteur au livre de Gittins pour une analyse plus approfondie de ces données au niveau de l'interprétation de la relation herbivores-environnement.

12.1.2 Analyse canonique des tableaux X et Y

L'analyse canonique des deux tableaux de variables indicatrices X et Y n'est pas équivalente à l'analyse des correspondances du tableau $X'Y$ puisque X n'est pas le tableau des indicatrices associées à *une* variable qualitative, mais à *plusieurs.* Cette analyse canonique correspond à une analyse discriminante où les classes sont les herbivores et les prédicteurs les caractéristiques des sites. On recherche donc des combinaisons de caractéristiques permettant de prédire au mieux la présence de tel ou tel herbivore. Les deux premières corrélations canoniques sont égales à 0.744 et 0.347. Sur la carte des deux premières variables canoniques des caractéristiques des sites, on peut positionner les herbivores et les caractéristiques en leur centre de gravité. D'où la carte de la figure 82.

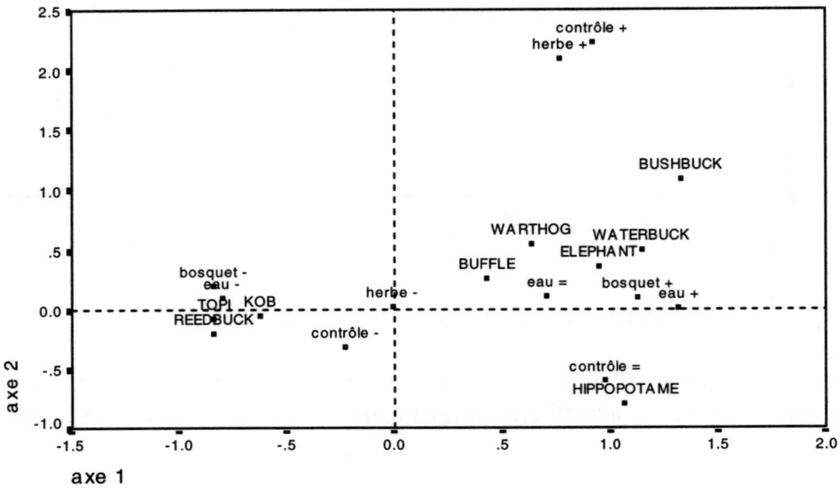

Figure 82 : Analyse canonique : représentation barycentrique.

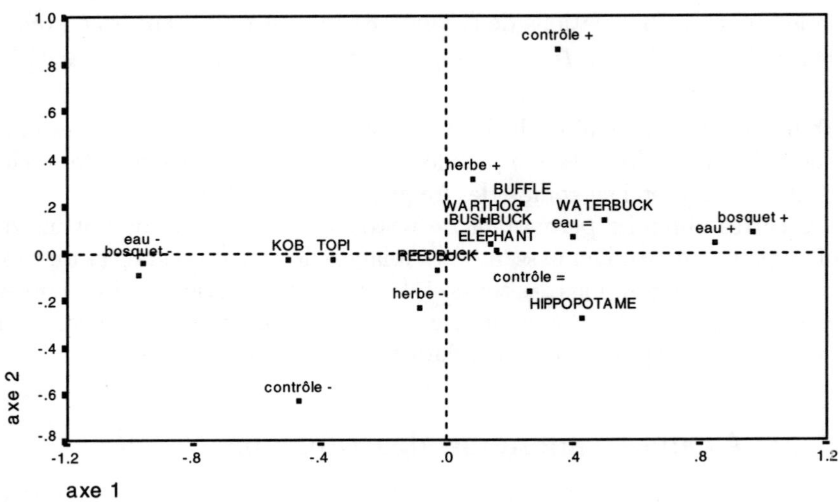

Figure 83 : Analyse canonique : carte des corrélations.

On construit ensuite le cercle des corrélations des modalités avec les deux premières composantes des caractéristiques des sites (figure 83).

On observe le même phénomène qu'en analyse des correspondances : les modalités rares, situées à la périphérie de la représentation barycentrique, sont ramenées vers l'origine sur le cercle des corrélations. Sur cet exemple les configurations de points obtenues en analyse des correspondances et en analyse canonique sont voisines.

12.1.3 Analyse factorielle inter-batteries des tableaux X et Y

Nous avons utilisé l'analyse factorielle inter-batteries de Tucker entre l'ensemble des indicatrices des caractéristiques des sites centrées-réduites et l'ensemble des indicatrices des herbivores centrées-réduites. On a obtenu des résultats très voisins de l'analyse canonique : $cor(t_1, u_1) = 0.7042$ et $cor(t_2, u_2) = 0.32187$. La carte des corrélations des caractéristiques des sites avec (u_1, u_2) et des herbivores avec (t_1, t_2) est donnée dans la figure 84.

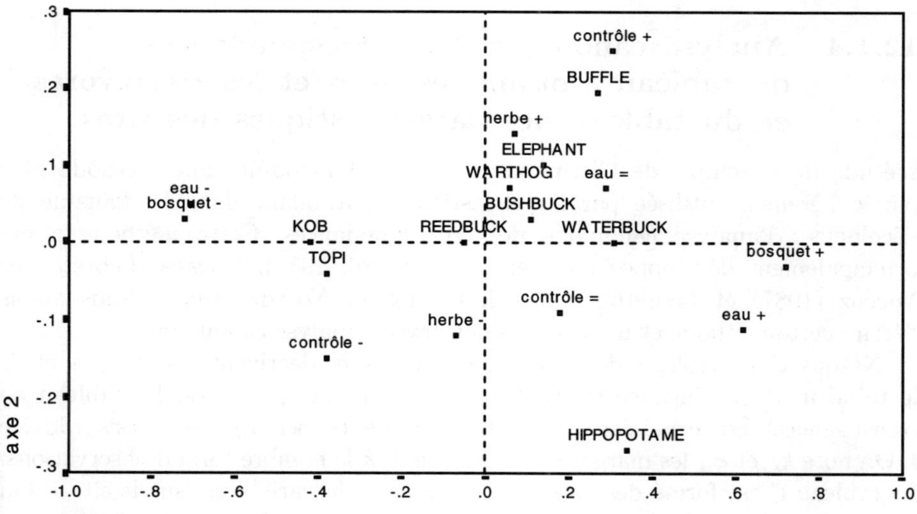

Figure 84 : Analyse factorielle inter-batteries : carte des corrélations.

On peut aussi représenter les modalités comme des centres de gravité dans le plan (t_1, t_2) des composantes des caractéristiques (figure 85). Les résultats de l'analyse factorielle inter-batteries sont globalement proches des analyses précédentes.

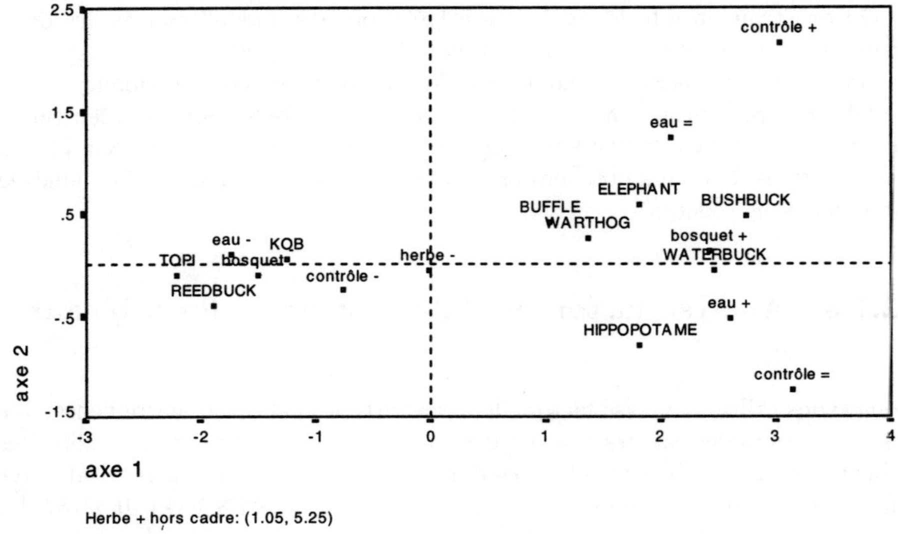

Figure 85 : Analyse factorielle inter-batteries : représentation barycentrique.

12.1.4 Analyse canonique des correspondances du tableau croisant les Sites et les Herbivores et du tableau des Caractéristiques des sites

L'étude de l'exemple de Gittins nous permet d'introduire une méthode plus particulièrement utilisée par les statisticiens travaillant dans le domaine de l'écologie : l'analyse canonique des correspondances. Cette méthode a été principalement développée par Ter Braak (1986, 1987), Chessel, Lebreton et Yoccoz (1987) et Lebreton, Chessel, Prodon et Yoccoz (1988). Nous allons décrire cette méthode et montrer ses liens avec l'analyse canonique.

Notons $\mathcal{C}$ le tableau des p caractéristiques c_l décrivant les n sites et $\mathcal{K}$ le tableau de contingence croisant les n sites et les q espèces. Le tableau de contingence $\mathcal{K}$ est formé des effectifs k_{ij}, nombre d'espèces j observées sur le site i. On note $k_{i.}$ et $k_{.j}$ les marges de ce tableau et k le nombre total d'observations. Le tableau $\mathcal{C}$ est formé des valeurs c_{li}, valeur de la variable c_l sur le site i. On suppose que les variables c_l sont centrées-réduites, les sites étant pondérés par leur fréquence $k_{i.}/k$:

$$\frac{1}{k}\sum_{i=1}^{n} k_{i.}c_{li} = 0$$

$$\frac{1}{k}\sum_{i=1}^{n} k_{i.}c_{li}^2 = 1$$

Notons t une combinaison linéaire des variables c_l

$$t = \sum_{l=1}^{p} a_l c_l$$

centrée-réduite au sens ci-dessus. On peut associer à chaque espèce j la moyenne $\bar{t}_j$ de la composante t calculée en pondérant chaque sites i par la fréquence $k_{ij}/k_{.j}$ de la présence de l'espèce j sur le site i :

$$\bar{t}_j = \frac{1}{k_{.j}} \sum_{i=1}^{n} k_{ij} t_i$$

Une composante t décrit d'autant mieux la variété des espèces que la variance η^2 des $\bar{t}_j$ pondérée par la fréquence des espèces $k_{.j}/k$

$$\eta^2 = \frac{1}{k} \sum_{j=1}^{q} k_{.j} \bar{t}_j^2$$

est élevée. Cette statistique η^2 est le rapport de corrélation entre la composante t et le "facteur" espèce dans le sens précisé ci-dessous. On est dans une situation d'analyse de la variance à un facteur. Il y a q classes définies par les q espèces. Il y a un échantillon de k valeurs de la composante t. Dans la classe (l'espèce) j on considère qu'il y a $k_{.j}$ valeurs de la composante t : on observe k_{1j} fois la valeur t_1, k_{2j} fois la valeur t_2,..., k_{nj} fois la valeur t_n. La variance totale des k valeurs vaut 1 et la variance inter-classes η^2. D'où le résultat.

L'analyse canonique des correspondances consiste à rechercher successivement H composantes centrées-réduites et orthogonales

$$t_h = \sum_{l=1}^{p} a_{hl} c_l$$

maximisant à chaque étape le rapport de corrélation η^2.

La solution de ce problème est évidemment à trouver du côté de l'analyse discriminante. On construit une matrice X à partir du tableau $\mathcal{C}$, en répétant $k_{i.}$ fois la i -ième ligne de $\mathcal{C}$. La matrice X obtenue est de dimension $k \times p$. On note x_l la l-ième colonne de X. On construit ensuite une variable y définie sur les k occurences et décrivant les espèces. Sur les $k_{i.}$ occurences du site i, la variable y vaut k_{i1} fois 1 (espèce 1), k_{i2} fois 2 (espèce 2),..., k_{iq} fois q (espèce q). Notons aussi Y la matrice de dimension $k \times q$ des variables indicatrices $y_1, \ldots, y_q$ des espèces définie sur les k occurences. Ainsi, à chaque occurence on associe les caractéristiques du site étudié et l'espèce observée.

L'analyse canonique des correspondances est précisément l'analyse discriminante des variables x_l par rapport à la variable de classification y, ou, de manière équivalente, l'analyse canonique des deux ensembles de variables X et Y. On recherche des composantes canoniques, notées encore :

$$t_h = \sum_{l=1}^{p} a_{hl} x_l = X a_h$$

centrées-réduites et orthogonales, maximisant successivement le critère

$$\eta^2 = R^2(t_h; y_1, \ldots, y_q)$$

Les vecteurs a_h sont vecteurs propres de la matrice $(X'X)^{-1}X'Y(Y'Y)^{-1}Y'X$ associés aux valeurs propres λ_h rangées par ordre décroissant.

Notons D_n la matrice diagonale des $k_{i.}$ et D_p la matrice diagonale des $k_{.j}$. En revenant aux tableaux de départ $\mathcal{C}$ et $\mathcal{K}$, on obtient :

$$X'X = \mathcal{C}' D_n \mathcal{C}$$
$$Y'Y = D_p$$
$$X'Y = \mathcal{C}'\mathcal{K}$$

Et on obtient donc également les vecteurs a_h de l'analyse canonique des correspondances comme vecteurs propres de la matrice $(\mathcal{C}'D_n\mathcal{C})^{-1}\mathcal{C}'\mathcal{K}D_p^{-1}\mathcal{K}'\mathcal{C}$ ce qui est naturellement beaucoup plus économique que le passage par l'analyse canonique de X et Y. On retrouve, aux notations près, la matrice diagonalisée par Lebreton et al. (1988) dans la présentation de l'analyse canonique des correspondances comme une analyse discriminante par rapport à la variable décrivant les espèces (p. 55 de l'article).

Ainsi l'analyse canonique des correspondances des tableaux Sites × Herbivores et Caractéristiques des sites se ramène à l'analyse canonique, déja réalisée plus haut, du tableau des indicatrices des caractéristiques et du tableau des indicatrices des herbivores observées sur les 659 occurences.

12.1.5 La régression PLS

Nous allons examiner maintenant l'utilisation d'une méthode explicitement construite pour prendre en compte le fait que les variables X sont les prédicteurs et les variables Y les réponses. La régression PLS de Y sur X est ici un compromis entre une analyse factorielle discriminante des variables X par rapport à la variable de classification y et une analyse en composantes principales des variables X. Ici le tableau X représente en fait le tableau disjonctif complet associé aux variables d'environnement toutes qualitatives. Il est donc peut-être préférable de rechercher un compromis entre l'analyse discriminante des X par rapport à y et une *analyse des correspondances* du tableau X. C'est exactement cette voie que développe Cazes (1997) dans un article intitulé "Adaptation de la régression PLS au cas de la régression après Analyse des Correspondances Multiples". D'autres méthodes d'analyse des données ont déja été étendues au cas de variables qualitatives. On peut signaler les généralisations réalisées par Cazes (1980) pour l'analyse canonique, par Lebreton, Chessel, Richardot-Coulet et Yoccoz (1988) pour l'analyse canonique des correspondances, par Chessel et Mercier (1993) et Dolèdec et Chessel (1994) pour la méthode de Tucker et par Israël (1984) et D'Ambra et Lauro (1992) pour l'analyse des redondances.

Ici notre objectif est plus modeste : il s'agit d'appliquer directement la régression PLS aux variables indicatrices X décrivant l'environnement et aux variables indicatrices Y décrivant les herbivores. On peut nommer Analyse discriminante PLS cette application particulière de la régression PLS.

Les régressions des indicatrices des modalités d'une variable qualitative sur des variables indépendantes X possèdent des propriétés intéressantes du point de vue de l'analyse des données. Les indicatrices sommant à 1, il en va de même pour leurs projections. Nous en déduisons que les constantes somment à 1 et les coefficients de régression correspondant à une même variable indépendante à 0.

La validation croisée de SIMCA-P a sélectionné deux composantes PLS. Nous donnons dans la figure 86 la carte des variables $(w^*c[1], w^*c[2])$.

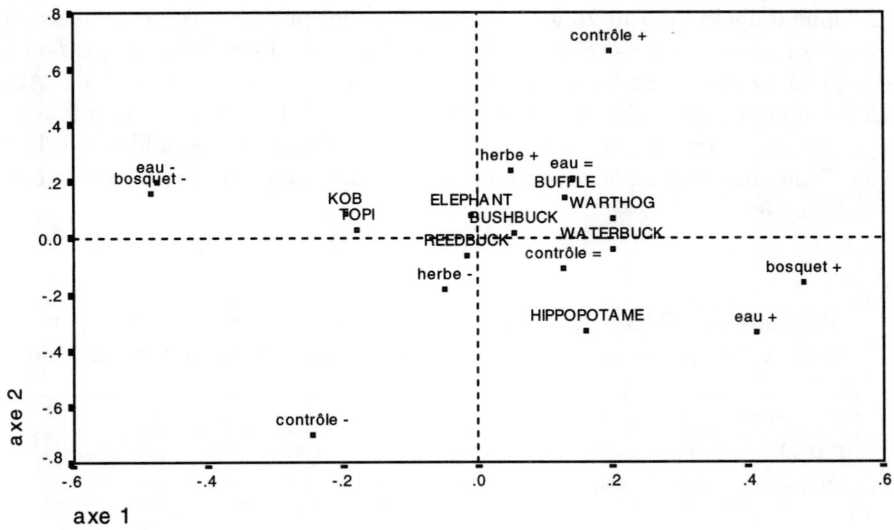

Figure 86 : Régression PLS. Carte des variables $w^*c[1], w^*c[2]$.

La relation entre les herbivores et l'environnement est quantifiée à l'aide des équations de régression des indicatrices des herbivores sur les composantes PLS t_1, t_2 exprimées en fonction des indicatrices de l'environnement (cf. tableau 25).

Tableau 25 : Régression PLS des herbivores sur l'environnement (2 composantes PLS)

	A	B	C	D	E	F	G	H	I
constante	.047	.060	-.054	.001	.070	.314	.113	.016	.430
herbe−	-.010	-.013	.166	.000	-.009	-.025	.012	-.004	-.115
herbe+	.010	.013	-.166	.000	.009	.025	-.012	.004	.115
bosquet−	-.009	-.009	-.091	.000	-.022	.103	.069	-.004	-.036
bosquet+	.009	.009	.091	.000	.022	-.103	-.069	.004	.036
eau−	-.009	-.008	-.100	.000	-.022	.105	.069	-.003	-.030
eau=	.006	.007	-.034	.000	.009	-.019	-.023	.002	.051
eau+	.007	.006	.134	.000	.021	-.113	-.069	.003	.009
contrôle−	-.010	-.012	.109	.000	-.014	.006	.028	-.004	-.102
contrôle=	.004	.003	.070	.000	.011	-.061	-.038	.001	.007
contrôle+	.012	.016	-.193	.000	.013	.024	-.018	.005	.139

Ces formules de régression nous permettent ainsi de prédire une répartion des herbivores en fonction d'un environnement donné. Considérons par exemple un site défini par les caractéristiques "herbe+, bosquet+, eau+, contrôle−". On donne dans le tableau 26 les "estimations" des probabilités de présence des différents herbivores dans ce site, calculées à l'aide des formules de régression du tableau 25. On peut vérifier que les fréquences calculées somment bien à 1. Ainsi le site étudié se caractérise surtout par une présence supérieure à la moyenne des éléphants, des warthogs, des waterbucks, des bushbucks et des buffles. Les Kobs et les Topis sont plus rares. Ces résultats sont tout à fait en accord avec la carte de la figure 86.

Tableau 26 : Répartition des herbivores dans un site caractérisé par "herbe+, bosquet+, eau+, contrôle−" comparée à la répartition globale

Fréquence	A	B	C	D	E	F	G	H	I
Calculée	.064	.076	.115	.001	.110	.130	-.009	.023	.489
Globale	.027	.036	.138	.001	.042	.335	.171	.007	.239

Donnons aussi le graphique des VIP (Variable Importance in the Projection) fourni par SIMCA-P (figure 87). Il montre que les variables d'environnement les plus prédictives de la répartition des herbivores sont Bosquet+, Bosquet−, Eau−, Eau+, Contrôle+ et Contrôle−. Les autres modalités de l'environnement sont peu prédictives de la répartition des herbivores.

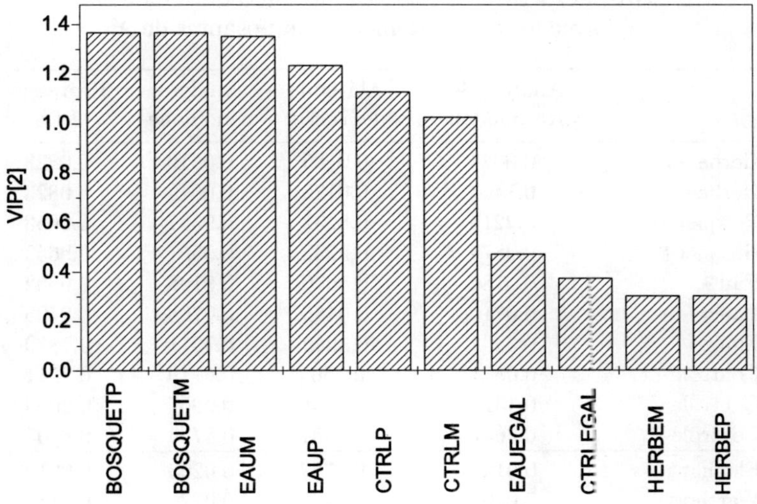

Figure 87 : Régression PLS. Graphique des VIP.

12.1.6 Comparaison des méthodes

Nous comparons dans le tableau 27 les pouvoirs explicatifs des composantes définies sur les X des différentes méthodes présentées, aussi bien au niveau des variables que de leurs modalités. Il apparait que l'analyse des correspondances a des indices nettement plus faibles, mais ceux-ci sont calculés sur 2636 individus alors que pour les autres méthodes ils sont calculés sur 659 individus. La régression PLS et l'analyse canoniques sont très voisines. Et finalement la méthode la plus performante sur ces données est l'analyse factorielle inter-batteries de Tucker. Elle met mieux en évidence que les autres méthodes le lien particulier des herbivores Hippopotame, Kob, Topi et Buffle avec l'environnement.

Tableau 27 : Comparaison des méthodes.
Redondance *Rd* par rapport aux deux premières composantes de X

	Analyse des correspondances	Méthode de Tucker	Analyse canonique	Régression PLS
Herbe	0.0847	0.0185	0.0619	0.0823
Bosquet	0.2544	0.5232	0.9557	0.9653
Eau	0.2076	0.3168	0.5706	0.6646
Contrôle	0.2944	0.1154	0.5270	0.5951
Herbivore	0.0442	0.2746	0.0918	0.0871

Tableau 27 : Comparaison des méthodes (suite).
R^2 avec les deux premières composantes de X

	Analyse des correspondances	Méthode de Tucker	Analyse canonique	Régression PLS
Herbe−	0.0024	0.0185	0.0619	0.0823
Herbe+	0.1463	0.0185	0.0619	0.0823
Bosquet−	0.2216	0.5232	0.9557	0.9653
Bosquet+	0.2873	0.5232	0.9557	0.9653
Eau−	0.2186	0.5070	0.9198	0.9632
Eau=	0.0710	0.0485	0.0708	0.2495
Eau+	0.3332	0.3949	0.7211	0.7810
Contrôle−	0.0871	0.1564	0.6119	0.7511
Contrôle=	0.1314	0.0446	0.0967	0.2038
Contrôle+	0.6647	0.1451	0.8723	0.8305
Éléphant	0.0133	0.0787	0.0293	0.0210
Warthog	0.0103	0.0385	0.0270	0.0166
Hippopotame	0.0861	0.9342	0.2608	0.2477
Reedbuck	0.0006	0.0012	0.0011	0.0011
Waterbuck	0.0364	0.0942	0.0598	0.0604
Kob	0.1025	0.4245	0.1985	0.1811
Topi	0.0870	0.2533	0.1461	0.1476
Bushbuck	0.0082	0.0263	0.0226	0.0132
Buffle	0.0534	0.6203	0.0811	0.0948

12.2 Prévision de la fonction d'une race canine

Nous avons étudié dans Tenenhaus (1994) les données de Bréfort (1982) décrivant des races canines à l'aide de variables physiques (Taille (T), Poids (P), Vitesse (V)), psychiques (Intelligence (I), Affection (Af), Agressivité (Ag)) et de la Fonction (chasse, compagnie, utilité). Les données sont reproduites dans le tableau 28.

Il s'agit de relier la fonction d'une race canine à ses caractéristiques physiques et psychiques. Nous allons présenter trois approches. La première consiste à réaliser une analyse des correspondances multiples des variables physiques et psychiques en mettant en points supplémentaires la Fonction. On cherche ainsi à voir si la fonction est une conséquence directe des caractéristiques des chiens. La carte des races canines est construite à partir des caractéristiques physiques et psychiques sans prendre en compte la fonction. Dans la deuxième approche, on cherche à construire une carte des races canines à l'aide des caractéristiques physiques et psychiques et expliquant bien tout à la fois ces caractéristiques et la Fonction. La régression PLS ou l'algorithme SIMPLS permettent d'atteindre cet objectif. Enfin, dans la troisième approche, on privilègie le côté prédictif. On cherche à construire une carte des races canines à partir des caractéristiques physiques et psychiques expliquant aussi bien que possible la fonction. C'est exactement l'objectif de l'analyse discriminante. Nous allons présenter dans cette partie l'utilisation successive de l'analyse des correspondances multiples, de l'algorithme SIMPLS et de l'analyse discriminante. On observera qu'en passant d'une méthode à l'autre, la carte des races canines devient de plus en plus prédictive de la Fonction dans la mesure où les territoires de chaque fonction sont mieux dessinés.

Tableau 28 : Caractéristiques des races canines

	T	P	V	I	Af	Ag	Fonction
Beauceron	++	+	++	+	+	+	utilité
Basset	-	-	-	-	-	+	chasse
Berger Allemand	++	+	++	++	+	+	utilité
Boxer	+	+	+	+	+	+	compagnie
Bull-Dog	-	-	-	+	+	-	compagnie
Bull-Mastiff	++	++	-	++	-	+	utilité
Caniche	-	-	+	++	+	-	compagnie
Chihuahua	-	-	-	-	+	-	compagnie
Cocker	+	-	-	+	+	+	compagnie
Colley	++	+	++	+	+	-	compagnie
Dalmatien	+	+	+	+	+	-	compagnie
Doberman	++	+	++	++	-	+	utilité
Dogue Allemand	++	++	++	-	-	+	utilité
Épagneul Breton	+	+	+	++	+	-	chasse
Épagneul Français	++	+	+	+	-	-	chasse
Fox Hound	++	+	++	-	-	+	chasse
Fox Terrier	-	-	+	+	+	+	compagnie
Grand bleu de Gascogne	++	+	+	-	-	+	chasse
Labrador	+	+	+	+	+	-	chasse
Lévrier	++	+	++	-	-	-	chasse
Mastiff	++	++	-	-	-	+	utilité
Pékinois	-	-	-	-	+	-	compagnie
Pointer	++	+	++	++	-	-	chasse
Saint-Bernard	++	++	-	+	-	+	utilité
Setter	++	+	++	+	-	-	chasse
Teckel	-	-	-	+	+	-	compagnie
Terre-Neuve	++	++	-	+	-	-	utilité

12.2.1 Analyse des correspondances multiples

Le premier plan principal des caractéristiques physiques et psychiques des races canines est donné dans la figure 88. La séparation des fonctions n'est qu'approximativement réalisée. À droite on trouve les chiens de compagnie, à l'exception des chiens de chasse "Basset, Épagneul Breton et Labrador". Les chiens du quadrant inférieur gauche sont tous des chiens d'utilité. Le quadrant supérieur gauche mélange les chiens de chasse et d'utilité restants.

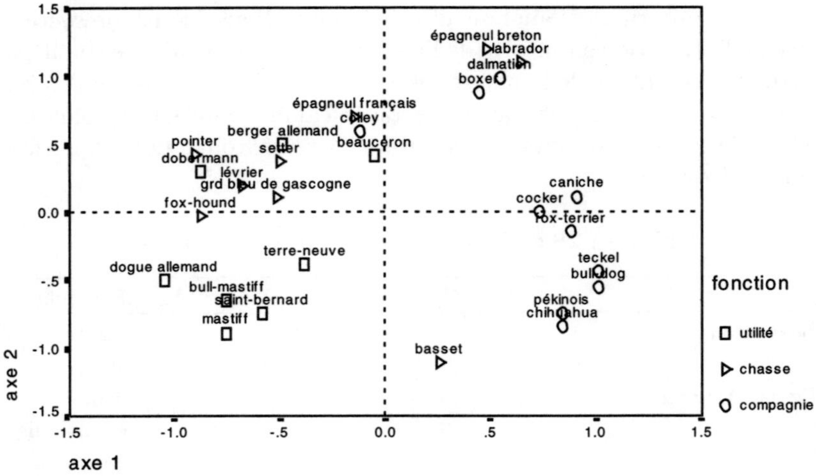

Figure 88 : Analyse des correspondances multiples.

12.2.2 Utilisation de l'algorithme SIMPLS

L'algorithme SIMPLS de De Jong, est disponible dans SAS version 6.11, comme une option de la Proc PLS. Notons X le tableau des variables indicatrices centrées-réduites des modalités des caractéristiques physiques et psychiques et Y le tableau des indicatrices centrées-réduites des différentes fonctions.

On recherche des composantes orthogonales $t_h = Xa_h$, avec $\|a_h\| = 1$, maximisant successivement le critère

$$\sum_{k=1}^{3} cov^2(Y_k, t_h)$$

Pour déterminer le nombre de composantes, on utilise les proportions de variance (redondances) des X et Y expliquées par $t_1, \ldots, t_H$. On constate dans le tableau 29 que deux composantes t_1, t_2 sont suffisantes pour décrire la relation entre Y et X (t_1 et t_2 expliquent 63% de la variance de Y). Trois composantes seraient nécessaires pour décrire les variables X.

Tableau 29 : Redondance *Rd*
avec les H premières composantes de X

H	1	2	3	4
pour les variables X	0.31	0.48	0.62	0.71
pour les variables Y	0.36	0.63	0.76	0.78

Dans le tableau 32 on donne les coefficients de détermination R^2 entre les variables X, Y et les composantes t_1, t_2. On constate que la Fonction n'est pas reliée à la variable Intelligence. En fait les khi-deux des tableaux croisant les caractéristiques physiques et psychiques avec la Fonction sont tous significatifs à l'exception de celui du tableau Intelligence × Fonction.

Les composantes t_1, t_2 permettent de construire le graphique des races canines de la figure 89, où les fonctions sont également mentionnées. On constate que les races canines sont maintenant bien séparées par la Fonction, à l'exception du Basset, chien de chasse atypique, et du Dalmatien, chien de compagnie ayant des caractéristiques identiques au Labrador qui est un chien de chasse.

En utilisant les corrélations des variables X et Y avec les composantes t_1, t_2, on peut construire la carte des variables de la figure 90.

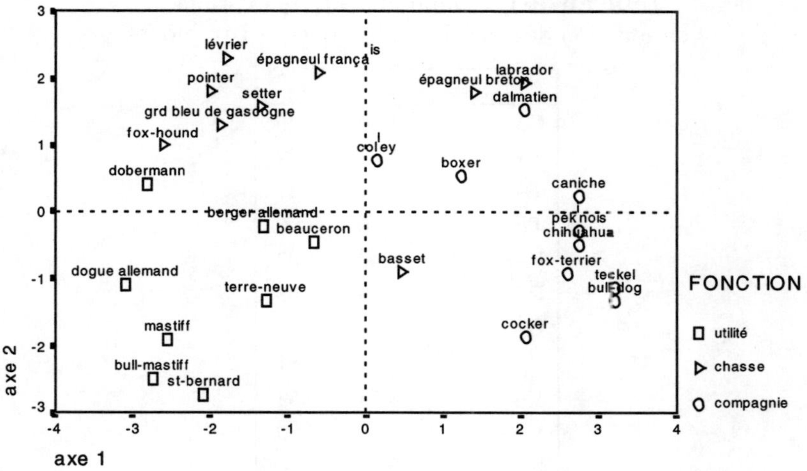

Figure 89 : SIMPLS. Carte des races canines orientée vers la Fonction.

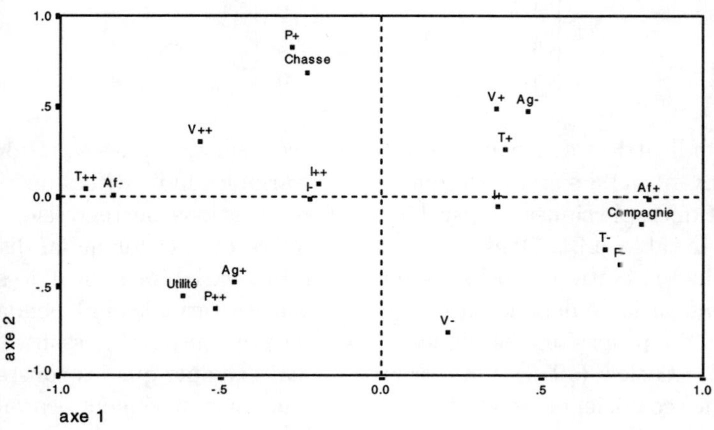

Figure 90 : SIMPLS. Carte des caractéristiques orientée vers la Fonction.

Les positions des caractéristiques peuvent être utilisées pour décrire les fonctions :

- les chiens de compagnie sont principalement : T−/T+, P−, V−/V+, Af+, Ag−,
- les chiens de chasse sont principalement : T++, P+, V++, Af−,
- les chiens d'utilité sont principalement : T++, P++, Af−, Ag+.

Les composantes t_1, t_2 peuvent s'exprimer en fonction des variables indicatrices décrivant les caractéristiques physiques et psychiques des races canines. Les coefficients des variables indicatrices sont donnés dans le tableau 30.

Tableau 30 : Composantes t_1, t_2 exprimées en fonction des variables physiques et psychiques

	t_1	t_2
Constante	-1.80	-2.49
T−	1.51	-0.02
T+	1.17	0.47
T++	0	0
P−	1.49	1.02
P+	0.48	2.08
P++	0	0
V−	0.54	-0.81
V+	0.73	0.52
V++	0	0
I−	0.20	0.60
I+	0.66	-0.04
I++	0	0
Af−	-1.49	0.81
Af+	0	0
Ag−	0.81	1.22
Ag+	0	0

Les variables indicatrices des fonctions sont régressées sur t_1, t_2. Les équations de régression peuvent aussi s'écrire en fonction des variables indicatrices décrivant les caractéristiques physiques et psychiques. Ces équations de régression sont données dans le tableau 31. Dans une optique exploratoire, et lorsqu'on dispose de peu de données, cette approche de régression des variables indicatrices des modalités d'une variable dépendante qualitative sur les variables indépendantes est acceptable. Ses propriétés théoriques (faibles) et pratiques (intéressantes) ont été étudiées par Gitlow (1979). On retrouve sur cet exemple que les constantes somment à 1, les coefficients des modalités à 0, et que, par conséquent, les valeurs prédites des fonctions somment à 1. Ainsi, on peut considérer les valeurs prédites comme des estimations des probabilités des fonctions.

Tableau 31 : Équations de régression des indicatrices des fonctions sur les composantes t_1, t_2 exprimées à travers les variables d'origine

	Compagnie	Chasse	Utilité
Constante	0.17	-0.14	0.97
T−	0.28	-0.08	-0.20
T+	0.19	0.05	-0.24
T++	0	0	0
P−	0.22	0.16	-0.38
P+	-0.02	0.45	-0.43
P++	0	0	0
V−	0.14	-0.21	0.07
V+	0.11	0.08	-0.19
V++	0	0	0
I−	0.01	0.12	-0.13
I+	0.12	-0.04	-0.08
I++	0	0	0
Af−	-0.31	0.26	0.05
Af+	0	0	0
Ag−	0.08	0.24	-0.32
Ag+	0	0	0

Considérons par exemple un chien ayant les caractéristiques suivantes :

$$\text{T+, P+, V++, I++, Af−, Ag+}$$

Les probabilités estimées des fonctions sont :

– pour la fonction *compagnie* : $0.17 + 0.19 - 0.02 + 0 - 0.31 + 0 = 0.03$
– pour la fonction *chasse* : $-0.14 + 0.05 + 0.45 + 0 + 0.26 + 0 = 0.62$
– pour la fonction *utilité* : $0.97 - 0.24 - 0.43 + 0 + 0.05 + 0 = 0.35$

Ainsi ce chien a plutôt les caractéristiques d'un chien de chasse.

À partir du tableau 30, on peut aussi calculer les valeurs des composantes t_1, t_2 pour ce chien. On obtient :

$$\begin{aligned} t_1 &= -1.80 + 1.17 + 0.48 + 0 + 0 - 1.49 \\ &= -1.64 \\ t_2 &= -2.49 + 0.47 + 2.08 + 0 + 0 + 0.81 \\ &= 0.87 \end{aligned}$$

Sur la figure 89, ce chien se retrouverait également du côté des chiens de chasse.

12.2.3 Analyse discriminante

L'analyse factorielle discriminante permet d'obtenir des combinaisons linéaires des X orthogonales et séparant au mieux les fonctions Y. Nous montrons le premier plan discriminant dans la figure 91. La séparation des fonctions est maintenant aussi bonne que possible. Le Basset a maintenant rejoint son groupe. L'unique observation mal classée est le Dalmatien, chien de compagnie confondu avec le chien de chasse Labrador. Ainsi comparée aux méthodes précédentes, l'analyse discriminante conduit à des variables expliquant mieux la fonction Y, mais en contrepartie nettement moins bien les caractéristiques X. Ce résultat est soutenu par les tableaux 32 et 33.

On constate sans surprise que l'utilisation de SIMPLS pour décrire la liaison entre Y et X conduit à des résultats se situant bien entre l'analyse des correspondances multiples de X et l'analyse discriminante de X par rapport à la variable de classification Y.

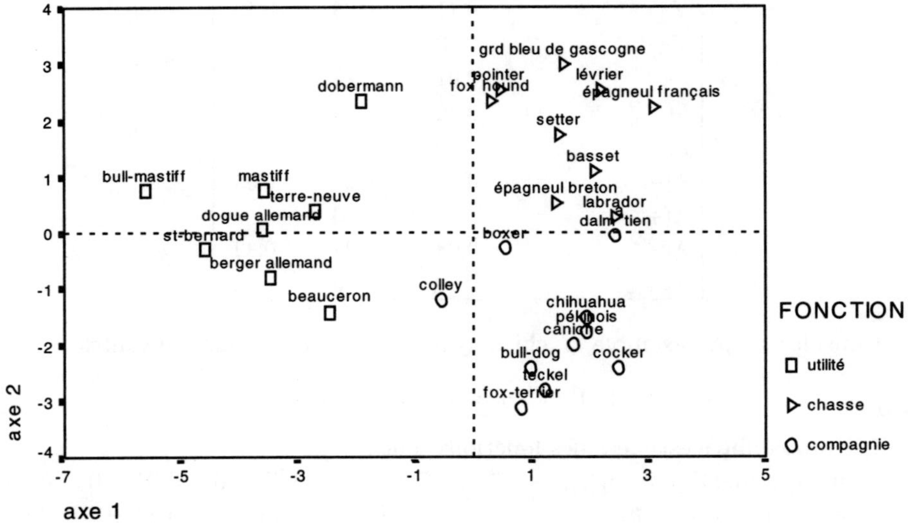

Figure 91 : Analyse discriminante. Carte des races canines.

Tableau 32 : Redondance *Rd* avec les deux premières composantes de X

	Analyse des correspondances	SIMPLS	Analyse discriminante
Taille	0.73	0.54	0.51
Poids	0.71	0.71	0.54
Vitesse	0.63	0.47	0.19
Intelligence	0.21	0.08	0.12
Affection	0.73	0.70	0.73
Agressivité	0.21	0.44	0.29
Fonction	0.41	0.63	0.76

Tableau 33 : R^2 avec les deux premières composantes de X

	Analyse des correspondances	SIMPLS	Analyse discriminante
T−	0.79	0.57	0.69
T+	0.51	0.22	0.14
T++	0.88	0.84	0.71
P−	0.87	0.70	0.63
P+	0.82	0.77	0.37
P++	0.45	0.65	0.61
V−	0.70	0.62	0.17
V+	0.48	0.37	0.21
V++	0.47	0.41	0.18
I−	0.33	0.05	0.09
I+	0.21	0.14	0.18
I++	0.09	0.04	0.10
Af−	0.73	0.70	0.73
Af+	0.73	0.70	0.73
Ag−	0.21	0.44	0.29
Ag+	0.21	0.44	0.29
Compagnie	0.64	0.68	0.71
Chasse	0.15	0.53	0.72
Utilité	0.43	0.69	0.85

Chapitre 13

L'approche PLS

Sous le nom d'approche PLS, Herman Wold a proposé une méthode d'analyse des données permettant d'étudier J blocs de variables observées sur les mêmes individus. Il s'est placé dans le cadre de la modélisation de relations structurelles sur variables latentes (*path models with latent variables*).

L'estimation de ces modèles peut être abordée de deux manières très différentes : l'approche maximum de vraisemblance ou l'approche PLS. L'approche maximum de vraisemblance a été développée par Jöreskog (1970) à travers le logiciel LISREL (Jöreskog et Sörbom (1979,1984) et Hayduk (1987)). Cette approche est disponible dans SAS (Proc CALIS) et dans SPSS. L'approche PLS est décrite dans Wold (1975, 1982, 1985) et Lohmöller (1989) a développé le logiciel PLS 1.8. Ces deux approches ont été comparées dans Jöreskog et Wold (1982). Les différences entre l'analyse factorielle et l'analyse en composantes principales se retrouvent entre les approches maximum de vraisemblance et PLS.

L'approche maximum de vraisemblance repose sur des hypothèses de multinormalité et modélise la matrice de covariance. Il peut y avoir des problèmes d'identification et non convergence de l'algorithme. Les variables latentes ne sont pas estimées au niveau des individus.

Par contraste, l'approche PLS est d'une grande simplicité. Il y a peu d'hypothèses probabilistes. On modélise directement les données à l'aide d'une succession de régressions simples ou multiples. Il n'y a aucun problème d'identification et les variables latentes sont estimées au niveau des individus. Cette approche géométrique appelée modélisation douce (*soft modeling*) par Wold correspond tout à fait à l'esprit de l'analyse des données. De plus l'algorithme PLS est d'une grande généralité puisqu'il contient comme cas particuliers l'analyse en composantes principales, l'analyse canonique, l'analyse des redondances et l'analyse factorielle inter-batteries au niveau des premières composantes. Malgré toutes ces qualités l'approche PLS semble avoir atteint un niveau de diffusion voisin de celui de l'analyse des correspondances dans les années soixante-dix.

L'objectif de ce chapitre est de montrer les intérêts théorique et pratique de l'approche PLS. Nous allons présenter l'algorithme PLS de base (Wold, 1982) en exploitant systématiquement le point de vue géométrique de Bookstein (1982). Un exemple entièrement traité terminera cet exposé.

13.1 Les données, les hypothèses et le modèle

Les données sont formées de J groupes de variables $X_j = \{x_{j1}, \dots, x_{jk_j}\}$ observées sur n individus. Les variables x_{jh} sont appelées "variables manifestes" et supposées centrées. On conservera la notation X_j pour la matrice des données observées du j-ième groupe.

Chaque groupe de variables est essentiellement unidimensionnel : il constitue l'expression observable d'une "variable latente" ξ_j centrée-réduite. Les variables manifestes x_{jh} sont reliées à leur variable latente constitutive ξ_j par l'équation linéaire

$$x_{jh} = \pi_{jh}\xi_j + \varepsilon_{jh} \tag{80}$$

On suppose que le terme aléatoire ε_{jh} de moyenne nulle est non corrélé à la variable latente ξ_j. Il est utile de préciser les signes d_{jh} des coefficients π_{jh}.

Le phénomène étudié est décrit par des relations structurelles entre les variables latentes de la forme

$$\xi_j = \sum_i \beta_{ji}\xi_i + \nu_j \tag{81}$$

Certains coefficients β_{ji} peuvent être structurellement nuls et la variable correspondante ξ_i n'apparaît donc pas dans l'équation (81). On suppose que le terme aléatoire ν_j de moyenne nulle est non corrélé aux variables latentes ξ_i de l'équation (81). L'utilisateur doit obligatoirement préciser le sens de la liaison entre la variable latente dépendante ξ_j et les autres variables latentes indépendantes ξ_i apparaissant dans l'équation (81) :

$$\begin{aligned} c_{ij} = c_{ji} &= +1, \text{ si la corrélation entre } \xi_i \text{ et } \xi_j \text{ est positive} \\ &= -1, \text{ si la corrélation entre } \xi_i \text{ et } \xi_j \text{ est négative} \end{aligned}$$

Par ailleurs on pose $c_{ij} = c_{ji} = 0$ si les variables ξ_i et ξ_j ne sont pas liées entre elles : les coefficients β_{ji} et β_{ij} sont structurellement nuls.

On représente les données et le modèle sous la forme d'un schéma fléché. Les variables manifestes sont représentées par des rectangles et les variables latentes par des ellipses. Les relations de causalité décrites par les relations (80) et (81) sont symbolisées par des flèches. L'origine de la flèche est la variable "cause" (variable explicative) et la pointe de la flèche est la variable "effet" (variable à expliquer). On représente également sur le schéma les signes c_{ij} des liaisons entre les variables latentes ξ_i et ξ_j reliées entre elles et les signes d_{jh} des coefficients π_{jh}. L'exemple décrit dans la figure 92 suffit à présenter les aspects les plus importants de la méthode.

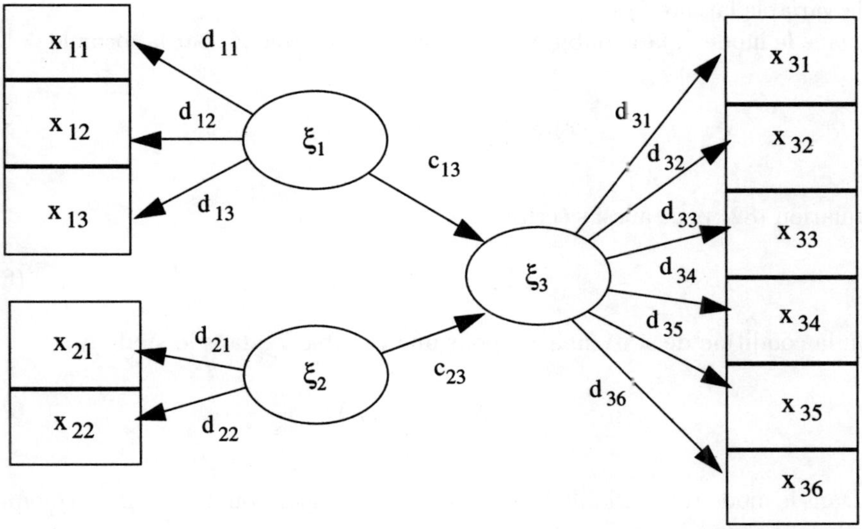

Figure 92 : Réseau de causalité entre trois groupes de variables.

13.2 Estimation des variables latentes

Les variables latentes ξ_j sont estimées par des combinaisons linéaires Y_j des variables x_{jh} :

$$Y_j = \sum_h w_{jh} x_{jh} = X_j w_j$$

où w_j est le vecteur-colonne des poids w_{jh}. On impose à la variable Y_j d'être centrée-réduite.

Par ailleurs on définit une autre approximation Z_j de ξ_j construite à l'aide des estimations Y_i des variables latentes ξ_i liées à ξ_j :

$$Z_j \propto \sum_{i \neq j} c_{ij} Y_i$$

où le signe $\propto$ signifie dans ce chapitre que la variable située à gauche de ce signe est obtenue par réduction de la variable située à droite. On peut considérer les variables Y_j et Z_j comme des approximations respectivement externe et interne de ξ_j. En reliant ces deux approximations, Wold obtient des conditions de stationnarité qui permettent de déterminer les variables Y_j. On résoud les équations de stationnarité par un processus itératif. La convergence du processus est prouvée dans le cas de deux groupes et constatée dans la pratique pour les situations plus générales.

Wold propose deux modes de relation entre les deux approximations Y_j et Z_j de la variable latente ξ_j.

Dans le mode A la variable Y_j est reliée à la variable Z_j par la formule

$$Y_j \propto \sum_h cov(x_{jh}, Z_j) x_{jh} \tag{82}$$

L'équation (82) peut aussi s'écrire

$$Y_j \propto X_j X_j' Z_j \tag{83}$$

D'où la condition de stationnarité pour une variable Y_j dans le mode A :

$$Y_j \propto X_j X_j' \sum_{i \neq j} c_{ij} Y_i \tag{84}$$

Dans le mode B la variable Y_j est obtenue par régression de Z_j sur les colonnes x_{jh} de la matrice X_j, puis réduction :

$$Y_j \propto X_j (X_j' X_j)^{-1} X_j' Z_j \tag{85}$$

D'où la condition de stationnarité pour une variable Y_j dans le mode B :

$$Y_j \propto X_j (X_j' X_j)^{-1} X_j' \sum_{i \neq j} c_{ij} Y_i \tag{86}$$

.

L'algorithme itératif proposé par Wold est maintenant naturel. À l'étape initiale on part de variables Y_i arbitrairement fixées à des variable x_{ih} liées positivement à leur variable latente ξ_i ($\pi_{ih} > 0$). On obtient à l'aide des équations (84) et/ou (86) de nouvelles valeurs de ces variables. Les estimations Y_j des variables latentes ξ_j sont obtenues en itérant ce processus jusqu'à convergence. Les vecteurs w_j se déduisent ensuite des équations (84) et (86).

Wold conseille d'utiliser le mode A pour les variables endogènes (elles apparaissent comme expliquées dans une relation structurelle) et le mode B si elles sont exogènes (elles sont toujours explicatives dans les relations structurelles). Cependant, par hypothèse, les variables formant X_j sont censées être très corrélées entre elles puisque décrivant une seule variable latente ξ_j. Par conséquent le mode B qui implique une régression multiple de la variable auxiliaire Z_j sur X_j ne peut conduire qu'à des résultats peu satisfaisants. Dans le mode A, la variable Y_j définie par la formule (82) correspond également à la première composante PLS réduite de la régression PLS de Z_j sur X_j, à la réduction des variables x_{jh} près. Le mode A est certainement mieux adapté que le mode B à la forme hypothétique des données du problème. De plus il permet de prendre en compte sans difficulté les données manquantes en suivant les principes de l'algorithme NIPALS.

13.3 Estimation des relations structurelles et qualité du modèle

On estime les paramètres des modèles définis par les équations (80) et (81) par régression en remplaçant les variables latentes ξ_j par leur estimation Y_j. La vérification des similitudes des signes entre les corrélations $cor(Y_i, Y_j)$ et les coefficients c_{ij} donnés a priori est un premier test de cohérence. Les équations (80) sont estimées par régression simple de x_{jh} sur Y_j :

$$x_{jh} \approx p_{jh} Y_j \tag{87}$$

Les équations (81) sont estimées par régression multiple de Y_j sur les variables Y_i qui lui sont structurellement liées $(c_{ij} \neq 0)$:

$$Y_j \approx \sum_{i:c_{ij}\neq 0} b_{ji} Y_i \tag{88}$$

Pour se prémunir contre une éventuelle multicolinéarité des variables Y_i il serait sans doute plus prudent d'estimer les équations (81) par régression PLS plutôt que par régression multiple.

On peut mesurer la qualité du modèle défini par les équations (80) et (81) et tester des hypothèses structurelles (nullité de certains coefficients β_{ji}) par validation croisée. Pour cela Wold utilise l'approche de Stone (1974) et Geisser (1974) qui, pour reprendre son expression, "*fits soft modeling like hand in glove*". Tout d'abord on peut relier chaque bloc X_j, décrivant une variable endogène ξ_j, aux blocs X_i, correspondant à des coefficients $c_{ij} \neq 0$, en utilisant les équations (87) et (88) et en remplaçant Y_i par $X_i w_i$. On obtient les équations de prédiction :

$$\text{pred } X_j = \Big(\sum_{i:c_{ij}\neq 0} b_{ji} X_i w_i\Big) p'_j \tag{89}$$

où $p'_j = (p_{j1}, \ldots, p_{jk_j})$. On découpe ensuite l'échantillon disponible en G classes. On élimine à tour de rôle chaque classe d'individus. On estime à chaque fois le modèle sur les $G-1$ classes restantes et on utilise la formule de prévision (89) pour prédire les valeurs x_{jh} des individus de la classe exclue. On note $\widehat{pred}\; X_j$ la prévision de X_j obtenue de cette manière. D'où une somme des carrés résiduelle

$$SCR_j = \left\| X_j - \widehat{pred}\; X_j \right\|^2$$

Par ailleurs on calcule une prévision "naïve" de la valeur x_{jhi} de la variable x_{jh} pour l'individu i en calculant la moyenne $\overline{x}_{jh(-i)}$ de la variable x_{jh} en excluant l'individu i. Wold propose de mesurer la qualité du modèle défini par les équations (80) et (81) à l'aide du critère de Stone-Geisser Q^2 défini par

$$Q^2 = 1 - \frac{\sum_j SCR_j}{\sum_{jh}\sum_i (x_{jhi} - \overline{x}_{jh(-i)})^2}$$

L'expérience montre que le critère Q^2 est relativement robuste au choix de G. Wold conseille de choisir entre 5 et 10 classes. Dans le logiciel de régression PLS SIMCA-P la validation croisée est réalisée en utilisant par défaut 7 classes. Le critère Q^2 est analogue à un coefficient de détermination R^2, mais il peut être négatif. Dans ce dernier cas le modèle étudié n'est pas acceptable.

Considérons maintenant une hypothèse H_0 consistant le plus souvent à annuler des coefficients β_{ji} dans les équations (81). On peut calculer les sommes de carrés résiduelles $[\sum_j SCR_j]_0$ et $[\sum_j SCR_j]_1$ correspondant respectivement à l'estimation du modèle sous l'hypothèse H_0 et sans hypothèse restrictive particulière. On en déduit des valeurs associées Q_0^2 et Q_1^2 du critère de Stone-Geisser. On rejette l'hypothèse H_0 lorsque Q_0^2 est nettement inférieur à Q_1^2.

13.4 Étude du cas de deux blocs

La situation de deux blocs X_1 et X_2 a déja été étudiée dans le chapitre 11. Nous montrons ici comment l'utilisation de l'algorithme PLS général permet de retrouver les principales méthodes utilisées pour relier deux groupes de variables au niveau de la première étape. On précise dans le tableau 34 les méthodes correspondant aux différents choix possibles des modes A ou B de calcul pour Y_1 et Y_2.

Tableau 34 : Équivalence entre l'algorithme PLS sur deux blocs de variables X_1 et X_2 et les premières étapes de différentes méthodes

	Analyse canonique	Analyse factorielle inter-batteries	Analyse des redondances de X_2 par rapport à X_1
Mode de calcul pour Y_1	B	A	B
Mode de calcul pour Y_2	B	A	A

Pour vérifier ces résultats il suffit d'écrire les conditions de stationnarité (84) et (86) pour ces différentes situations. On suppose pour simplifier, et sans enlever de généralité, que les variables latentes ξ_1 et ξ_2 sont corrélées positivement. Par conséquent $Z_1 = Y_2$ et $Z_2 = Y_1$.

Analyse canonique

Les conditions de stationnarité s'écrivent en utilisant le mode B pour Y_1 et Y_2 :

$$Y_1 \propto X_1(X_1'X_1)^{-1}X_1'Y_2$$
$$Y_2 \propto X_2(X_2'X_2)^{-1}X_2'Y_1$$

L'algorithme PLS converge donc bien vers les premières composantes canoniques de l'analyse canonique de X_1 et X_2.

Analyse factorielle inter-batteries

Les conditions de stationnarité s'écrivent en utilisant le mode A pour Y_1 et Y_2 :

$$Y_1 \propto X_1 X_1' Y_2$$
$$Y_2 \propto X_2 X_2' Y_1$$

L'algorithme PLS converge donc bien vers les premières composantes de l'analyse factorielle inter-batteries des deux tableaux X_1 et X_2.

On peut remarquer que le cas particulier où $X_1 = X_2$ permet d'obtenir la première composante principale réduite Y_1 de X_1 puisque Y_1, vecteur propre de $X_1 X_1'$ associé à la plus grande valeur propre, est aussi vecteur propre de $(X_1 X_1')^2$ associé à la plus grande valeur propre.

Analyse des redondances de X_2 par rapport à X_1

Les conditions de stationnarité s'écrivent en utilisant le mode B pour Y_1 et le mode A pour Y_2 :

$$Y_1 \propto X_1 (X_1' X_1)^{-1} X_1' Y_2$$
$$Y_2 \propto X_2 X_2' Y_1$$

L'algorithme PLS converge vers la première composante Y_1 de l'analyse des redondances de X_2 par rapport à X_1 : $Y_1 = X_1 w_1$ est vecteur propre de la matrice $X_1(X_1'X_1)^{-1}X_1'X_2X_2'$ associé à la plus grande valeur propre et on retrouve donc bien que w_1 est vecteur propre de la matrice $(X_1'X_1)^{-1}X_1'X_2X_2'X_1$ associé à la plus grande valeur propre.

Différentes possibilités d'étendre l'algorithme PLS vers la recherche d'autres composantes $Y_j^{(h)}$ ont été proposées par Apel et Wold (1982), Wold (1984) et Lohmöller (1989). Nous avons étudié dans le chapitre 11 celles qui conduisaient aux méthodes présentées dans le tableau 21 de ce chapitre.

13.5 Traitement d'un exemple

Nous reprenons l'exemple sur l'inégalité économique et l'instabilité politique de la section 10.2. Il apparaissait que les variables économiques Ln(GNPR) et Ln(LABO) étaient de bons prédicteurs du régime politique.

L'approche PLS permet d'affiner la modélisation en considérant trois groupes de variables. Le premier groupe X_1 est formé des variables x_{11} = GINI, x_{12} = FARM et x_{13} = Ln(RENT+1) décrivant l'inégalité dans la répartition des terres. Le deuxième groupe X_2, constitué des variables x_{21} = Ln(GNPR) et x_{22} = Ln(LABO), décrit le développement industriel. Les variables politiques transformées x_{31} = Exp(INST-16.3), x_{32} = Ln(ECKS+1), x_{33} = Ln(DEAT+1),

x_{34} = DEMOSTAB, x_{35} = DEMOINST et x_{36} = DICTATUR forment le troisième groupe X_3 et correspondent à l'instabilité politique. Pour faciliter les calculs toutes les variables sont préalablement centrées-réduites. Les notations sont néanmoins conservées pour plus de simplicité. On suppose que chaque groupe X_j est résumé par une variable latente ξ_j : ξ_1 représente l'inégalité économique, ξ_2 le niveau de développement industriel et ξ_3 l'instabilité politique. On cherche à relier l'instabilité politique ξ_3 à l'inégalité économique ξ_1 et au développement industriel ξ_2.

Les équations du modèle étudié s'écrivent :

$$x_{1h} = \pi_{1h}\xi_1 + \varepsilon_{1h},\ h = 1, \ldots, 3 \tag{90.1}$$

$$x_{2h} = \pi_{2h}\xi_2 + \varepsilon_{2h},\ h = 1, 2 \tag{90.2}$$

$$x_{3h} = \pi_{3h}\xi_3 + \varepsilon_{3h},\ h = 1, \ldots, 6 \tag{90.3}$$

et

$$\xi_3 = \beta_{31}\xi_1 + \beta_{32}\xi_2 + \nu_3 \tag{91}$$

On peut faire des hypothèses naturelles sur les signes des paramètres des équations (90) :

$$\pi_{1h} \geqslant 0,\ h = 1, \ldots, 3 \tag{92.1}$$

$$\pi_{21} \geqslant 0 \text{ et } \pi_{22} \leqslant 0 \tag{92.2}$$

$$\pi_{3h} \geqslant 0,\ h = 1, \ldots, 3,\ \pi_{34} \leqslant 0,\ \pi_{35} \geqslant 0,\ \pi_{36} \geqslant 0 \tag{92.3}$$

Les variables x_{11} = GINI, x_{12} = FARM et x_{13} = Ln(RENT+1) sont corrélées positivement à l'inégalité dans la répartition des terres. La variable x_{21} = Ln(GNPR) est corrélée positivement au développement industriel et x_{22} = Ln(LABO) négativement. Les variables x_{31} = Exp(INST-16.3), x_{32} = Ln(ECKS+1), x_{33} = Ln(DEAT+1), x_{35} = DEMOINST et x_{36} = DICTATUR sont corrélées positivement à l'instabilité politique et la variable x_{34} = DEMOSTAB négativement. Ces conditions sont utilisées dans la phase d'estimation du modèle pour choisir les valeurs initiales des Y_j et ensuite pour le valider.

L'approche PLS permet d'étudier de manière précise la relation entre l'inégalité économique ξ_1, le développement industriel ξ_2 et l'instabilité politique ξ_3 à travers l'équation (91). On peut faire l'hypothèse que l'instabilité politique ξ_3 est corrélée positivement à l'inégalité économique ξ_1 et négativement au développement industriel ξ_2. On pose donc $c_{13} = c_{31} = +1$, $c_{23} = c_{32} = -1$ et tous les autres coefficients c_{ij} sont nuls. Suivant la remarque faite plus haut, on choisit le mode A pour estimer les variables latentes. On déduit de la formule (84) les équations de stationnarité suivantes :

$$Y_1 \propto X_1 X_1' Y_3 \tag{93}$$

$$Y_2 \propto X_2 X_2'(-Y_3) \tag{94}$$

$$Y_3 \propto X_3 X_3'(Y_1 - Y_2) \tag{95}$$

L'algorithme PLS consiste à partir d'une solution initiale, ici $Y_1 = x_{11}$, $Y_2 = x_{21}$, $Y_3 = x_{31}$ puisque les coefficients $\pi_{11}, \pi_{21}, \pi_{31}$ sont positifs, à utiliser les équations (93) à (95) pour obtenir une nouvelle solution, puis à itérer cette procédure jusqu'à convergence. Les équations (93) à (95) montrent qu'à chaque étape :

– la nouvelle variable Y_1 est la première composante PLS réduite de la régression PLS de la variable Y_3 de l'étape précédente sur X_1;

– la nouvelle variable Y_2 est la première composante PLS réduite de la régression PLS de la variable $(-Y_3)$ sur X_2;

– la nouvelle variable Y_3 est la première composante PLS réduite de la régression PLS de la différence $(Y_1 - Y_2)$ entre les variables Y_1 et Y_2 de l'étape précédente sur X_3.

Nous avons utilisé le programme de régression PLS de SIMCA-P pour calculer les variables Y_j aux différentes étapes. Ceci nous a permis de gérer sans difficulté les quelques données manquantes du tableau de données.

Les résultats de l'algorithme PLS

L'algorithme PLS a convergé en trois itérations. Les variables latentes estimées Y_j sont données dans le tableau 35. Elles sont combinaisons linéaires des variables de leur groupe. On peut les écrire en revenant aux données d'origine :

$$\begin{aligned} Y_1 &= -9.64 + 0.032 \times GINI + 0.076 \times FARM + 0.10 \times LRENT \\ Y_2 &= -0.69 + 0.57 \times LGNPR - 0.77 \times LLABO \\ Y_3 &= -1.59 + 0.43 \times EINST + 0.20 \times LECKS + 0.13 \times LDEAT \\ &\quad + 0 \times DEMOSTAB + 0.79 \times DEMOINST + 1.28 \times DICTATUR \end{aligned}$$

Tous les coefficients des variables sont cohérents au niveau des signes. On vérifie de même la cohérence des signes des corrélations entre les x_{jh} et Y_j :

	gini	farm	lrent
$cor(x_{1h}, Y_1)$	0.975	0.986	0.518

	lgnpr	llabo
$cor(x_{2h}, Y_2)$	0.950	-0.955

	einst	lecks	ldeat	demostab	demoinst	dictatur
$cor(x_{3h}, Y_3)$	0.351	0.816	0.794	-0.865	0.093	0.733

Tableau 35 : Estimation des variables latentes

Pays	Y_1	Y_2	Y_3
Argentine	.95	.24	.74
Australie	1.22	1.36	-1.58
Autriche	.39	.25	-.46
Belgique	-.81	1.51	-.87
Bolivie	1.10	-1.57	1.49
Brésil	.77	-.65	.26
Canada	-1.52	1.66	-.96
Chili	1.22	-.32	.01
Colombie	.80	-.44	.80
Costa-Rica	.91	-.48	.30
Cuba	.74	-.18	1.68
Danemark	-1.98	.81	-1.51
Égypte	.45	-1.07	.86
Équateur	.96	-.68	.95
Espagne	.82	-.51	.41
États-Unis	.19	1.99	-.95
Finlande	-1.03	.30	-.26
France	-.88	.80	.49
Grèce	.62	-.52	.06
Guatemala	.99	-.95	1.09
Honduras	.49	-1.08	1.10
Inde	-.95	-1.50	-.36
Irak	1.17	-1.03	1.48
Irlande	-1.06	.06	-1.08
Italie	.71	.22	.27
Japon	-1.79	-.38	.15
Libye	-.09	-1.42	.22
Luxembourg	-.62	.97	-1.57
Nicaragua	.41	-.75	.64
Norvège	-.62	.75	1.44
Nlle Zélande	.42	1.28	-1.57
Panama	.21	-.39	1.00
Pays-Bas	-.74	1.23	-1.34
Pérou	.83	-.99	.83
Philippines	-.75	-.77	1.03
Pologne	-2.28	-.26	.52
Rép. Dominicaine	.71	-.72	.53
RFA	-.21	1.09	-.48
Royaume-Uni	.13	2.03	-1.05
Salvador	.81	-.71	.42
Sud Vietnam	.02	-1.09	1.37
Suède	-.85	1.39	-1.59
Suisse	-1.54	1.62	-1.59
Taiwan	-.01	-.89	-.03
Uruguay	.69	.18	-1.28
Venezuela	1.14	.25	1.13
Yougoslavie	-2.16	-.65	.15

On peut écrire l'équation de régression reliant l'instabilité politique Y_3 à l'inégalité économique Y_1 et au niveau de développement industriel Y_2 :

$$Y_3 \approx \underset{(2.244)}{0.216Y_1} - \underset{(-7.224)}{0.695Y_2}$$

Le R^2 vaut 0.623 et les t, qui apparaissent entre parenthèses, sont tous les deux significatifs.

Les résultats sont visualisés dans la figure 93 sous la forme d'un schéma fléché. On indique sur les flèches reliant les variables manifestes x_{jh} à leur variable latente ξ_j les corrélations $cor(x_{jh}, Y_j)$ et sur les flèches reliant les variables latentes explicatives ξ_1 et ξ_2 à la variable latente ξ_3 les coefficients de régression b_{31} et b_{32}. On représente dans la figure 94 les pays dans le plan des variables Y_1, Y_2. Les régimes politiques sont indiqués entre parenthèses : 1 = démocratie stable, 2 = démocratie instable, 3 = dictature.

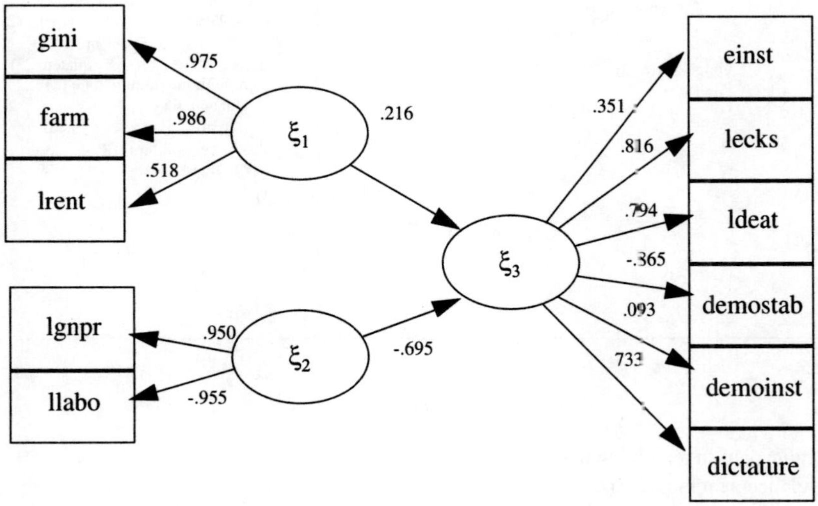

Figure 93 : Réseau de causalité entre l'instabilité politique et l'inégalité économique.

On déduit de ces résultats que l'instabilité politique dépend nettement plus du sous-développement industriel que de l'inégalité dans la répartition des terres. À l'exception de l'Inde toutes les démocraties stables ont un niveau industriel supérieur à la moyenne et le Venezuela est la seule dictature ayant un niveau industriel supérieur à la moyenne. Le cumul d'une grande inégalité dans la répartition des terres et d'un sous-développement industriel va de pair avec un régime dictatorial. Faute d'une vision plus précise sur le monde en 1961, nous n'allons pas plus loin dans les commentaires.

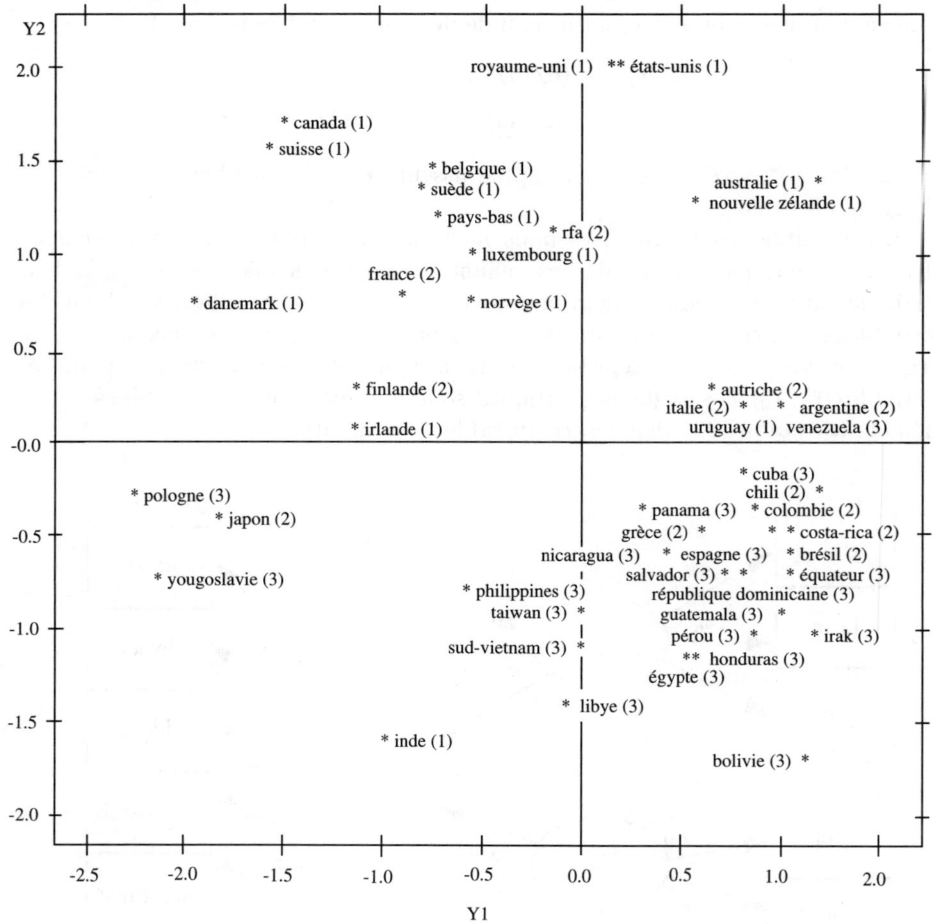

Y1 = Inégalité dans la répartition des terres
Y2 = Développement industriel
Régime politique entre parenthèses

Figure 94 : Instabilité politique et inégalité économique.

Bibliographie

1 Anderson T.W. (1958) *An Introduction to Multivariate Statistical Analysis*, John Wiley & Sons, New York.

2 Apel H. & Wold H. (1982) Soft modeling with latent variables in two or more dimensions: PLS estimation and testing for predictive relevance, in *System under indirect observation, vol. 2*, Jöreskog K.G. & Wold H. (Eds), North-Holland, Amsterdam, pp. 209-247.

3 Bjørsvik H.-R. (1995) *Monitoring and Optimisation of Syntheses of Pharmaceutical Chemicals by Multivariate Modelling and Design*, Thesis, Research Group for Chemometrics, Department of Organic Chemistry, Umeå University, S-901 87 Umeå, Sweden.

4 Bock R.D. (1975) *Multivariate Statistical Methods in Behavioral Research*, McGraw-Hill, New York.

5 Bookstein F.L. (1982) The geometric meaning of soft modeling, with some generalizations, in *System under indirect observation, vol. 2*, K.G. Jöreskog & H. Wold (Eds), North-Holland, Amsterdam, pp. 55-74.

6 Bréfort A. (1982) *L'Étude des races canines à partir de leurs caractéristiques qualitatives*, Groupe HEC, Jouy-en-Josas.

7 Bry X. (1996) *Analyses factorielles multiples*, Economica, Paris.

8 Burnham A.J., Viveros R. & MacGregor J.F. (1996) Frameworks for latent variable multivariate regression, *Journal of Chemometrics*, vol. 10, pp. 31-45.

9 Buzaz T.E., Fornell & C. Rhee, B.-D. (1989) Conditions under which canonical correlation and redundancy maximization produce identical results, *Biometrika*, vol. 76, n°3, pp. 618-621.

10 Camo AS (1996) *The Unscrambler®*, *The Unscrambler 6 users's guide*, Camo AS, Olav Tryggvasons gt. 24, N-7019 Trondheim, Norway.

11 Cazes P. (1980) L'analyse de certains tableaux rectangulaires décomposés en blocs : généralisation des propriétés rencontrées dans l'étude des correspondances multiples. I. Définitions et applications à l'analyse

canonique des variables qualitatives, *Les Cahiers de l'Analyse des données*, vol. 5, n°2, pp. 145-161.

12 Cazes P. (1997) Adaptation de la régression PLS au cas de la régression après Analyse des Correspondances Multiples, *Revue de Statistique Appliquée,* vol. 45, n°2, pp. 89-99.

13 Chessel D & Hanafi M. (1996) Analyses de la co-inertie de K nuages de points, *Revue de Statistique Appliquée*, vol. 44, n°2, pp. 35-60.

14 Chessel D., Lebreton J.D. & Yoccoz N. (1987) Propriétés de l'analyse canonique des correspondances; une illustration en hydrobiologie, *Revue de Statistique Appliquée*, vol. 35, n°4, pp. 55-72.

15 Chessel D. & Mercier P. (1993) Couplage de triplets statistiques et liaisons espèces-environnement, in *Biométrie et Environnement*, Lebreton J. D. et Asselain B. (Eds), Masson, Paris, pp.15-44.

16 Cooley W.W. & Lohnes P.R. (1971) *Multivariate Data Analysis*, John Wiley & Sons, New York.

17 D'Ambra L. & Lauro N.C. (1992) Non symmetrical exploratory data analysis, *Statistica Applicata*, vol. 4, n°4, pp. 511-529.

18 Davies P.T. & Tso M.K.-S. (1982) Procedures for reduced-rank regression, *Applied Statistics*, vol. 31, n°3, pp. 244-255.

19 de Falguerolles A. & Francis B. (1992) Fitting bilinear models in GLIM, *GLIM Newsletter*, vol. 25, pp. 9-20.

20 de Jong, S. (1993a) SIMPLS : An alternative approach to partial least squares regression, *Chemometrics and Intelligent Laboratory Systems*, vol. 18, pp. 251-263.

21 de Jong S. (1993b) PLS fits closer than PCR, *Journal of Chemometrics*, vol. 7, pp. 551-557.

22 de Jong S. (1995) PLS shrinks, *Journal of Chemometrics*, vol. 9, pp. 323-326.

23 Dolédec S. & Chessel D. (1994) Co-inertia analysis: an alternative method for studying species-environment relationships, *Freshwater Biology*, vol. 31, pp. 277-294.

24 Ducros D., Mondot A.-M. & de Falguerolles, A. (1997) AIRLS and IRALS algorithms for generalized bilinear models, in *SoftStat '97, Advances in Statistical Software 6*, Bandilla W. & Faulbaum F. (Eds), Lucius & Lucius, Stuttgart, pp. 327-334.

25 Durand J.-F. & Sabatier R. (1994) PLS regression via additive splines, *Rapport de Recherche*, n° 94-05, ENSAM-INRA, 9, place Pierre Viala, 34060 Montpellier.

26 Eriksson L. (1991) *A Strategy for Ranking Environmentally Occurring Chemicals*, Thesis, Research Group for Chemometrics, Department of Organic Chemistry, Umeå University, S-901 87 Umeå, Sweden.

27 Esbensen K., Schönkopf S., Midtgaard T. (1994) *Multivariate Analysis in Practice*, CAMO, Olav Tryggvasons gt. 24, N-7011 Trondheim, Norway.

28 Feinberg M. (1996) *La validation des méthodes d'analyse*, Masson, Paris.

29 Fornell C. (1978) Three approaches to canonical analysis, *Journal of the Market Research Society*, vol. 20, pp. 166-181.

30 Gauchi J.-P. (1995) L'utilisation de la régression PLS pour l'analyse des plans d'expériences en chimie de formulation, *Revue de Statistique Appliquée*, vol. 43, n° 1, pp. 65-89.

31 Geisser S. (1974) A predictive approach to the random effect model, *Biometrika*, vol. 61, pp. 101-107.

32 Gifi A. (1990) *Nonlinear Multivariate Analysis*, John Wiley & Sons, Chichester.

33 Gitlow H.S. (1979) Discrimination procedures for the analysis of nominally scaled data sets, *Journal of Marketing Research*, vol. 16, pp. 387-393.

34 Gittins R. (1985) *Canonical Analysis. A Review with Applications in Ecology*, Springer-Verlag, Berlin.

35 Hayduk L.A. (1987) *Structural equation modeling with LISREL*. The John Hopkins University Press, Baltimore.

36 Helland I.S. (1988) On the structure of partial least squares regression, *Communication in Statistics, Simulation and Computation*, vol. 17, n°2, pp. 581-607.

37 Hellberg S. (1986) *A Multivariate Approach to QSAR*, Thesis, Research Group for Chemometrics, Department of Organic Chemistry, Umeå University, S-901 87 Umeå, Sweden.

38 Höskuldsson A. (1988) PLS regression methods, *Journal of Chemometrics*, vol. 2, pp. 211-228.

39 Höskuldsson A. (1996) *Prediction Methods in Science and Technology, Vol. 1. Basic Theory*, Thor Publishing, Arnegaards Alle 7, Holte, Denmark.

40 Hotelling H. (1935) The most predictable criterion, *Journal of Educational Psychology*, vol. 28, pp. 139-142.

41 Hotelling H. (1936a) Relations between two sets of variates, *Biometrika*, vol. 28, pp. 321-377.

42 Hotelling H. (1936b) Simplified calculation of principal components, *Psychometrika*, vol. 1, pp. 27-35.

43 Israels A.Z. (1984) Redundancy analysis for qualitative variables, *Psychometrika*, vol. 49, n°3, pp. 331-346.

44 Jellum E., Bjørnson I., Nesbakken R., Johansson E. & Wold S. (1981) Classification of human cancer cells by means of capillary gas chromatography and pattern recognition analysis, *Journal of Chromatography*, 217, pp. 231-237.

45 Johansson J.K. (1981) An extension of Wollenberg's redundancy analysis, *Psychometrika*, vol. 46, pp. 93-103.

46 Jonsson J. (1992) *Quantitative Sequence-Activity Modelling*, Thesis, Research Group for Chemometrics, Department of Organic Chemistry, Umeå University, S-901 87 Umeå, Sweden.

47 Jöreskog K.G. (1970) A general method for analysis of covariance structure, *Biometrika*, vol. 57, pp. 239-251.

48 Jöreskog K.G. & Sörbum D. (1979) *Advances in factor analysis and structural equation models*, Abt Books, Cambridge.

49 Jöreskog K.G. & Sörbum D. (1984) *LISREL VI: Analysis of linear structural relationships by maximum likelihood, instrumental variables, and least squares methods*, Scientific Software, Mooresville.

50 Jöreskog K.G. & Wold H. (1982) The ML and PLS techniques for modeling with latent variables: historical and comparative aspects in *System under indirect observation, vol. 1*, Jöreskog K.G. & Wold H. (Eds), North-Holland, Amsterdam, pp. 263-270.

51 Kettaneh-Wold N. (1992) Analysis of mixture data with partial least squares, *Chemometrics and Intelligent Laboratory Systems*, vol. 14, pp. 57-69.

52 Lafosse R. (1989) Ressemblance et différence entre deux tableaux totalement appariés, *Statistique et Analyse des Données,* vol. 14, n°2, pp. 1-24.

53 Lebart L., Morineau A. & Piron M. (1995) *Statistique Exploratoire Multidimensionnelle*, Dunod, Paris.

54 Lebreton J.D., Chessel D., Prodon R. & Yoccoz N. (1988) L'analyse des relations espèces-milieu par l'analyse canonique des correspondances. I. Variables de milieu quantitatives, *Acta Œcologica, Œcologia Generalis*, vol. 9, n°1, pp. 53-67.

55 Lebreton J.D., Chessel D., Richardot-Coulet M. & Yoccoz N. (1988) L'analyse des relations espèces-milieu par l'analyse canonique des correspondances. II. Variables de milieu qualitatives, *Acta Œcologica, Œcologia Generalis*, vol. 9, n°2, pp. 137-151.

56 Leclerc A. (1976) Une étude de la relation entre une variable qualitative et un groupe de variables qualitatives, *International Statistical Review*, vol. 44, n°2, pp. 241-248.

57 Lindgren Å. (1995) *Multivariate Structure-Property-Relationships of Non-Ionic Surfactants*, Thesis, Research Group for Chemometrics, Department of Organic Chemistry, Umeå University, S-901 87 Umeå, Sweden.

58 Lindgren, F. (1994): *Third Generation PLS, Some Elements and Applications*, Thesis, Research Group for Chemometrics, Department of Organic Chemistry, Umeå University, S-901 87 Umeå, Sweden.

59 Lindgren F., Geladi P. & Wold S. (1993) The kernel algorithm for PLS, *Journal of Chemometrics*, vol. 7, pp. 45-59.

60 Lohmöller J.-B. (1989) *Latent Variable Path Modeling with Partial Least Squares*, Physica-Verlag, Heidelberg.

61 Lundstedt, T. (1986): *The Willgerodt-Kindler Reaction, A Multivariate Approach*, Thesis, Research Group for Chemometrics, Department of Organic Chemistry, Umeå University, S-901 87 Umeå, Sweden.

62 Manne R. (1987) Analysis of two partial least squares algorithms for multivariate calibration, *Chemometrics and Intelligent Laboratory Systems*, vol. 2, pp. 187-197.

63 Martens H. (1985) *Multivariate Calibration*, Dr. techn. Thesis, Technical University of Norway, Trondheim.

64 Martens H. & Næs T. (1989) *Multivariate Calibration*, John Wiley & Sons, New York.

65 Muller K.E. (1981) Relationships between redundancy analysis, canonical correlation and multivariate regression, *Psychometrika*, vol. 46, pp. 139-142.

66 Öhman J. (1988) *Calibration and Background Correction with Partial Least Squares Regression in Liquid Chromatography*, Thesis, Department of Analytical Chemistry, Umeå University, S-901 87 Umeå, Sweden.

67 Phatak A. Reilly P.M. & Penlidis, A. (1993) An approach to interval estimation in partial least squares regression, *Analytica Chimica Acta*, vol. 277, pp. 495-501.

68 Rencher A.C. (1992) Interpretation of canonical discriminant functions, canonical variates, and principal components, *The American Statistician*, vol. 46, n°3, pp. 217-225.

69 Rencher A.C. (1995) *Methods of Multivariate Analysis*, John Wiley & Sons, New York.

70 Rao C.R. (1964) The use and interpretation of principal component analysis in applied research, *Sankhyā, A*, vol. 26, pp. 329-358.

71 Rao C.R. (1973) *Linear Statistical Inference and Its Applications*, Second Edition, John Wiley & Sons, New York.

72 Rännar S. (1996) *Many Variables in Multivariate Projection Methods*, Thesis, Research Group for Chemometrics, Department of Organic Chemistry, Umeå University, S-901 87 Umeå, Sweden.

73 Russett B.M. (1964) Inequality and instability, *World Politics*, 21, pp. 442-454.

74 Sabatier R. & Van Campo M. (1984) L'analyse en composantes principales de variables instrumentales appliquée à l'estimation des paléoclimats de la Grèce, il y a 18 000 ans, *Bull. Soc. bot. Fr., 131, Actual. bot.*, pp. 85-96.

75 SAS Institute Inc. (1989) *SAS/STAT® User's Guide, Version 6, Fourth Edition, 2 Volumes*, Cary, NC: SAS Institute Inc.

76 SAS Institute Inc. (1996) *SAS/STAT® Software, Version 6.11, Proc PLS*, Cary, NC: SAS Institute Inc.

77 Skagerberg B. (1989) *Principal Properties in Design and Structural Description in QSAR*, Thesis, Research Group for Chemometrics, Department of Organic Chemistry, Umeå University, S-901 87 Umeå, Sweden.

78 Stone M. (1974) Cross-validatory choice and assessment of statistical predictions, *Journal of the Royal Statistical Society, Series B*, vol. 36, pp. 111-133.

79 Tenenhaus M. (1988) Canonical Analysis of two convex polyhedral cones and applications, *Psychometrika*, vol. 53, n° 4, pp. 503-524.

80 Tenenhaus M. (1994) *Méthodes Statistiques en Gestion*, Dunod, Paris.

81 Tenenhaus M. (1995) A partial least square approach to multiple regression, redundancy analysis and canonical analysis, *Cahier de Recherche*, n° 550, Groupe HEC, Jouy-en-Josas.

82 Tenenhaus M. Gauchi J.-P. & Ménardo C. (1995) Régression PLS et applications, *Revue de Statistique Appliquée*, vol. 53, n°1, pp. 7-63.

83 Ter Braak C.J.F. (1986) Canonical correspondence analysis: a new eigenvector technique for multivariate direct gradient analysis, *Ecology*, vol. 67, pp. 1167-1179.

84 Ter Braak C.J.F. (1987) The analysis of vegetation-environment relationships by canonical correspondence analysis, *Vegetatio*, vol. 69, pp. 69-77.

85 Thompson B. (1984) *Canonical correlation analysis. Uses and Interpretation*, Sage University Paper series in Quantitative Applications in the Social Sciences, 07-047, Sage Publications, Beverly Hills and London.

86 Tomassone R. Lesquoy E. & Millier C. (1983) *La régression : nouveaux regards sur une ancienne méthode statistique.* Inra et Masson, Paris.

87 Tracy N.D. Young J.C. & Mason R.L. (1992) Multivariate control charts for individual observations, *Journal of Quality Technology*, vol. 24, pp. 88-95.

88 Tucker L.R. (1958) An inter-battery method of factor analysis, *Psychometrika*, vol. 23, n°2, pp. 111-136.

89 Tyler D.E. (1982) On the optimality of the simultaneous redundancy transformations, *Psychometrica*, vol. 47, n° 1, pp. 77-86.

90 Umetri AB (1996) *SIMCA-P for Windows, Graphical Software for Multivariate Process Modeling*, Umetri AB, Box 7960, S-90719 Umeå, Sweden.

91 Van den Wollenberg A.L. (1977) Redundancy analysis : an alternative for canonical correlation, *Psychometrika*, vol. 42, pp. 207-219.

92 Wold H. (1966) Estimation of principal components and related models by iterative least squares, in *Multivariate Analysis*, Krishnaiah P.R. (Ed.), Academic Press, New York, pp.391-420.

93 Wold H. Ed. (1975): *Modelling in Complex Situations with Soft Information.* Third World Congress of Econometric Society, August 21-26, Toronto, Canada.

94 Wold H. (1982) Soft modeling: the basic design and some extensions, in *System under indirect observation, vol. 2*, Jöreskog K.G. & Wold H. (Eds), North-Holland, Amsterdam, pp. 1-54.

95 Wold H. (1985) Partial Least Squares, in *Encyclopedia of Statistical Sciences, vol. 6*, Kotz S. & Johnson N.L. (Eds), John Wiley & Sons, New York, pp. 581-591.

96 Wold H. (1988) Specification, Predictor, in *Encyclopedia of Statistical Sciences, vol. 8*, Kotz S. & Johnson N.L. (Eds), John Wiley & Sons, New York, pp. 587-599.

97 Wold S. (1984) Three PLS algorithms according to SW, in *Report from the symposium MULTDAST (multivariate data analysis in science and technology),* Wold S. (Ed.), Umeå, Sweden, pp. 26-30.

98 Wold S. (1996) Kemometri - historik och filosofi, in *Anvendelse av Kjemometri innen forskning og industri*, Nortvedt R., Brakstad F., Kvalheim O.M. & Lundstedt T. (Eds), Svenska Kemistsamfundet.

99 Wold S., Albano C., Dunn III W.J., Esbensen K., Hellberg S., Johansson E., Sjöström, H. (1983) Pattern Recognition : Finding and Using Regularities in Multivariate Data in *Proc. IUFOST Conf. "Food Research and Data Analysis"*, Martens J. (Ed.), Applied Science Publications, London.

100 Wold S., Esbensen K. & Geladi P. (1987) Principal component analysis, *Chemometrics and Intelligent Laboratory Systems,* vol. 2, pp. 37-52.

101 Wold S., Martens, H. & Wold, H. (1983): "The multivariate calibration problem in chemistry solved by the PLS method," in *Proc. Conf. Matrix Pencils*, Ruhe A. & Kågstrøm B. (Eds), March 1982, Lecture Notes in Mathematics, Springer Verlag, Heidelberg, pp. 286-293.

102 Wold S., Ruhe A., Wold H. & Dunn III, W.J. (1984) The collinearity problem in linear regression. The partial least squares (PLS) approach to generalized inverses. *SIAM J. Sci. Stat. Comput.*, vol. 5, n°3, pp. 735-743.

Index

Achevé d'imprimer en mai 1998
par l'Imprimerie Louis-Jean, 05003 GAP
Dépôt légal 1998, n°368. N° d'éditeur : 983
Imprimé en France